浙江城乡空间
转型研究

吴可人 著

中国社会科学出版社

图书在版编目(CIP)数据

浙江城乡空间转型研究 / 吴可人著 . —北京：中国社会科学出版社，2018.7
ISBN 978-7-5203-2558-5

Ⅰ.①浙… Ⅱ.①吴… Ⅲ.①城乡规划–研究–浙江 Ⅳ.①TU984.255

中国版本图书馆 CIP 数据核字（2018）第 108991 号

出 版 人　赵剑英
责任编辑　宫京蕾
责任校对　秦　婵
责任印制　李寡寡

出　　　版　中国社会科学出版社
社　　　址　北京鼓楼西大街甲 158 号
邮　　　编　100720
网　　　址　http://www.csspw.cn
发 行 部　010-84083685
门 市 部　010-84029450
经　　　销　新华书店及其他书店

印刷装订　北京君升印刷有限公司
版　　　次　2018 年 7 月第 1 版
印　　　次　2018 年 7 月第 1 次印刷

开　　　本　710×1000　1/16
印　　　张　19.5
插　　　页　2
字　　　数　320 千字
定　　　价　85.00 元

目　　录

城乡转型篇

人口产业转型篇

绪言　浙江城乡空间转型的大势与机遇

浙江城乡空间格局变化是浙江发展的一个生动鲜活的故事。改革开放初期，浙江人民面对山多地少、资源匮乏、经济薄弱的基本省情，以草根创业的冲劲闯出了一条跨越式发展的路子，奠定了市场化程度较高、民营经济活力较强、城乡一体化进程较快，以及要素布局空间均质化程度较高等"浙江特色"的基本面。

进入改革开放第四个10年以来，浙江城乡空间发展格局与过往30年有较大不同，城乡空间特色转型、区域经济协同转型、生态人居绿色转型、产业经济创新转型、发展改革成果全民共享等新趋势新要求更加凸显，开启了浙江经济社会转型发展的又一个重要战略机遇期。

一　城市：实现"中心地"到都市区的跨越

新中国成立初，浙江城市化发端于"中心地"。即城市化以少数中心城市为核心。这一时期的城市特征是封闭，各中心地"关起门来算账"，然后和周围的其他中心地比拼，城市间竞争大于合作。这个过程形成了浙江以杭宁温为中心地的最雏形化的城镇空间体系。

关于这种城市空间分布形态，最经典的概括是中心地理论（Central Place Theory）。这一理论由德国城市地理学家克里斯塔勒（W. Christaller）和德国经济学家廖士（A. Lösch）分别于1933年和1940年提出。克里斯塔勒在《德国南部的中心地原理》（The southern German center principle, 1933）一书中，首次提出中心地是向居住在它周围地域（尤指农村地域）的居民提供各种货物和服务的地方。结合南德实际，归纳形成支配中心地体系的三个原则，即市场原则、交通原则和行政原则，并建立与三大原则相对应的严密的、有规则的中心地等级结构及分布模型。

全球化背景下，各国各地区联系不断加深，要素流动共享更加频繁，中心地理论与当前城市发展实际存在偏差。一是强调中心地等级，忽视了中心地和周边地区，以及不同等级中心地之间的共同利益。二是严格规定了城市等级体系中各级城市的数量，不符合不同地区、受多种因素影响下城镇等级数量具有较大不同的实际。三是按照就近原则确定市场区与中心地的从属关系，认为区域总是首先接受最邻近的中心地的辐射并获得服务。这一假设大大缩小了高等级中心地的腹地范围。伴随现代化交通、信息等的广泛运用，时空对要素流动、城市交流的制约大幅弱化，中心地之间，以及区域与不同等级中心地之间的联系更为便捷和紧密，都市区、城市群加快形成。

浙江以"中心地"为主要形态的城市化过程在改革开放初期开始转变。改革开放促使浙江生产要素"就地闹革命"，形成浙江全地域泛城市化的原点，浙江城市化快速弥漫于多数地区的角角落落。只不过当时周边地区集聚能力尚无法与长期形成的中心地抗衡，中心地的集聚态势仍一段时期保持领先。1990—2000年，杭宁温三个市区常住人口占全省比重从7.8%提高至2000年的12.7%，提高近5个百分点。

2000年以来周边地区城市化快速追赶甚至超过中心地，加速了都市区和城市群的崛起。这里有两组数据佐证：一是中心地周边新区、新城加快崛起，形成更大范围都市区空间。典型的如杭州市区及其周边，2000—2010年，5个老城区常住人口占比提高0.9个百分点，4个新城区人口占比提高0.7个百分点。同期，位于杭州都市区紧密圈层的绍兴柯桥区、嘉兴海宁市和湖州德清县3地，人口占比提高0.2个百分点。2010—2016年，5个老城区常住人口占全省比重持平，而4个新城区比重继续提高0.4个百分点达7.2%，3个紧密区比重亦继续提高0.5个百分点，达4.8%，见图表0-1。二是城市化不再以少数中心地为核心，在环杭州湾、温台沿海地带和浙赣沿线，城市群已经成为城市化的重要载体。在环杭州湾地区，每万平方公里城镇数达80.4个；在浙中地区，半径约50公里的范围内就有七八个具有活力的城市。

与中心地城市化理念不同的是，都市区和城市群语境下的城市化，其核心词汇不再是封闭、竞争等，而是协同、合作，以及在全球尺度上考虑城市竞争力问题。浙江省第十四次党代会报告审时度势地提出，"加快建设环杭州湾城市群、温台城市群、浙中城市群，大力提升四大都市区综合能级和国际化水平，积极打造国家中心城市"。这一提法，与浙江城市化的实际、开放发展的要求，以及全球化的趋势高度契合，为浙江新一轮城市化注入新动力。

下一阶段，立足杭、宁、温及金—义四大都市区，抢抓"一带一路"、长江经济带、海洋经济战略等开放发展重大机遇，积极构建开放、包容、共赢的世界级城市、城市群和城市带，是浙江当前及今后城市化的重点和难点所在。具体而言，要着重解决三方面的问题。即杭州如何切实发挥后 G20 优势，提升城市核心竞争力及世界名城影响力；杭嘉湖绍 4 地如何共建共享覆盖 3000 万人口的世界级城市群，强化与世界沟通的窗口和桥梁地位；浙江如何打破行政区划界限和壁垒，对内统筹各都市区之间以及义甬舟大通道、沿海大通道的空间、产业、设施布局建设，对外建立健全与长三角地区、长江经济带之间互利共赢的跨区域发展机制，科学认识和积极破解上述问题，浙江的城市完全有可能跃升为全球的引领者。

图表 0-1　　　　　　　　　杭州都市区常住人口分布

地区		第四次人口普查 1990 年	第五次人口普查 2000 年	第六次人口普查 2010 年	2016 年
浙江省		4144.6	4593.1	5442.7	5590.0
杭州 5 个老城区（万人）	上城区	21.1	33.5	34.5	35.3
	下城区	25.7	41.2	52.6	53.6
	江干区	36.1	56.5	99.9	106.2
	拱墅区	29.3	42.9	55.2	58.2
	西湖区	35.4	59.3	82.0	84.4
	合　计	147.6	233.4	324.2	337.7
杭州 4 个新城区（万人）	滨江区	/	11.6	31.9	33.6
	萧山区	113.1	123.3	151.1	157.2
	余杭区	86.1	81.8	117.0	135.9
	富阳区	58.1	62.9	71.8	73.6
	合　计	257.3	279.6	371.8	400.3
杭州都市区紧密层 3 地（万人）	柯桥区	89.3	79.2	103.1	127.6
	海宁市	61.8	66.6	80.7	83.5
	德清县	39.9	43.7	49.2	55.5
	合　计	191.0	189.5	233.0	266.6

续表

地区		第四次人口普查 1990 年	第五次人口普查 2000 年	第六次人口普查 2010 年	2016 年
占全省比重（%）	5 个老城区	3.6	5.1	6.0	6.0
	4 个新城区	6.2	6.1	6.8	7.2
	3 个紧密区	4.6	4.1	4.3	4.8

二 乡村：经历城乡同化到美丽乡村的演进

正是由于改革开放以来，城市化在城镇村等多数集聚点齐头并进的推进，使得浙江的乡村地区具有了城市的典型特征。特别是进入 21 世纪以来，在环杭州湾、温台、浙赣沿线等经济发展较快、人口密度较高的地区，城镇空间占据绝大部分国土面积，传统意义上的乡村空间几乎完全消失，取而代之的是乡村物质风貌城市化、村民生活工作方式非农化。典型的如杭州至宁波沿线，建设用地覆盖的地区占据这一轴线总长度的近七成，杭州萧山区和绍兴杨汛桥镇、钱清镇，余姚泗门镇和慈溪周巷镇，城乡建设用地边界已经相连。同时，这一带乡村居民生产生活方式越来越具有城市居民的特征。乡村传统氏族血缘和地缘关系弱化，重商思潮和外出打工漫卷乡村社会；乡村居民传统以农业收入为主的结构也开始转变，工资性收入成为农民家庭收入的主要来源。

乡村地区被快速城市化的过程，也是乡村经济飞跃发展、乡村硬件设施现代化的过程。这一过程是浙江面对薄弱的农业基础、落后的乡村生活条件，基于加快提升"三农"发展水平的自然选择，具有其较强的内在动力和积极意义。但是，应充分认识到，这一过程也在相当程度上带来水乡生态风貌破坏、传统文化式微等不可逆的影响。

乡村城市化的传统发展模式值得商榷。一是以城市建设模式改造村庄，乡村人居环境退化。村庄及农居拆并过于简单粗暴，缺乏对于人地关系、乡土情结的尊重；相当数量的新农村及农村新社区采用兵营式，缺乏与环境融合；户型照搬城市住宅，缺乏对农业生产功能的考虑。二是以工业取代农业，加剧工业粗放发展。浙江乡镇工业功能区 2002 年达到历史最高 985 个，占全省乡镇个数的 71.6%，特别是在环杭州湾的杭州、嘉兴、绍兴和宁波，几乎每个乡镇都设有工业功能区。乡村独立工矿用地急剧增长，大有成为工业主平台之势。三是以乡村为代价发展城市，乡村生态人文价值式微。耕地大量被占用于建设，大面积连片的农田和生态空间呈"碎片化"，工业和生活污染加剧，水乡生态风貌难以完整再现。

现代城市规划学奠基人霍华德（Ebenezer Howard，1850—1928），在其巨著《明日的田园城市》（Garden Cities of To-morrow，1902）中这样描述理想的乡村，"乡村和城市应该像夫妇一般结合，这样一个令人欣喜的结合将萌生新的希望，焕发新的生机，孕育新的文明"。从这一层意义上来说，乡村发展不应追求与城市一样化，更不应彻底改造为城市，而应按照自身发展规律，走与城市差别化协调发展道路。

欧盟国家堪称乡村特色发展的典范。欧盟91%的疆土属于乡村地区，56%的人口在乡村生活，乡村是欧洲大地景观的主体、度假休闲目的地，乡村发展直接决定欧洲经济社会发展和人民生活质量。在法国、瑞士、意大利等地，离开城市就能看到美丽乡村风光。例如，普罗旺斯遍地翻腾的薰衣草花海、托斯卡纳稻草垛守护的金色田野、铁力士山间白雪压顶的古老村落、圣托里尼岛上蓝白相间的民居，构成一幅幅乡土风景画，充满勃勃生机，美得令人心醉。

浙江的乡村是厚德载物的，应该看得见山水，记得起乡愁。近年来，浙江已认识到过去一段时期乡村城市化的弊端，重新确立城乡特色化发展理念，积极推进美丽乡村建设，走出一条乡村转型发展的路子。主要体现在三个方面。一是尊重农民，在农村"三权"制度、基本公共服务供给等方面探索创新，将村庄建设发展的主动权还给农民。二是尊重自然，尽最大可能保留村庄原始风貌，慎砍树、不填湖、少拆房，复原田园水乡风貌。三是尊重历史，在深度发掘农耕传统、民族风情和民间技艺上做文章，培育建设特色文化村。杭州文村、嘉兴乌村、湖州余村等一批既传承地域传统村落形态及独特耕读文化，又具有现代化设施和服务的新村庄不断涌现；绍兴新南村、杭州乾潭、湖州莫干山等一批农业与工业、旅游、电商、文化等多元产业融合的新业态、新模式加快崛起。

三　山区：造就贫困落后到绿水青山的崛起

　　山区是浙江发展的重要组成部分，全省山地和丘陵面积占陆域面积70%左右。山区是全国的"碳汇池"，全省 60.5% 的森林覆盖率居全国第2位，省内林业资源几乎全部位于山区境内。山区是华东的天然"大氧吧"，空气环境质量普遍优于国家二级标准，负氧离子含量高达 20 万个/立方米。山区是浙江的"水源地"，全省八大水系全部从山区发源或流经山区，主要水系断面水质基本符合 I—II 类标准。山区是长江经济带上的"新庐山"，风光优美，夏季凉爽，广泛分布中山和高山台地，足以构成避暑度假、生态养生等绿色产业发展的资源优势。山区养育了一半多的浙江儿女，维系着全省的生态安全，承担着科学发展的历史重任。

　　然而，生态环境禀赋之于山区发展，犹如"双刃剑"。在工业经济主导的时代，山区较多的生态空间缩减了可开发空间，较大的生态脆弱性加大了要素资源开发压力，较高生态环保要求提高了开发建设成本。这种状况下，山区普遍开发强度较低，绝大多数山区县建设用地面积占县域面积比重低于 3%，其中最低的丽水市景宁县、庆元县均仅为 0.4%，与全省最高的温州市区 13.9% 相距甚远。山区经济长期滞后，且一度与全省发达地区的差距出现拉大的趋势。山区 26 个欠发达地区①与全省差距最大的 2005 年和 2006 年，其人均 GDP、人均财政收入、人均财政支出分别仅相当于全省平均的 43.5%、29.5% 和 49.9%。

　　生态优势突出、经济滞后明显——山区发展条件的两重性，决定了山区必将走一条与沿海地区截然不同的道路。近年来，山区正视经济薄弱这个最大实际，张扬生态环境这个最大优势，积极探索创新绿色发展道路。2005 年，时任浙江省委书记的习近平同志在安吉余村调研时，提出"绿水青山就是金山银山"的科学论断。10 余年来，浙江深入挖掘和创造性发挥大绿、大山、大水等自然生态资源优势，深度演绎"绿水青山就是金山银山"的浙江样本，打造美丽中国先行区，取得了显著成效。

---

　　① 2001 年浙江省委、省政府出台《关于加快欠发达地区经济社会发展的若干意见》，明确将衢州、丽水两市及所辖的县（市），以及泰顺、文成、永嘉、苍南、磐安、武义、三门、仙居、天台和淳安等 26 个县（市、区），列为欠发达地区，制定相关扶持举措。

　　山区坚守生态环境，坚持把蓝天白云和绿水青山作为底色和底线，空气、土地、矿产、森林、水与水力、生物、自然保护区的保护及修复全面加强。近5年来，山区生态环境状况指数（EI值）和生态环境质量公众满意度得分逐年上升，2016年丽水市上述两项指标保持全省第1位，衢州市亦保持全省前3位。

　　山区创新生态旅游，积极实施"全域化"和"品牌化"策略，生态旅游主导的经济新格局加快形成。在"两山"理论发源地安吉，近10年来游客数量、旅游收入、财政总收入年均增长均超过20%，农民人均可支配收入由低于全省平均，提高至高于全省平均1000余元。在浙江最边远山区县庆元，自2012年确立"寻梦菇乡、养生庆元"发展思路以来，大力推进生态休闲养生经济发展，旅游收入年均增长30%以上，2016年实现39.7%的高速增长，生态经济品牌影响力不断提升。

　　山区生态经济贡献不断加大，实现追赶发展。2005—2016年，山区26个欠发达地区的人均GDP、人均地方财政收入、人均地方财政支出与全省差距显著缩小。至2016年，山区上述3项指标已达到全省平均的60.4%、44.6%和93.1%。基于山区加快发展的实际，2015年浙江省委、省政府出台《关于推进淳安等26县加快发展的若干意见》，正式摘掉26县"欠发达县"帽子，将欠发达地区更名为"加快发展地区"。这一文件明确对26县不再考核GDP及相关指标，加强生态经济、生态保护、民生保障、居民增收等指标考核，从制度上保障山区摆脱"唯GDP"的发展导向，支持山区进一步把工作重心放到绿色发展上来。

图表0-2　　　　　　　　　山区与全省主要指标差距缩小

年份	全省平均（元/人）			26个加快发展地区（元/人）			26个加快发展地区相当全省平均（%）		
	人均GDP①	人均地方财政收入②	人均地方财政支出③	人均GDP④	人均地方财政收入⑤	人均地方财政支出⑥	④/①	⑤/②	⑥/③
2000	13309	762	958	6269	257	489	47.1	33.7	51.0
2001	14655	925	1322	6918	379	683	47.2	41.0	51.7
2002	16838	1250	1653	8010	412	868	47.6	33.0	52.5
2003	20444	1552	1970	9207	504	1012	45.0	32.4	51.4
2004	24352	1968	2322	10704	566	1174	44.0	28.8	50.6

续表

年份	全省平均（元/人）			26 个加快发展地区（元/人）			26 个加快发展地区相当全省平均（%）		
	人均GDP①	人均地方财政收入②	人均地方财政支出③	人均GDP④	人均地方财政收入⑤	人均地方财政支出⑥	④/①	⑤/②	⑥/③
2005	27703	2318	2750	12091	687	1372	43.6	29.6	49.9
2006	31874	2804	3179	13865	829	1666	43.5	29.5	52.4
2007	37411	3540	3878	16496	1056	2068	44.1	29.8	53.3
2008	42214	4124	4711	19270	1221	2497	45.6	29.6	53.0
2009	43857	4061	5030	20349	1309	3205	46.4	32.2	63.7
2010	51758	4789	5890	24284	1585	3845	46.9	33.1	65.3
2011	59331	5768	7034	28752	1967	4562	48.5	34.1	64.9
2012	63508	6283	7599	31145	2165	4937	49.0	34.5	65.0
2013	68805	6906	8604	34071	2471	5799	49.5	35.8	67.4
2014	73002	7484	9367	36426	2695	6507	49.9	36.0	69.5
2015	77644	8684	11999	38513	3165	7961	49.6	36.4	66.4
2016	84916	9485	12476	51310	4232	11610	60.4	44.6	93.1
2016 年比 2005 年/2006 年提高（个百分点）							16.9	15.1	43.2

数据来源：根据《2001—2017 年浙江统计年鉴》相关数据计算所得。

四　人口：迎来数量与素质两大红利的渐变

以用工荒和劳动工资上涨为标志，数量型人口红利消退已成大势所趋。自 2004 年开始，用工荒、缺工等字眼便屡见报端，但是当时的用工荒主要是技工荒。直到 2010 年全国岗位空缺与求职人数的比率首次达到1，表明我国劳动力已出现供小于求的局面。在浙江，劳动力供给亦开始出现短缺。2010—2015 年，全省常住人口中 15—59 岁劳动年龄人口从3911.6 万人减少至 3816.8 万人，占总人口比重从 72.4%降至 68.9%，下降了 3.5 个百分点。预计至"十三五"期末这一比重将进一步下降至65.0%。这种状况对于浙江长期依赖低成本劳动的增长模式形成较大冲击，劳动力成本从过去较低水平开始回升。2010 年以来浙江工人工资增速一反过去长期大幅落后于 GDP 的态势，呈加速增长。2010—2015 年制造业城镇职工平均工资扣除物价后年均增长 13.0%，高于同期人均 GDP

增速 3.8 个百分点。面对工资较快上涨，工业企业迅即做出反应，通过减少用工数量控制工资总额增长。浙江规模以上工业企业全部从业人员数量在 2010 年达到历史最高点 857.6 万人之后持续减少，至 2016 年减至 697.3 万人，减少了近 1/5。

本专科大学生为主体的就业群体加速扩大，素质型人口增长形成浙江第二次红利。浙江省本专科招生人数成倍增长，1978—1997 年的 20 年间仅年均 1.9 万人，1998—2007 年间年均提高至 17.5 万人，2008—2015 年进一步大幅提高至年均 26 万多人，加上其他省份进入浙江的大学生，浙江每年约有 40 万本专科生需要就业。这种状况下，各种机构通过增加高素质劳动力聘用，促进工艺技术装备使用，降低先进工艺技术使用成本，提高劳动生产率，在相当程度上抵消劳动力数量减少的影响。以浙江规模以上工业企业为例，2011 年以来机器设备规模档次不断升级，2011—2016 年企业人均机器设备年均增长 7.0%，考虑到同期固定资产折旧率提高了 7.3 个百分点，人均机器设备增速更高。劳动力数量的减少和技术设备投入的提高，推动劳动生产率以 7.4% 的速度增长，相对于同期城乡居民收入 7.1% 的增速而言是一个较高水平。与此同时，由于相当数量的高素质就业群体进入生产一线，推动生产第一线知识和技术的广泛使用，以及技术的再创新，浙江经济开始逐步摆脱过去高度依赖低端适用技术的增长模式。

在数量型人口红利消退、素质型人口红利浮现的背景下，浙江应顺势而为，从三个方面进一步加快推进人口转型。一是深刻认识现行户籍制度对外来人口市民化的限制。围绕进一步消除人口流动的障碍，探索推行促进流动人口市民化的激励政策。二是深刻认识人的第一生产力作用，围绕进一步优化提升人才成长环境，建立覆盖全生命周期、覆盖全部人口的人才培育体系，进一步破除约束人才成长的制度障碍，充分激发人的创新能力。三是深刻认识浙江产业结构对人口结构的决定性影响。在这个意义上，千方百计加快产业转型升级，加快高新产业、高端服务业发展，以更高层次人力资本需求替代低层次劳动力需求。同时，这也引出了第五个方面，浙江的产业转型。

五　产业：践行要素驱动向创新驱动的转型

产业结构"三十年如一日"，是改革开放头 30 年困扰浙江经济的一个较大问题。这一时期浙江省优势行业长期集中在纺织轻工类等传统劳动密集型产业，如化纤、皮革、纺织和服装等。而同期，沿海兄弟省市江苏、上海和广东的领军行业都已经转变为电子行业，劳动密集型行业占比下降较快。究其根源，低层次市场需求和低成本要素投入"两低"格局难辞其咎。两者互为因果，扭成一团，绑架浙江产业结构，使其长期处于较低水平。

要素成本和市场需求转折性变化，形成产业结构升级倒逼机制。一是劳动力供给相对短缺，劳动成本上涨。前面已经提到了这一时期工人工资加快上升。二是外需大幅度收缩，出口低增长呈常态化趋势。2011—2016年，按美元计算，浙江出口总值年均增长仅为 2.7%，比同期工业增加值增速低 4.7 个百分点。2007 年以来，规模以上工业企业出口交货值占全部销售产值比重一路下滑，从 26.1% 减少至 2017 年 1—4 月的 17.7%，下降多达 8.4 个百分点。三是城乡居民收入水平提高，内需开始升级。2011年以来，城乡居民收入持续跑赢 GDP 增长。劳动在经济产出中的分配所得开始提高，推动需求结构开始优化。居民消费从模仿排浪式，向个性化品质化转型；从"吃穿用"为主，向"吃穿住行玩"全面推进。

面对较强的外部约束和倒逼，浙江企业内生科技创新因素正在逐步走强，科研投入和自主创新加快提升。2011—2016 年规模以上工业企业科技活动经费支出年均增长达 12.2%，高于企业主营业务收入 8.0 个百分点；新产品产值率从 22.0% 提高至 34.3%，提高了 12.3 个百分点。企业科技活动加强带来正外部性，全社会创新能力亦具有显著增强。特别是全省研究与试验发展经费支出、三项专利授权量、发明专利授权量占全国比重均有较大提高，至 2015 年浙江人均三项专利授权量仅次于北京，居全国第 2 位。

产业升级是浙江的长期愿望，更是当前的客观趋势，进入改革开放第四个 10 年以来，浙江产业转型进入快车道。一是制造业结构升级迈出坚实步伐。比较明显的是，2015 年以来，高新技术产业、装备制造业、战略性新兴产业 3 类行业增加值增速，持续跑赢工业增加值增速。2015—2017 年，上述 3 类行业增加值占工业增加值的份额分别提高了 5.7 个、5.2 个和 3.7 个百分点，达到 39.7%、38.6% 和 27.5%。二是服务业主导格局已经形成。由于经济社会对于服务业发展的内在加速因素明显增强，近年来浙江服务业增长表现不俗，2016 年浙江服务业比重首次超过半壁

江山达 51.6%，2017 年进一步提高至 52.7%。2008—2017 年浙江服务业
比重年均提高 1.4 个百分点，大幅快于改革开放的前三个 10 年。三是经
济增长新动能积极孕育。以"互联网+"为推动的新业态蓬勃发展，以特
色小镇、科创平台、众创空间为代表的新载体加快建设，以万亿产业、历
史经典产业为主导的新产业不断涌现。结构升级已加速铺开，各行各业自
我革命、自我提升的风潮已经形成。

六　空间—产业—人口的多重联动

统筹推进大湾区、大花园、大通道、大都市区建设，是浙江省第十四
次党代会作出的重大决策和战略部署。其中，"大湾区"和"大花园"构
成浙江省域空间的基本支撑和独特格局。近年来，全省产业、人口等要素
进一步向以环杭州湾为重点的沿海大湾区集聚，不断强化全省经济重心在
沿海"大湾区"、生态重心在浙西南山区"大花园"，形成两个区域高度
互补、协调发展的格局。"大湾区"① 和"大花园"② 空间范围如图表 0-
3 所示。

（一）密 VS 疏："大湾区"全域都市化和"大花园"点状城镇化并行不悖

全省城市化空间格局，充分体现了"大湾区"高密度开发与"大花
园"高水平生态保护的最佳耦合。

"大湾区"要素弥漫式均质化分布推动全域都市化。以杭州湾区为典
型代表，城镇均匀分布、大中小城镇齐头并进。2017 年，杭州湾区 15 个
县（市、区）的人口密度超过每平方公里 2500 人，相当于衢州和丽水两
市平均人口密度（834 人）的 3 倍；国土面积的开发建设强度，即城市建
成区占行政区域面积比重达 8.2%，相当于衢州和丽水两市平均（0.9%）

---

① 根据《浙江省"大湾区"建设行动计划》，大湾区以环杭州湾经济区为核心，联动台州
湾、三门湾、象山湾、乐清湾、温州湾等湾区，涉及杭州、宁波、温州、湖州、嘉兴、绍兴、台
州、舟山 8 市。其中，大湾区核心区域为杭州湾区，包含杭州市区、宁波市区、余姚市、慈溪
市、嘉兴市区、平湖市、海宁市、桐乡市、嘉善县、海盐县、湖州市区、德清县、绍兴市区、诸
暨市和舟山市区 15 个县（市、区）。

② 根据《浙江省"大花园"建设行动计划》，大花园核心区域为衢州、丽水。

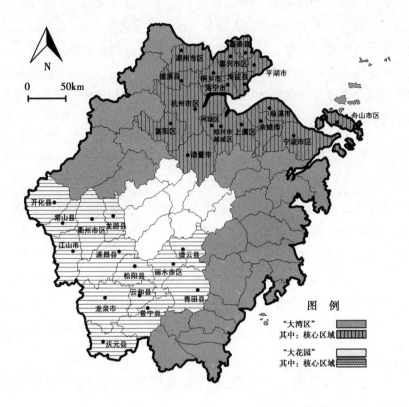

图表 0-3 浙江省"大湾区"和"大花园"范围

的 9 倍多①。杭州湾区一带，大中城市发育加快，小城镇星罗棋布，乡村郊区化演进。反映在卫星影像图上，杭州湾区建设空间占据国土面积的绝大多数区域，相当数量的城镇边界已经连接。

"大花园"要素内聚外迁推动点状城镇化。受山区地形、区位和交通等客观条件制约，"大花园"适宜建设及适宜人居的空间相对较少，促使人口、产业等要素在空间上集聚发展，典型的如丽水市云和县的"小县大城"模式。当前，云和县 95% 的企业、93% 的中小学生、74% 的人口集中在县城。与之相似的，浙西南的泰顺、文成、龙泉、景宁、开化、常山、磐安等地，亦普遍具有空间集中化的特征。反映在卫星影像图上，浙西南地区城镇分布间隔较远。

① 根据《2018 浙江城市建设统计年鉴》相关数据计算所得。

（二）重 VS 轻："大湾区""物质财富之重"和"大花园""生态财富之轻"高度互补

"大湾区"是全省物质财富集聚重心。"大花园"就物质财富而言，显然在全省经济格局中较轻，然而就对全省的生态支撑而言则较重。因此，全省经济空间格局的重与轻，实际是"大湾区"与"大花园"之间的双重对称。

"大湾区"通过产业高端发展、资本运作和创造，形成较高的地区产业结构、财富水平。全省沿海湾区一带较早启动经济转型和产业升级，推进工业化和信息化融合，二、三产业互动，信息互联互通，形成一大批健康生物医药、新能源汽车、海洋装备制造等高端制造业集群，孕育了电商、金融、物流、文化影视等高度创新的现代服务行业，已成为全省乃至全国的信息经济、海洋经济、开放经济等新兴经济高地。产业结构高度化促成这一带较高的资本效率和劳动效率。2017 年，杭州湾区二、三产业劳动生产率分别为 16.6 万元/人和 19.8 万元/人，相当于衢州和丽水两市平均的 1.2 倍和 1.8 倍，已与同期上海市的二、三产业劳动生产率基本相当。

"大花园"通过生态环境修复治理和科学开发利用，形成较优的生态产业结构、生态文明水平。这一带生态旅游渐成主业，旅游总收入、接待人数均保持高速增长。2017 年，金华市和丽水市旅游总收入分别同比增长 26.6% 和 25.8%，居全省前两位；丽水市旅游业增加值占 GDP 比重 16.6%，居全省第 1 位。与此同时，生态农业、生态工业以及生物技术、抽水蓄能、风能和生物质能等新兴产业崭露头角，民宿、电商等新业态加快发展，农产品、工业品、能源、金融、健康养生等绿色产品供给能力不断增强。资源节约、环境友好发展格局加快形成，2017 年衢州和丽水两市的万元 GDP 能耗平均为 0.33 吨标准煤，比全省低 25%。"大花园"区域经济发展模式逐步实现"卖山头"到"卖生态"的转变。

（三）忙 VS 闲："大湾区"创业快节奏和"大花园"休闲慢生活相得益彰

热情高涨的创业与自由自在的休闲相映成趣、相得益彰，是浙江省"大湾区"和"大花园"空间特色化发展造就的又一财富。

"大湾区"创业创新活力强劲。"大湾区"集聚全省 80% 的国家和省级创业孵化示范基地。在杭州，现在平均每天就有 11 名大学生投身创业。
2014—2016 年，年均创业项目增速 20.3%[①]，超过同期北上广深等传统创业强市，位居全国第 1；在温州，以发端于改革开放的创业，成就中国最富裕的群体，当前网商创业、大学生创业亦位居全国前列；在义乌，每天新增 200 个老板，市场主体已突破 30 万户，占到省的 6%，大大超过丽水全市和衢州全市。同时，"大湾区"的创业创新资源，积极为"大花园"提供服务。例如，衢州在杭州建设海创园，以人才飞地的模式破解科技研发瓶颈，实现借力发展。

　　"大花园"为创业创新主体提供休闲好去处。"大花园"在长期人与自然协调发展实践中，形成乐活健康的生活理念和人文特质，在创业竞争日趋激烈、大众健康消费需求日趋强烈的背景下，越发凸显其独特魅力。在"大湾区"现代化大都市激情创业，到"大花园"广阔生态空间信马由缰，成为越来越多人群的生活方式。2017 年衢州和丽水两市的游客平均停留时间 2.1 晚和 2.0 晚，系全省最长，就是一个佐证。正是有"大花园"高品质生态和度假休闲支撑，使得在浙江的创业方式，不再是"拼命三郎"的苦干，而是张弛有道的巧干。某种意义上说，浙江空间格局促成创业与生活相融合，成就了创业创新大省。

（四）经济 VS 社会：区域"经济非均衡"和区域"社会均衡"统筹推进

　　区域经济非均衡发展和区域社会均衡发展是一对辩证统一的关系，是"大湾区"和"大花园"协调发展的具体体现和生动实践。经济非均衡发展是手段，是资源要素制约情况下，实现全省经济快速发展的最佳路径；社会均衡发展是目的，是实现发展成果全民共享的重要保障。

　　经济发展重心向"大湾区"偏移是大势所趋。2017 年，杭嘉湖宁绍舟 6 市以占全省 44.1% 的国土面积，集聚了全省 55.1% 的人口、68.0% 的 GDP 和 73.2% 的地方财政收入，分别比 10 年前提高 4.3 个、1.5 个和 2.4 个百分点。其中，杭州湾区 15 个县（市、区）集聚效应尤为突出。这一区域以占全省不到 1/5 的面积，2017 年集聚了超过 2/5 的人口，创造了超过 1/2 的 GDP，贡献约 1/3 的地方财政收入，分别比 10 年前提高 6.4 个、1.2 个和

---

① 数据来源于《2016 杭州创业生态白皮书》。

1.7 个百分点。十分明显，"大湾区"得益于沿海、临港、近沪等较好的地理空间及区位条件，具有各类要素在空间集聚的规模报酬递增效应，长期以来工业化、市场化、现代化、智慧化及开放发展走在前列。

区域经济非均衡发展通过三种传导作用，熨平了"大花园"与"大湾区"两大区域之间的社会发展差距。一是财政从"大湾区"转移至"大花园"，推动浙西南"大花园"教育、医疗、社保等社会民生领域财政投入增加，建设服务水平相应提高。近 10 年来，衢州和丽水两市的地方财政收入合计占全省比重下降 3.5 个百分点，而地方财政支出占全省比重提高了 2.4 个百分点，转移支付在其中占据相当比重。二是浙西南"大花园"在外资本及劳动所得通过多种途径回流至浙西南地区，支持家乡建设发展。近 10 年来，衢州和丽水两市的投资和储蓄增速均快于"大湾区" 8 市，两市固定资产投资及年末储蓄存款余额占全省比重分别提高3.4 个和 3.7 个百分点。三是人口从浙西南"大花园"流出，进一步提升浙西南社会公共设施及服务人均享有水平，推动浙西南"大花园"与"大湾区"差距不断缩小，见图表 0-4。同时，杭州、上海等国际大都市新业态、新模式、新技术对浙西南地区的全方位渗透，国际咨询、现代服务对浙西南高度共享，不断提高浙西南地区现代服务水平和居民生活质量。因此，就社会发展而言，区域均衡发展其势已成。

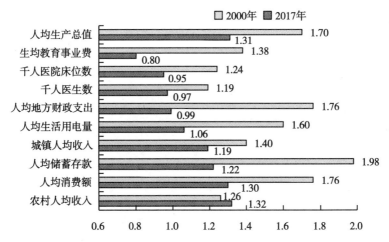

图表 0-4　2000 年和 2017 年社会领域主要指标"大湾区"相当于
全省其他地区的倍数（单位：倍）

　　浙江城乡空间结构转型，在推动要素优化配置、产业结构升级、区域城乡协调的同时，更为人的全面发展提供坚实支撑。"大湾区"以高层次产业和高品质人居，创造更广阔的就业机会，吸引集聚更多就业者，促进全省人力资本和收入水平提升；"大花园"以高品质生态环境和高度生态文明，为全省提供更优质的空气、水、绿色农产品，以及休闲度假产品，推动全省居民生存质量提升、生活理念和生活方式改变。可以说，省域空间格局的变迁，促成经济、社会、生态发展成果的全民共享，增强了浙江居民的幸福感和获得感。

（节选发表于《浙江树人大学学报》2018 年第 3 期）

城乡转型篇

第一章 提升中心城市和都市区功能的思路与对策

浙江省新型城市化走在全国前列。提升浙江省都市区和中心城市功能，是推进浙江特色新型城市化的重大战略举措，对于加快全省经济社会转型和城乡区域协调发展，高水平全面建成小康社会，具有十分重要的意义。

一 中心城市发展基础较好

长期以来，浙江省中心城市保持又好又快发展，充分显现出对推动经济转型升级、社会和谐发展、资源保护与利用的积极作用。2006 年，浙江在全国率先提出并实施新型城市化战略，中心城市进一步发挥引领作用。

1. 城市规模有序扩张

中心城市领跑全省。1978—2015 年，浙江省 11 个市区 GDP 名义年均增速为 17.3%，同期上海市 GDP 名义年均增速 13.0%。2015 年，11 个市区按户籍人口计算的人均 GDP 为 130358.2 元，是上海市的 74.9%，而 1978 年仅为上海市的 20.6%。中心城市主要经济指标占据全省半壁江山。2015 年，11 个市区以占全省面积的 21.7%，集聚了 36.9% 的人口、54.5% 的 GDP，以及 52.3% 的固定资产投资、54.0% 的出口总额、58.0% 的社会消费品零售总额和 61.1% 的财政总收入。全省 2/3 的金融资金集中在中心城市，并面向全国提供金融服务。中心城市范围拓展。杭、宁、温、金、衢、绍等地抓住主城区与周边县（市）融合发展趋势，适时推进行政区划调整，将条件成熟的毗邻县（市）纳入中心城市，增强了中心城市的综合实力。

2. 城市社会服务保障完善

中心城市不断增加社会事业投入，扩大社会事业规模，提升社会事业发展质量，11 个市区各项社会事业发展指标均大幅领先全省平均水平，有力促进人的全面发展。中心城市加快推进全民社保工程，各项保险覆盖面不断扩大。2015 年，11 个市区全社会从业人员中，医疗、养老、失业参保人员的比重为 96.8%、88.5% 和 54.0%，养老和失业保险参保率分别比全省平均水平高 22.2 个和 17.6 个百分点。中心城市社会结构加快转型。11 个市区非农业人口占比为 36.9%，而城市化率已达 74.1%，表明这些地区的农业人口中，半数以上已经进入城镇工作生活，实现社会身份的转型。

图表 1-1　　2015 年 11 个市区社会发展水平与全省及县（市）比较

项目	人均教育事业费支出（元）	千人医院卫生院床位数（张）	千人医生数（人）	千人社会福利院床位数（张）
11 个市区	3059.2	8.1	4.6	5.9
53 个县（市）	1848.6	3.8	2.5	3.7
全省平均	2295.3	5.4	3.3	4.5
市/县（市）	1.7	2.1	1.8	1.6

3. 城市功能显著提升

一是创新功能加快增强。11 个市区的高校数、在校学生数、在校研究生数占全省比重，以及国家级科技孵化器和重点实验室占全省比重，大致在 9 成以上；发明专利授权量占全省的 67.8%。创新要素集聚有力推动了新兴产业发展。例如，杭州市区的软件基地总产值占全省软件业总产值 2/3 以上，生物基地总产值占全省生物制药总产值一半以上。二是服务经济逐步替代工业经济成为中心城市的主导功能。11 个市区引领全省产业结构升级。2015 年，11 个市区服务业占 GDP 比重达 54.3%，高出其他县（市）10.3 个百分点，除宁波、湖州和绍兴 3 个市区以外，8 个市区已实现向服务型经济结构转型。三是人居功能不断优化。中心城市着力健全城市公用设施体系，加强城市道路、燃气、供排水、绿化、环卫、防洪等公用设施的建设和维护，城市现代化、信息化水平显著提高，综合承载力大幅增强，居民生活工作环境明显改善。11 个市区道路密度、人均公共绿地面积、移动电话普及率等指标均较快提高。

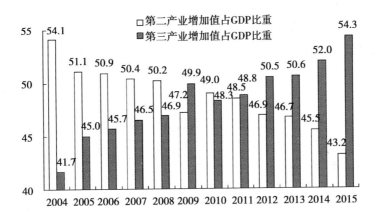

图表 1-2　2004—2015 年浙江省 11 个市区二、三产业结构（单位:%）

4. 城市辐射明显增强

中心城市溢出效应强化，促进要素在中心城市以外更广阔的空间优化布局，加快都市区和城市群的形成和发展。一是促成区域泛城市化格局。以环杭州湾、温台沿海和浙赣沿线为代表的发达地区，已经在整个区域范围内形成人口稠密、交通便捷、要素趋于均衡分布的全地域都市化的格局。二是推动区域产业优化布局。市区"退二进三"为周边地区加快产业发展创造机遇，而市区利用置换出来的空间，大力发展现代服务业和高端制造业，为周边地区加快产业升级提供创新支撑。三是加快都市区和城市群发展。当前以杭州、宁波、温州、金华—义乌城市为核心，环杭州湾、温台沿海和浙赣沿线的 25 个县（市），位居全省经济贡献度之最。这些地区以不到全省 1/3 的国土面积创造了 3/4 以上的 GDP，已经具备都市区的雏形。

二　高密度均质化空间支撑

改革开放以来浙江城市化进程中，高密度均质化空间是一个非常重要的本底参数。[①] 高密度均质化，是以分散为基础的城市化过程。浙江人口密度较高，创业主体众多，得益于各地都具有较好的投资环境，早期各地创业成功率普遍较高，因此形成早期多中心分散化的集聚，也就是后期浙

---

① 卓勇良：《浙江地理空间的"本底参数"》，2011 年。

江泛城市化的内核。这一状况下，浙江中心城市低首位度、逆中心化，以及省域空间多中心化特征明显。

1. 低首位度：中心城市集中化缓慢

以首位城市的 GDP 占全省 GDP 比重作为衡量首位度的标准，近 10 年来，杭宁温 3 个市区的首位度始终在低处徘徊。2005—2015 年，3 个市区首位度仅上升 0.5 个百分点，大大低于 1995—2005 年 5.7 个百分点的增长幅度。在相关数据可得的全国 23 个省（区）中，浙江省近 10 年首位度提升幅度仅居第 14 位，比安徽低 11.5 个百分点，比广东低 7.1 个百分点，比江苏低 2.1 个百分点。

图表 1-3　　　　　　2005—2015 年全国主要省份 3 市区 GDP
首位度增长排序　　　　　　　　（单位:%）

位次	省份	2015 年	2005 年	2015 年比 2005 年提高
1	安徽	27.5	15.5	11.9
2	内蒙古	35.9	28.2	7.6
3	广东	54.3	46.8	7.5
4	湖南	25.7	20.5	5.3
5	宁夏	52.7	47.5	5.2
6	湖北	40.5	35.8	4.8
7	四川	27.4	23.0	4.5
8	辽宁	51.0	46.9	4.1
9	广西	27.3	23.3	4.0
10	河北	20.2	17.4	2.8
11	江西	26.7	24.0	2.6
12	江苏	27.7	25.2	2.5
13	黑龙江	52.9	50.6	2.3
14	浙江	32.5	32.1	0.4
15	福建	30.8	30.4	0.4
16	河南	12.9	13.3	-0.4
17	山东	21.2	22.3	-1.1
18	山西	27.9	32.1	-4.3
19	甘肃	33.7	38.3	-4.6
20	贵州	28.6	33.3	-4.7
21	云南	32.4	38.6	-6.1
22	陕西	38.0	45.2	-7.2
23	吉林	44.4	51.8	-7.4

说明：各省前 3 位市区 GDP 数据来源于《中国城市统计年鉴 2016、2006》，各省 GDP 来源于《中国统计年鉴 2016、2006》。

2. 逆中心化：中心城市外围集聚增强

浙江省大多数乡镇和农村地区，一定程度上也具有城市的生产和生活便利，再加上自然地形和身份上的隔离，向城市迁移的收益低于成本，导致沿海发达地区中心城市对于周边地区的人口吸引能力较弱，由此产生浙江中心城市的逆城市化格局。根据最近两次人口普查数据，2000—2010年，杭宁温 3 个市区人口占全省总人口的比重从 28.9% 下降至 28.5%，下降了 0.4 个百分点。而这 3 个市区外围地区的人口集聚度显著提高。2000—2010 年，萧山区、余杭区、鄞州区和柯桥区的人口占全省总人口比重，从 8.1% 上升到 9.3%。当前，部分发达县（市）人口密度更是超过中心城市。

图表 1-4　　　　　2015 年浙江省每平方公里人口密度大于 1500 人的
城市和县城　　　　　　　（单位：人/平方公里）

序号	市县名称	人口密度	序号	市县名称	人口密度
1	嘉兴城区	3742	13	文成县城	2042
2	杭州城区	3527	14	苍南县城	1947
3	绍兴城区	2935	15	慈溪城区	1914
4	平阳县城	2699	16	乐清城区	1816
5	瑞安城区	2482	17	象山县城	1800
6	宁波城区	2444	18	衢州城区	1790
7	温岭城区	2371	19	永康城区	1759
8	嵊泗县城	2281	20	义乌城区	1721
9	温州城区	2270	21	金华城区	1720
10	平湖城区	2197	22	建德城区	1575
11	宁海县城	2109	23	永嘉县城	1560
12	泰顺县城	2065			

说明：数据来源于《2016 浙江城市建设统计年鉴》。

3. 多中心化：中心城市和县域经济百花齐放

浙江省在我国沿海省份中，区域经济发展相对均衡。1978—2016 年，浙江省人均 GDP 名义增长率达到 15.7%，高于全国 1.8 个百分点。64 个按一级财政体制结算的市（县）中，人均 GDP 名义增长率最低的是开化县，但也高达 13.3%；最高的是平阳县，达到 19.7%。64 个市（县）1978—2016 年人均 GDP 名义增长率的离散系数只有 0.080，是一个相当低的水平，表明市县经济发展呈现齐头并进、势均力敌格局。2005—2016年，全省 53 个按一级财政体制结算的县（县级市）①，人均 GDP 等若干经济发展指标的年均增速均高于 11 个市区。

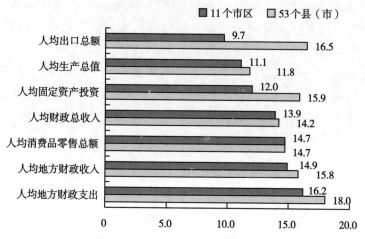

图表 1-5　2005—2016 年 11 个市区和 53 个县（市）主要经济

指标名义增速（单位:%）

应该认识到，高密度均质化犹如"双刃剑"。虽然高密度均质化客观上是全域整体较快发展的产物，具有其合理性和积极作用；但是对于都市区和中心城市功能提升造成一定影响，主要体现在四个方面。

一是浙江省中心城市人口和空间规模不大。浙江省没有人口超千万的超大城市；500 万—1000 万人的特大城市仅杭州 1 个，少于广东（3 个）和江苏（2 个）；300 万—500 万人的大城市仅宁波 1 个，少于江苏（4 个）和山东（2 个）；绝大多数城市人口在 300 万人以下，其中 100 万—300 万人的大城市 6 个，100 万人以下的中等城市 3 个。浙江省人口最多的杭州市区（845.1 万人），列全国 10 名之后；人口最少的丽水市区（61.8 万人）、舟山市区（78.5 万人）和衢州市区（94.9 万人），是江浙沪仅有的人数不足百万的城市。绍兴市区在 2013 年行政区划调整前仅493 平方公里，一直是江浙沪闽粤晋沿海 6 省（市）地级以上城市中最小的，空间制约长期阻碍绍兴城市辐射能力增强。

---

① 以 2015 年行政区划为准。

图表 1-6　　　　　　2015 年浙江与沿海省份地级及以上城市
　　　　　　　　　　人口规模分布比较　　　　　　　（单位：个）

地区	合计	按市区常住人口分组				
		1000 万以上	500 万— 1000 万	300 万— 500 万	100 万— 300 万	100 万以下
广东	21	2	3	1	10	5
江苏	13	0	2	4	7	0
浙江	11	0	1	1	6	3
山东	17	0	0	2	14	1
安徽	17	0	0	1	8	7
河北	11	0	0	1	2	8

　　二是浙江省中心城市产业结构不适。中心城市身陷浙江省产业结构
"三十年如一日"的泥潭，至今未能明显突破。中心城市的纺织、化纤、
文体用品等传统制造业占比仍相对较高，而高端制造业则相对弱小。采用
计算机等电子设备制造业（制造业代码 39），以及通用（34）、专用
（35）、汽车（36）及运输设备（37）制造业的工业产值合计占地区工业
总产值的比重，衡量地区工业结构层次。2015 年，杭宁绍 3 市工业结构
层次，大大低于深圳、厦门、苏州等同类城市。例如深圳市的工业结构，
计算机（39）及各类设备（34—37）制造业占比已高达 2/3，纺织（17）
及纺织服装（18）仅 1.2%。而浙江杭宁绍的工业结构，计算机及设备制
造占比均不足 30%，纺织及纺织服装占比则比全国平均水平还要高。

图表 1-7　　　　　2015 年浙江省主要城市与同类城市工业结构　　（单位:%）

城市	纺织（17）及纺织服装（18）合计	计算机等电子设备（39）、通用（34）、专用（35）、汽车（36）及运输设备（37）制造业合计	其中：计算机、通信和其他电子设备制造业（39）	通用设备（34）、专用设备（35）、汽车（36）及运输设备（37）制造业
全国	5.6	23.9	8.3	15.6
深圳	1.2	66.7	58.8	7.9
厦门	2.3	49.2	38.3	10.9
苏州	6.9	48.0	32.9	15.1
上海	1.8	47.6	17.0	30.6

城市	纺织（17）及纺织服装（18）合计	计算机等电子设备（39）、通用（34）、专用（35）、汽车（36）及运输设备（37）制造业合计	其中：计算机、通信和其他电子设备制造业（39）	通用设备（34）、专用设备（35）、汽车（36）及运输设备（37）制造业
北京	0.8	42.5	12.1	30.4
广州	3.7	42.2	13.0	29.2
南京	3.8	41.0	18.3	22.7
武汉	1.8	40.4	12.6	27.8
东莞	7.4	37.6	29.5	8.1
大连	2.9	35.1	2.9	32.2
青岛	4.8	30.2	6.3	23.9
宁波	7.5	26.4	5.9	20.5
杭州	9.8	23.6	9.3	14.3
绍兴	27.8	16.0	1.0	15.0

说明：（　）中系制造业行业代码。受数据来源限制，全国按规模以上工业企业主营业务收入计算，各地按规模以上工业企业工业总产值计算。东莞、大连数据为2014年数据。

三是浙江省中心城市人力资本素质不佳。以劳动密集型为主的产业结构决定了以低端劳动力为主的人力资本结构，中心城市陷入人口素质较低的困境。第六次人口普查数据显示，2010年浙江省6岁以上外来人口1127.8万人，其中高中及以下学历人口为1082.5万人，占全部外来人口的96.0%之多。这部分低素质人口主要流入沿海中心城市，11个市区的外来人口占全省外来人口的近一半，为47.2%，特别是杭宁温3个市区的外来人口就占全省外来人口的33.1%。这一状况拉大了浙江省与其他沿海地区的劳动效率差距。2015年，11个市区的劳均GDP为16.1万元，为江苏13个市区平均的93.3%，上海的87.1%。

四是浙江省中心城市资源要素集约利用水平不高。中心城市经济增长过于依赖土地占用，城市用地规模扩张明显超过人口集聚的合理需求。根据浙江省建设厅统计数据，2005—2015年，11个市区城市建设用地面积从1239.4平方公里增加至1751.2平方公里，年均增长3.5%；而城区人口（含暂住人口）从1417.1万人增加至1525.2万人，年均增长仅0.7%。11个市区每增加1个城市人口所增加的建设用地为473.5平方米，大大高出人均 120 平方米的城镇建设用地标准。宁波、绍兴、丽水建设用地快于人口增长的状况比较突出。再以工业用地为例，2005—2015 年，11 个市区单位工业用地增加值年均增长 8.5%，低于全省其他地区 5.7 个百分点。2015 年，浙江省 11 个市区的土地经济密度为 71.0 万元/公顷，低于江苏、广东、山东等省份。

三 提升中心城市和都市区功能的思路

着力中心城市人文主导式、集约转型式、集聚引领式和空间优化式的发展模式创新，形成都市区范围内，中心城市和周边地区之间，服务和生产相融的新型分工格局，全面提升中心城市引领发展能力，增强对都市区的辐射带动作用。

1. 实施人文主导式发展

着力推进中心城市从物质生产主导向人文社会发展主导的转变。一是从经济增长为主向注重经济与社会并重发展转变。着眼于促进人的全面发展和社会全面进步，落脚于政府推进社会发展的主要工作，创造和拓展城市人的发展机会。二是从物质生产为主向注重物质与文化生产并重转变。促进文化融入生活、提升生活，提升城市科技、文化、创新、人才"软实力"，提升城市发展内涵。三是从生态环境恶化向注重生态文明转变。坚持走生产发展、生态良好、生活富裕的文明发展之路，实现城市可持续发展。

2. 强化集约转型式发展

着力推进中心城市从粗放式发展向集约式发展转变。一是加强创新驱动。充分发挥科技第一生产力和人才第一资源的重要作用，真正把经济发展建立在全面创新主导的基础上，努力增强城市经济创新力。二是加快经济转型。着力调整经济结构，加快转变增长方式，促进速度、质量和效益相协调，人口、资源和环境相协调，在建设资源节约型和环境友好型城市的同时，切实增强城市经济竞争力。三是促进科学发展。科学运用促进科学发展的"指挥棒"，健全发展评价体系，切实增强城市经济促进力。

3. 推进集聚引领式发展

着力推进中心城市从促进自身增长为主向增强对于区域乃至全省发展的辐射带动为主转变。一是从蛙跳式集聚向多层面集聚转变。改变中心城市主要依靠集聚相对落后地区人口等要素的状况，着力从国内外引进紧缺人才，科学引导市域人口、省内其他市的人口向都市区和中心城市人口梯度集聚。二是从同质化竞争向高水平引领式发展转变。扭转当前中心城市与县（市）产业关系以水平分工关系为主的状况，推进中心城市产业高端化、城市品质化，形成经济社会发展高地。三是从行政管理为主向市场和文化带动为主转变。优化中心城市与市域其他县（市）的行政层级，增强中心城市要素配置、产业发展和文化提升对于周边的促进作用，优化市场经济下的空间竞合秩序。

4. 注重空间优化式发展

从高密度均质化空间的实际出发，奉行多层次均衡式推进的面状城市化策略，优化完善由大面积都市化区域到内生发展的特大城市等构成的多层次空间结构。一是注重优化整合都市区和中心城市发展空间，将一部分与中心城市主城区的相邻县调整为区，扩大主城区行政区划，优化区域空间结构。二是注重构建差异式治理结构。赋予部分特大市相当于省一级的行政管理权限，而将部分中心城市所辖县改由省管辖，使这些中心城市更加集中精力于其自身发展。三是注重推进主城区与县（市）城区及特大镇并重发展。遵循市场选择的客观规律，确立多层次并重均衡发展的政策思路，激发各地禀赋优势，形成多元化、差异化的发展格局。

5. 促进形成服务和生产相融的新型分工格局

强化中心城市以服务为主，对周边地区提供各种服务；推进周边地区以生产和使用为主，对全省经济社会发展提供全方位的支撑。一是形成高端教科文卫服务和使用的分工关系，实现优质资源辐射共享。二是形成人力资本开发和人力资本使用的分工关系，实现区域人力资源开发利用的互补共赢。三是形成总部基地和生产制造的分工关系，实现区域生产要素的最佳布局。四是形成品质服务和大众消费的分工关系，实现大众消费的区域分工和互补发展。五是形成设施建设和延伸覆盖的分工关系，实现区域基础和社会设施的均衡化配置。

四　探索中心城市和都市区功能提升的发展路径

推进都市区和中心城市发展模式转变，加快产业、要素、空间和管理四大转型，是当前和今后一个时期，提升都市区和中心城市功能的具体实施路径。

（一）产业转型：弱化低端生产功能，强化现代服务功能

产业转型是城市功能提升的关键。加快发展符合城市性质和要素禀赋特征的服务业和高新产业，大力发展城市经济综合体，积极推进技术进步、产业融合和品牌建设，不断提高城市产业竞争力，促进中心城市发展方式转变。一是依托传统制造业，大力发展与之相配套的生产服务业。二是积极应对居民消费升级趋势，大力发展品质型生活服务业。三是迎合省外乃至国内外各类服务需求，大力发展外向型服务业。四是逐步转移淘汰低端制造业和低端制造环节。

（二）要素转型：弱化低端扩张，强化高端集聚

要素转型是城市功能提升的重要支撑。着力增强城市集聚高端要素的能力，吸纳全球资金、技术、市场、资源等优质要素，推进中心城市经济增长从主要依靠扩大要素投入规模，向主要依靠提升要素质量转变。一是强化资本投入。坚持引资和选资相结合，既要着力引进战略投资者，又要鼓励支持民企二次投资，更要对投资项目的土地投资强度和密度进行控制，全面提升城市资金规模和用资质量。二是强化高端产业引进。着力构筑产业发展流动机制，积极承接国际和区域服务业和高新产业转移，加快提升在国际产业分工和产业链中的地位。三是强化人才集聚。加快建设人才孵化载体，优化人才创业创新环境，广纳海内外英才。

（三）空间转型：弱化空间蔓延，强化空间优化

空间转型是城市功能提升的重要抓手。把握浙江省城市集群化、网络化发展的重要契机，统筹空间资源，统筹大中小城市和小城镇发展，统筹城市和产业发展，全面推进全省城镇空间结构和城市空间形态。一是以网络化城镇群为主形态，稳妥推进杭州、宁波、温州市区人口适度增长及合理分流，科学引导都市区核心城市与周边县（市）人口网络化分布，以及大中小城镇和区域重大基础设施合理布局，提升城乡空间秩序。二是优化中心城市空间形态，科学推进多中心组团式发展，构建富有效率的统一整体，合理控制土地开发强度，提高中心城市空间利用效率。三是加强空间管制，保护生态历史区域，建设和谐共生型城市。

（四）管理转型：推进行政体制改革，强化发展引领

　　管理转型是城市功能提升的重要保障。稳步推进差异化改革，强市活县（市）"双管齐下"，积极实施差别化的省直接管理县（市）体制，促进中心城市与县（市）之间，从行政硬管辖向市场和服务软关联的转变。一是建议将杭州和宁波两大都市区所辖市（县）改设为区，依法向杭州市和宁波市下放行政管理权限，其中包括财政，使之具有相当于省一级的行政管理权限。二是建议扩大温州市区和义乌市的行政区划范围，并争取把义乌市升格为设区市，增强其发展活力和辐射带动力。三是建议把现嘉兴、湖州、绍兴、台州以及金华和温州市的部分县（县级市），共计约 30个县（县级市），依法调整为省直接管理，设区市不再管理所辖县（县级市）。

　　（原文发表于《多元与包容——2012 中国城市规划年会论文集》，本次出版更新部分数据）

第二章 创新浙江特色城市化推进路径

长期以来，省委、省政府立足浙江省经济社会发展实际和地理空间特征，审时度势，顺势而为，创新推进都市区和中心城市提升、小城市培育、特色小镇创建等多层次新型城市化战略，创新公共政策供给，助力浙江省新型城市化走在全国前列。浙江省城市化率实现从1978年落后全国平均3.4个百分点到2016年超过全国平均9.7个百分点、居各省区第二的快速增长。而且早在2001年，浙江城镇人口就已经首次超过常住人口半壁江山，达到50.9%，名义上实现了社会结构以城市为主的历史性跨越，这一进展快于全国整整10年。

一 推进小城市大提升

背景提示：2010年10月，浙江省委、省政府根据"特大镇"转型发展要求，审时度势地做出开展小城市培育试点的战略决策，于同年12月在全国率先部署开展小城市培育试点。截至2017年，浙江省已开展3轮、60个镇及9个重点生态功能区县城小城市培育试点，有力推动了试点镇由"镇"向"城"转型。

(一) 小城市培育符合浙江新型城市化实际

对小城镇中基础较好、发展较快、潜力较大的镇实施小城市培育，既符合浙江特色产业集群支撑下人口等要素集聚的客观规律，又满足老百姓对望得见山、看得见水、记得住乡愁的美好期待，是坚持具有浙江特色的新型城市化道路的客观要求和现实选择。

1. 小城市在浙江特色城市化进程中具有重要地位

大量小城镇在分散的状态下各自加快城市化进程，是浙江城市化实现跨越的一个重要特征。正是因为小城镇的大量崛起，形成了浙江城市化的特色、优势和潜力所在。当前，浙江每万平方公里上适宜建设用地①的城市及建制镇数量分别为 8 个和 177 个，远高于其他省（区），居全国首位。在 10 平方公里的浙江版图上，639 个建制镇如同顺藤结瓜相互连在一起。典型的如杭州至宁波的都市带，杭州滨江区、萧山区、绍兴皋埠镇，余姚泗门镇，慈溪周巷镇及龙山镇，城镇用地已经基本相连。正是这些高密度分布的小城镇通过分散的"点状"扩张，逐步带动整个区域高度都市化发展，助力浙江城市化领先全国。

2. 小城市是多因素下农民市民化的现实选择

2016 年，全省 36 个小城市培育试点镇户籍人口城市化率为 54.5%，高于全省户籍人口城市化率 3.6 个百分点。农民选择在小城市安家落户，是基于自身实际，就小城市与大中城市生活成本、就业压力、制度环境等各种条件进行理性比选后，"用脚投票"的结果，具有其必然性和内在合理性。以居民购房能力为例，根据对全省 8 个县的县城及小城市培育试点镇的问卷调查和实地调研，有意愿在镇区购房的居民，可承受的单位面积房价平均为 5379.0 元，比镇区商品房单位面积实际均价高 62.7 元；有意愿在县城购房的居民，可承受的单位面积房价平均为 5806.6 元，比县城商品房单位面积实际均价低 3259.1 元。以居民出行时间为例，小城市出勤时间普遍少于县城。由此可见，相对适宜的房价、较短的通勤距离，是小城市聚人留人的一个非常重要的现实因素。

图表 2-1　　　希望定居在农村、镇区及县城并有购房意愿的群体可承受的房价与镇区及县城实际均价的差距

项目	单位	农村	镇区	县城
被访人数	人	108.0	312.0	481.0
平均可承受的商品房价格	元	5288.0	5379.0	5806.6
所在镇区商品房实际价格平均	元	5575.9	5316.3	5043.3
所在县城商品房实际价格平均	元	9338.0	9296.5	9065.7
购房能力与镇区实际房价差距	元	-288.0	62.7	763.4
购房能力与县城实际房价差距	元	-4050.0	-3917.5	-3259.1

注：根据 2016 年浙江省发展和改革委员会开展的关于浙江省农民进城意愿的问卷调查结果整理所得。

---

① 考虑到全省平原、山区、丘陵、水面等用地结构多样性因素，对不同地形按照经验比重估算其适宜建设用地，再加总求和得出适宜建设用地总面积。

3. 小城市为最广大的劳动阶层提供全面发展的机会

诺贝尔经济学奖得主美国现代经济学家埃里克·马斯金（Eric S. Maskin）研究指出，中国等新兴经济体在经济全球化和产业高端化进程中需高度警惕的是，大量低技能劳动力或因无法与技术技能要求较高的岗位相匹配而被产业化"抛弃"，进而导致不同群体间贫富差距扩大。浙江小城镇以块状经济起家，具有典型的适用技术为主导的产业结构特征，对于农业剩余劳动力转移就业吸纳能力较强。长期以来，小城镇有效提高了劳动者收入和技能水平，促进劳动者从求生存向谋发展的转变，为省内乃至全国人力资本的开发做出巨大贡献。2015 年，36 个小城市培育试点镇城乡居民可支配收入分别为 44177 元和 26059 元，均高于全省平均水平；城乡居民收入倍数 1.7∶1，大幅小于全省平均 2.1∶1 的差距。

4. 小城市与大中城市相比，优势渐大、差距渐小

美国都市学家乔尔·科特金（Joel Kotkin）在《新地理——数字经济如何重塑美国地貌》一书中指出，伴随信息经济和互联网加快发展，传统区位因素对城市建设发展的影响加速弱化，一些最重要的环境因素真正凸显出来，正如微软总部在风光宜人的太平洋畔的西雅图，戴尔等一大批高科技公司位于阳光充沛的美国得州首府奥斯汀，等等。浙江要素高密度均质化分布、交通等基础设施网络化发展、区域投资环境已基本趋同，正是在这种背景下，小城市生活质量优势更加凸显。与大城市相比，小城市没有各类"城市病"，拥有便利的交通、舒适的居住条件、清新的空气以及近在咫尺的田园风光；与一般乡村相比，小城市具有更完善的城市功能、更多样的城市服务、更广阔的发展空间。因此，小城市完全能够成为浙江新型城市化的重要载体。

（二）小城市建设发展面临深层次掣肘

面对加快转变发展方式的新形势，以及城乡居民对幸福美好生活的新期待，小城市建设发展面临若干问题挑战，必须予以高度重视。

1. 农民在小城市落户的意愿仍然较低

需深刻认识到，虽然大量农民选择在小城市居住，但是真正在小城市落户的并不多。即使全省已有湖州、嘉兴、温州、宁波等地取消农业和非农业户口划分，但是农民出于"三权"、乡土情结和生活习惯等的考虑，加之城乡公共服务均等化程度不断提高，市民化的意愿仍然较低。问卷调

查显示，68.4%的在小城市居住的农民并无意愿将户口迁入。

2. 小城市教育供需矛盾较为突出

在优质教育资源相对短缺，而就学与居住地、户籍地紧密挂钩的状况下，学区已成为全体居民迁户的最根本动因，小城市也不例外。问卷调查显示，1919名有意愿迁往更大城市生活的小城市居民当中，有37.5%的入迁户的主要目的是有利于子女就学。这一状况突出反映了小城市教育资源供给仍难以满足居民需求。

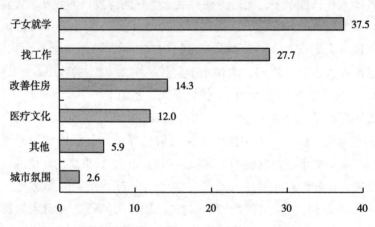

图表 2-2　小城市居民有意愿迁往更大城市的主要原因（单位:%）

3. 小城市内涵价值有待提升

虽然试点镇的地区生产总值、投资、财政等主要经济指标实现较快增长，但是素质性、结构性、体制性障碍仍然普遍存在。城市服务经济滞后于工业经济，城市生态、文化、创新等社会发展滞后于经济增长，城市形态优化滞后于空间拓展，管理体制改革滞后于城市发展需要，等等，都在相当程度上制约小城市核心竞争力的形成和全面协调可持续发展。

（三）积极实施"小城市大提升"战略

实施小城市大提升战略，科学遴选小城市培育试点对象，在此基础上，提升小城市人口集聚水平、投资建设水平、管理服务水平，努力把小城市建设发展推到一个新高度。

坚持扶大扶强原则，提升小城市培育试点科学性和示范引领度。摒弃以往"平均主义"的做法，积极顺应人口向沿海地区、大城市、特大城市集聚的客观规律，将试点镇主要布局在杭、宁、温及金—义4个大都市区范围内。同时，考虑到山区镇吸引力较弱、山区城市规模较小的实际，将县城作为山区城市化和试点培育的重点。

坚持扩大人口规模和人才数量相结合，提升小城市人口集聚水平。未来一段时期，城市的竞争是人口的竞争，而非仅是人才的竞争。相关数据显示，人口流入较快的城市，人才吸引力也较强。因此，发达地区的小城市完全可以发挥技术工人大规模集聚的优势，通过近距离使用大城市教育、文化、居住等品质化、个性化、专业化服务，吸引更多人来此安居乐业。这一状况又将反过来推动科教文卫等高端服务功能发展，以及人力资本积累。

坚持市场主体和政府引导相结合，提升小城市投资建设水平。合理界定政府投资职能和范围，建立健全鼓励民营资本参与小城市基础设施、社会事业等领域的激励机制。构建小城市建设融资平台，在更大的范围内取得资金支持。加大财政扶持力度和优化财政资金分配，完善财政补助与小城市年度考核结果相挂钩的制度，研究推动各平台试点政策在小城市的复制及倾斜。

坚持事权与财权相统一，提升小城市管理服务水平。对于试点成效较好的镇，率先探索推进"撤镇设市"改革。调整小城市行政区划，把周边镇并入小城市管理范围，赋予小城市与县城同等的管理权限，助推小城市成为一定地域的行政中心、经济中心和公共服务中心。

如果说，撤县设市使浙江城市化有了第一次突变，那么2010年以来省委、省政府深入实施小城市培育工作，正在推动浙江特色城市化实现又一次质的飞跃。

（发表于《浙江日报》2016年7月26日第9版，原题"让小城市成为城市化新蓝海"）

二 开启特色小镇创新实践

背景提示：2015年年初，浙江省提出了聚焦信息经济、环保、健康、旅游、时尚、金融、高端装备制造等支撑我省未来发展的七大产业，兼顾历史经典产业，发展一批"非镇非区"的特色小镇的战略构想。2015年

4 月 22 日，浙江省政府出台《关于加快特色小镇规划建设的指导意见》，明确了特色小镇总体要求、创建程序、政策举措、组织保障等内容。截至 2017 年，浙江省已先后三批创建特色小镇 108 个。

（一）转型升级的战略选择

特色小镇建设，以城市化为依托，以汇聚、集成和统筹方式，打造融多种功能于一体的创新平台①，有利于加快高端要素集聚、产业转型升级和历史文化传承，有利于加快区域创新发展，推动经济平稳健康发展和城乡统筹发展。

产业转型升级的有力举措。浙江产业转型升级步伐不尽如人意，制造业增加值率从 1986 年的 39.8% 下滑至 2013 年的 19.3%。特色小镇建设提出重点支持发展信息、环保、健康等七大产业及历史经典产业，符合未来浙江产业转型的方向，将成为浙江加快现代服务业和先进制造业发展的全新引擎。

历史文化传承的内在要求。传承历史文化、尊重地方特色是浙江建设文化强省的重要内容。通过在全省树立一批多元定位、特色发展的小镇典型，推动城镇建设从地方特色中提炼文化个性，对于示范带动全省小城镇特色化发展起到积极作用，成为破解"千镇一面"的重要举措。

扩大内需的重要突破口。随着收入增长和生活水平不断提高，人们的生活理念正在发生重大转变，休闲度假旅游逐步成为大众向往的生活方式。在这样的背景下，特色小镇作为一种休闲度假旅游载体，已被越来越多人接受，成为扩大消费的潜力所在。

（二）成功案例的有益借鉴

综观全球著名特色小镇，无不具有较强竞争力和吸引力。它们或大如小城，或小如街市，虽远离都市喧嚣，却不乏市井里弄繁华；虽偏居一隅，却不乏人气。由此可见，特色小镇这一概念，不涉及行政区划与行政等级、地理及区位条件、人口土地经济规模等方面的统一标准，而更多体现"小而特、小而强、小而名"的共同属性。也就是说，特色小镇对于自身乃至一个地区的经济社会繁荣发展、地域品牌的建立和影响力提升，

---

① 卓勇良：《创新政府公共政策供给的重大举措》，《浙江社会科学》2016 年第 3 期。

均具有较强推动作用。

■ 瑞士达沃斯（Davos）

瑞士达沃斯位于奥地利边境 17 公里长的山谷里，是阿尔卑斯山系最高的小镇。当地人口仅 1.3 万，曾因地处偏僻高山而人迹罕至。从 19 世纪开始，凭借高海拔、绝佳地形和降雪条件，逐步从瑞士夏季避暑疗养胜地发展成为欧洲高山滑雪运动首选地。20 世纪以来达沃斯作为国际冬季运动中心，客流及知名度持续快速攀升。在这种条件下，1971 年日内瓦大学教授克劳斯·施瓦布在达沃斯始创世界经济论坛前身。经历 40 多年的发展，论坛已成为全球政界、企业界及民间社团研讨世界经济问题的最重要平台。达沃斯"以自然环境得名，借世界级论坛盛名"的发展道路值得浙江特色小镇借鉴。

■ 韦尔维耶（Verviers）

地处比利时南部的韦尔维耶，人口 5.5 万，正在千方百计向世界级小镇迈进。历史上韦尔维耶曾是富甲一方数百年的纺织重镇，因第二次工业革命时未能及时转型而一度衰落。当前，韦尔维耶确立追赶第三次工业革命和新经济浪潮目标，发挥地处欧洲航运金三角中心位置、汽车工业总部集聚、教育体系发达和人才积累充足、生活成本相对较低等优势，千方百计招商引资、竭尽所能向世界自我推销，成功承办 2013 年第 34 届男子乒乓球世界杯比赛。借鉴韦尔维耶经验，依托工业经济基础，积极应对新常态、脉动新经济、开创新发展，也将是浙江特色小镇建设的一个重要方向。

■ 怀柔雁栖湖

距北京市中心 50 公里的怀柔雁栖湖，湖光山色、环境优雅，是北京市最大的综合性水上娱乐场所。2014 年 APEC 会议在此地的成功举办，有力推动当地会展及度假业迅猛增长。会议结束后短短两个月内，有壳牌、微软、苹果等世界 500 强企业召开或预约商务会议；有近 15 万人在旅游淡季前去游玩，与往年形成巨大反差。未来，雁栖湖将进一步聚焦国际高端会议及度假业、科研业和影视业，全面打响世界级特色小镇品牌。

众多国内外成功案例揭示出特色小镇发展的一个诀窍，即采取自身优势资源与世界新经济浪潮相结合的发展模式，可简略表示为（**优势资源+新兴产业）×全球定位**。

——依托优势资源。优势资源通常是与生俱来的，且具有独特性、排他性和竞争性比较优势。如达沃斯的高山地理环境及气候条件下形成的天然滑雪场，韦尔维耶传统工业重镇积累的劳动力、企业总部及作为欧洲物流中心的产业配套，雁栖湖优美的湖光山色和完善的度假娱乐设施。

——对接新兴产业。现代新兴产业指知识技术文化等高端要素密集、增长空间大、物资消耗少、综合效应好，对区域经济社会发展具有重大引领带动作用的产业。如达沃斯、韦尔维耶、雁栖湖发展世界级会议及赛事；又如杭州的云栖小镇对接云计算产业，依托阿里打造云生态。

——锁定全球定位。即依托全球性资源优势，瞄准全球产业制高点、参与全球化分工合作、提升在全球价值链的地位。如美国硅谷，苹果、谷歌、Facebook 都从这里诞生，而今享誉世界。

（三）三大优势资源可资利用

从优势特色方面分析，浙江历史文化、生态环境、民营经济和创业创新三大特色优势，是特色小镇培育建设中可供挖掘再造的重要资源。

1. 丰富的历史文化遗存为特色小镇建设提供空间载体

浙江素有旅游胜地、文化之邦之美誉。全省具有吴越文化、大运河、丝绸之路、闽浙木拱廊桥、江南水乡古镇等历史文化地域品牌，拥有数量众多的古城、古镇和古村落，为特色小镇提供重要的空间载体。截至2014 年年底，浙江历史文化名镇名村个数居全国之首，拥有 20 个国家级和 55 个省级历史文化名镇（街区），以及 28 个国家级和 68 个省级历史文化名村，在江南六大古镇中占据 3 席。

2. 优良的生态环境条件为特色小镇建设营造独特魅力

浙江地形多样、地貌丰富，素有"七山一水二分田"之称，山水林田湖草形成一个有机整体，为特色小镇建设提供绝好的自然空间和生态支撑。全省山林面积占 65.6%，是全省乃至华东地区的天然氧吧，如山区密林遮蔽中的庆元荷地—百山祖、景宁大漈等地，具有生态养生开发的巨大潜力。全省大量山区、海岛、峡谷等资源，如临安大峡谷、普陀东极岛、德清莫干山等，冬暖夏凉，是避暑度假旅游的绝佳资源。

3. 迸发的创业创新活力为特色小镇建设注入强劲动力

"十三五"时期，伴随经济转型和发展方式转变的倒逼机制和内在动力进一步增强，以创业创新为引领，以新产业、新业态、新形态为支撑，特色小镇从星星之火转化为燎原之势，余杭梦想小镇、西湖云栖小镇、德清地理信息小镇等一大批特色小镇正在加快涌现。早在"十一五"后期，杭州市就率先抓住文创产业崛起机遇，积极应对文创产业低成本创业、居家办公等特殊诉求，启动白马湖山一村农居 SOHO 改造，先后完成改造500 幢，引进入驻中国动漫博物馆、中国美院、西泠印社等著名创意团队200 多家，实现年产值超亿元，成为杭州首批"风情小镇"。

(四) 需理性试点和科学规划

特色小镇培育是一项长期系统工程，需要以长远眼光和长效机制保障长足发展。如能做到理性试点、科学规划、有序实施，一定能开启特色小镇美好未来。

1. 重特色，彰显个性

特色小镇魅力在于"特色"，这是推进这项工作应始终坚持的基本理念。那些有独特优势的地方当然好办，如特色旅游、特色产业等，无非是强化这些优势。关键是没有独特优势的地方，如何打造特色，彰显个性，这真的是考验我们智慧的必选项。其实这样的案例在浙江随手可得，最典型的应该就是横店了。横店的成功在于，在这样一个没有资源优势的穷山沟，旅游发展居然比浙江某些人文自然条件绝佳的地方还好，奥秘就在于民间活力被充分激活。

2. 重内涵，保持原真性

特色小镇的生命力在于活着的文化。所谓活着的文化，既可以是生活习俗的延续，也可以是生产方式的传承。如地处"吴根越角"的南浔、乌镇和西塘 3 个江南古镇，至今保留着廊棚古弄沿河而建、市井百姓逐水而居的生活方式。又如地处大运河沿线的新市镇，至今延续着商贾云集、往来货船川流不息的生动画卷。加强特色小镇特色文化的保护及科学利用，还原其在历史上的政治经济文化功能，亦是特色小镇建设的一项重要工作。

3. 重实施，增强可行性

特色小镇建设投入大、周期长，推进这项工作关键是加强三个方面的体制机制建设。一是坚持企业主体，建立健全鼓励企业等民营经济投资的有效机制，拓宽投资领域，建立特色小镇建设融资平台，切实发挥浙江"民资造城"传统优势。二是着力招商引资，创新筑巢引凤的激励机制和"腾笼换鸟"的倒逼机制，推进要素市场化改革，强化历史人文、生态环境保护。三是强化人口集聚，创新人口管理，率先在特色小镇开展户籍制度改革，全面开放落户限制。鼓励发展以农村住房终身出租、临时出租为主的农村房地产业，建立保障出租和承租双方利益的相关机制。

紧抓特色小镇建设发展重大契机，确立契合浙江实际的发展理念，明确科学的战略思路，制定积极的发展目标，切实加快特色小镇发展。

——亮点在于信息经济及历史文化。当前，在全省 78 家省级特色小镇中，信息经济、旅游、历史经典 3 类产业定位的小镇共计 39 个，占到半壁江山。信息经济方面，浙江省可以发挥全国互联网电商先发优势，引导各类特色小镇充分利用"互联网+"等信息经济手段，拓展产业链，提升价值链。历史文化方面，浙江省可以立足深厚历史文化底蕴，引导特色小镇在历史人文传承基础上，重塑人文科技价值。对于旅游文化和历史经典类小镇，推动在传统和现代结合中体现丰富的人文内涵；对于其他产业类小镇，推动在产业发展中滋养人文品质和科技实力，把特色小镇建设成为融人文科技价值于特色产业的创意创新平台。

图表 2-3　　　浙江省第一批和第二批创建类特色小镇产业类型结构

产业定位	数量（个）	占比（%）
总数	78	100.0
信息经济	10	12.8
环保产业	3	3.8
健康产业	6	7.7
旅游产业	18	23.1
时尚产业	8	10.3
金融产业	6	7.7
高端装备制造	16	20.5
历史经典产业	11	14.1

——重点在于构筑产业价值链。一是强链。如特色小镇坚持做大做强企业总部，推动企业制造业基地布局到全国及全球，实现生产要素优化配置。二是补链。如桐乡毛衫时尚小镇、瓯海智造时尚小镇、吴兴丝绸小镇等，以创意、设计、策划、展示为重点，弥补了现有块状经济内欠缺的部分。三是拓链。无中生有地发展新产业、新业态、新模式，如航空小镇、丁兰智慧小镇、梦想小镇等，都是典型的产业链、价值链创新创造，这将

是浙江特色小镇无可限量的"大金矿"。

——难点在于取舍"职住平衡"。当前部分特色小镇出现房地产化倾向，一些小镇为配套社区功能而将关联度不大的居住区块纳入，应予以高度关注。针对面积较小的镇及制造业类小镇，不宜将居住空间列入创建与否的评判标准，这类小镇的"职住平衡"宜通过更大空间尺度、较长时间维度统筹解决。针对目前普遍将居住区与特色小镇社区功能混同的问题，研究细化对不同产业类型小镇社区功能界定和评判标准，更加突出孵化、创业、金融、商务、成果转化等公共服务功能。

——要点在于激发社会活力。巩固提升浙江市场化程度较高、民间资本丰厚的优势，将提升市场主体和社会公众在特色小镇建设发展中的热情、参与度与认可度，作为衡量特色小镇成败的标尺。坚持市场主体地位，应对市场需求科学引导产业发展方向，顺应市场规律建立健全要素优化配置机制，推动社会投资扩大与产业转型、消费转型、城市转型相适应，真正发挥特色小镇对于推动区域经济社会转型提升的引擎作用。

（发表于《浙江经济》2015 年第 6 期）

三　促进房地产业与城市化协调发展

背景提示：2016 年 6 月，浙江省发布《浙江省房地产供给侧结构性改革行动方案》，把解决大城市土地出让金和房价频出新高，与化解周边中小城市商品住宅库存，紧密联系在一起，从政策层面推动消化库存与推进城市化的双赢。

（一）浙江省是高房价的典型

1. 浙江是全国房价涨得最快的省份

2000—2014 年，宁波的住房销售价格指数是 4.620，仅次于福建和厦门，居全国第三。同期，杭州的房价指数是 4.390，居全国第四。如果剔除杭州在 2010 年后因大面积增加余杭、萧山商品房供给导致商品房均价被低估的因素，2000—2010 年宁波和杭州分别以住房销售价格指数 4.951 和 4.460 居全国前两位。

2. "一个月工资买一平方米住房"现象

杭州的房价与收入的关系，大致与日本高收入国家相仿，即一个月工资能买 1 平方米住房。在杭州，西湖边上的住房 3 万多元 1 平方米，相当于规模较大公司总经理级别人士的月收入水平；城市次中心房价 1 万多元 1 平方米，相当于部门经理的月收入水平；近郊房价大致在 4000—6000 元，则相当于普通办事员的月收入水平。在东京，日本大学校长的月薪相当于 6.6 万元人民币，2006 年 11 月东京涉谷区新建住宅的均价相当于 5.4 万元人民币；日本大学讲师月薪相当于 3.3 万元，东京文京区住房均价为 3.4 万元；日本营养士的月薪为 1.8 万元，东京远郊以及东京以外城市的住房均价大致在 1.6 万元至 2.4 万元。

3. 杭州主城区新建商品住宅成交单价长期高于苏州市区

其中 2007—2010 年间，杭州市区住房均价从苏州市区的 1.6 倍左右上升至 2 倍左右。2010 年以后，虽然杭州市区住房均价因余杭、萧山等外围地区大量开发而被一定程度拉低，至 2015 年亦高达苏州市区的 1.3 倍。

（二）房地产之于城市化，犹如"双刃剑"

高房价损害城市化，然而高房价背后却有太多的故事。

1. 高房价弱化了大量农民进城定居的主观意愿及实际能力

根据前文《推进小城市大提升》中提到的全省 8 个小城市培育试点镇的抽样调查数据，有意愿进城落户的农民，可承受的购置商品房的均价为 5379 元，略高于这些镇区 5316 元的商品房实际均价，大大低于这些地区县城 9066 元的商品房实际均价。由此不难看出，农民有且仅有能力在镇区购房定居，但是普遍没有能力到县城定居，更不用说到杭宁温大城市定居。

2. 高房价亦在相当程度上将一大批有意定居杭州等大城市创业创新的青年才俊拒之城外

笔者在滨江区几家高新技术企业调研时了解到，高房价及其带来的居住成本较高等问题，已成为高新技术企业引人难、留人难的共性因素。这种情况不但影响企业的人力资本积累、创新能力和核心竞争力提升，更进一步制约杭州城市综合竞争力提升。

3. 苏杭比较进一步揭示出房价对于城市化的决定性影响

苏杭两地的经济社会发展和城市化水平，与房价呈典型的负相关关系。1990—2000 年，杭州市区 GDP 年均名义增速比苏州市区高 1.2 个百分点；2000—2015 年，杭州 GDP 年均名义增速落后苏州市区 2.0 个百分点。2014 年杭州市区城市化率 68.3%，与苏州市区城市化率差距达 11.6个百分点之巨；即使在 2015 年杭州城镇人口统计口径放宽的情况下，杭州市区城市化率亦落后苏州市区 1.7 个百分点。杭州城镇居民人均可支配收入亦逐步落后苏州，从 2000 年高于苏州 4.1%，到 2012 年与苏州持平，再到 2015 年低于苏州 4.1%。

4. 房地产业是城市发展的助推器

这一点毋庸置疑。"让政府增收，让城市加速发展"，是房地产业在推进城市化进程中的一个基本功能。在当今中国基层政府"吃饭财政"的格局下，城市建设资金的多半部分来自房地产业。地方政府通过获得土地出让金和房地产业各项税费，为城市建设提供充足的资金保障。人们诟病杭州市土地出让收入早已破千亿元之巨，但是如果没有卖地收入，杭州很可能就没有新西湖、钱江新城、大江东、城西科创等新空间、新经济、新业态的崛起，很可能就没有高铁高速轨道交通的网络化推进，很可能就没有整座城市的快速发展。而发挥房地产业对城市化的助推器作用，其中的关键是科学引导和合理释放房地产需求。

（三）发挥房地产业对于城市化助推器的作用

2016 年中央经济工作会议，针对下一阶段如何促进房地产业健康发展，开出三副"良方"。会议明确了坚持"房子是用来住的、不是用来炒的"定位，并提出人地挂钩分配建设用地指标，合理增加土地供应，科学引导特大城市周边中小城市房地产发展等举措。这一定位及举措符合浙江城市化发展实际和诉求，为浙江构建房地产业与城市化协调发展新格局指明方向、提供保障。

1. 落实人地挂钩政策，根据人口流动情况分配建设用地指标

严格控制大城市规模，土地供应受到限制，人口又不断涌入，引发房价地价飙升。浙江从 2003 年土地新政实施以来，制度性土地紧缩弱化了土地对人口等要素集聚的支撑。2004—2015 年，浙江国有建设用地供给年均增长仅为 2.1%，比全国平均低 11.4 个百分点；同期城镇人口年均增长 3.3%。这一时期，房价经历一系列调控也不降低，是因为一直没有实质增加供给，但是人口还在不断扩大，需求还在不断增长。

破解上述人地矛盾的关键是，遵循人口流动规律，取消对大城市的人口限制。与此同时，探索建立"建设用地指标跟人走"的土地管理制度，促进人口、土地等要素跨县（市）、跨省自由流动和优化配置。在此基础上，科学规划大城市的基础设施和公共服务，防止大城市病，同时通过"转移支付跟人走"等配套政策，保障外来人口享受平等的权益和公共服务，逐步消除长期制约沿海发达地区城市化的人地矛盾、财权事权不匹配等掣肘。

2. 合理增加土地供应，提高住宅用地比例

从实际状况看，土地供给不足与房价上涨过快有比较密切的关系。以苏杭为例，2002 年以来杭州市区商品住宅土地供给大致只有苏州市区的一半，房价则是苏州市区的两倍，就是比较能说明问题的一个案例。杭州市区长期以来不仅住宅用地供给偏少，而且呈"蛙跳式"供地，即余杭、萧山等外围区块的土地大量出让，而靠近市区捂地惜让，进一步大幅推高市中心房价。来自透明售房网的数据显示，2016 年 11 月 1 日至 12 月 14 日，杭州市中心住宅新房均价已高达 49705 元/平方米。

未来一段时期，浙江省应把适度增加土地供给，优化土地供给布局，作为缓解房价过快上涨的长期政策。这里的一个关键是何谓"适度"。需要指出的是，由于改善型和品质型的购房需求和投资投机型购房需求往往互相转化难以清晰界定。倘若为了抑制投资投机需求而长期实行过分严厉的供地政策，势必不能较好适应加快增长的品质型住房需求，制约房地产健康发展，造成商品房供不应求、房价大涨。从这层意义上而言，各种住房需求总体应以疏导为主。浙江住房供地应充分满足刚性住房需求基础上适度满足品质型需求，同时，杭州、宁波两大城市充分结合宜居宜业吸引力强、外来购房需求量大的实际进一步增加供地。

3. 推动特大城市功能辐射和高速交通辐射，带动周边中小城市发展

浙江推动大中小城市协调发展长期走在全国前列。从支持县域经济发展，到 2010 年以来的小城市培育，再到 2014 年以来开展的特色小镇创建，从理念到行动都与 2016 年中央经济工作会议精神高度契合。

当前和今后一段时期，浙江应充分结合大中小城市房地产市场供需实际，坚持分类调控，因城因地施策。一方面，放开城里人到大城市周边县城、小城镇甚至乡村购房，加快社保全国统筹，鼓励城市富裕的退休者，以及文化创意等创业团体，流向都市区、城市群的县城及小城镇，加快城

市现代生活对小城镇和乡村的渗透。另一方面，吸引农村人口到都市区、城市群的县城及小城镇购房。据 2016 年 5 月浙江省政府研究室"四大中心城市周边县市农民进城意愿调查报告"显示，杭宁温金四城周边有意愿进城落户的农户中，68.4%选择到县城；另据笔者对全省 8 个小城市培育试点镇的抽样调查，这些地区的县城商品房均价大大高出愿意到县城落户的农户的实际购房能力。结合上述两项调查，应从实际出发，把调控大城市周边县城房价作为引导疏解大城市房地产供需矛盾的主战场。

房地产业健康发展问题受中央经济工作高度关注，在组合政策之下，房地产业有望真正发挥城市人居的保障器、城市生活的提升器、城市发展的加速器的重要作用，进而推动浙江早日开启房地产业和城市化协调发展、良性互动新局面。

（发表于《浙江日报》2017 年 1 月 3 日第 8 版，原题"房地产平稳发展的三道良方"）

四　厘清户籍制度改革方向、重点与路径

背景提示：2010 年以来，浙江省先后制定实施放开农民进城落户限制，取消农业户口与非农业户口性质区分，计划生育等政策与户口登记脱钩等举措，户籍制度改革不断推向深入，本地农民及外来人口进城权益保障不断加强。但是，在现行农村"三权"制度下，农民进城落户意愿仍然不高，农民市民化任重而道远。

让城市成为"所有居住在其中的人的城市，而不仅仅是城市人的城市"；让居住在城市的来自农村地区、来自欠发达地区的人，成为有资产、有专业能力、与城市人公平享有公共服务和社会保障的劳动者，顺利融入城市，将是未来一段时期，浙江推进新型城市化的一个重要课题。而破题的关键在于户籍制度改革。

（一）伪城市化问题"户籍制度"难逃其责

浙江城市化进程远没有数据显示的那样乐观。在城市化率大大领先于全国多数地区的状况下，浙江城镇流动人口规模亦居全国前列，且这一群体仍在以较快速度扩张。根据第六次全国人口普查数据，浙江城镇流动人

口规模已达 1616 万人，占城镇全部常住人口的 48.2% 之多，大大高于全国 34.4% 的平均水平，仅次于北上广。在涌入浙江城镇的流动人口大军中，绝大部分是从农村向城镇、从中西部欠发达省份向浙江的单向流动，他们住在城市，但根在农村；他们为城市贡献价值，但目前仍无法享受与城市户籍人口同等的福利待遇。以流动人口为支撑的城市化进程，对浙江新型城市化极为不利。

一是流动人口难以成为有效的消费群体，不利于提振城市消费，进而拖累城市服务业发展。由于流动人口素质普遍较低，大多从事劳动密集型工作，收入较低且很不稳定，加之绝大多数的流动人口至今仍被排斥在当地社会保障等基本公共服务之外，导致流动人口消费能力低、消费意愿低，对服务业需求几乎微乎其微，难以形成支撑服务业较快发展的有效需求。例如在大量制造业集中、外来人口集聚的小城镇、开发区、工业园区，第三产业比重相当低。可见，以外来流动人口为主的人口结构不改变，服务业就难以加快发展。

二是流动人口难以成为有专业技术能力的劳动者，阻碍城市人力资本积累，制约城市创新能力提升。受产业结构影响，流入浙江的劳动力知识水平、劳动技能、专业素养相对较低，全省城镇流动人口中，初中及以下人口占比高达 69.3%，在全国仅次于西藏居第 2 位；流动人口平均受教育年限为 8.5 年，低于全国的 9.3 年。这种状况进一步拉低了城镇人口整体素质。全省文盲率 3.4%，为全国最高；2013 年万人专业技术人员数仅居全国第 16 位。人力资源储备与整体经济实力不相称，难以较好适应浙江经济转型和社会发展需要。

三是流动人口难以形成稳定的公共产品及服务需求，加大城市公共设施及服务供给难度，影响城市功能提升。流动人口流动性强，总规模波动变化性大。地方政府受制于财力等多种因素，较难为流动人口提供公共服务。因此，按常住人口计算，浙江城市人均公共设施、社会服务、社会保障水平不高。

四是流动人口难以充分融入城市，导致社会结构两极分化，加剧社会矛盾。流动人口与城市户籍人口之间，职业分化和贫富分化明显，收入、社会地位差距较大。进一步影响他们获得较好的工作、融入城市主流的机会，使他们陷入"边缘化—缺乏社会交往—更边缘化"的恶性循环。

浙江是一个缩影，典型反映了当前沿海城市普遍面临的"伪城市化"

难题。工作和居住在沿海城市的大量中西部农业户籍者，大多数处于"伪城市化"状态，面临社会保障、社会服务、劳动保障覆盖的空白，不能获得住房、就业、医疗、教育等福利待遇。中国社会科学院人口与劳动经济研究所所长蔡昉指出，城市中外来务工人员及其家属的社会保障覆盖水平大约仅为城市户籍人口的1/10。由此可见，户籍制度是羁绊外来人口城市化的绊脚石，非加快改革、务求实效不可。

（二）户籍制度改革必须坚持的理念是：尊重每个人自由选择户籍地的权利

长期以来我国城市化的一个理念是"严格控制特大城市人口规模"。《国家新型城镇化规划（2014—2020）》甚至具体对5档人口规模的城市，提出了截然不同的外来人口落户政策导向。即便2016年2月《关于深入推进新型城镇化建设的若干意见》再次明确提出，要进一步放宽农民转移人口的落户限制；却也再一次将超大、特大城市排除在外。这种情形，就好比规定年销售300万元以下规模的企业可以无限制增长，像苹果公司这样的大企业必须限制发展。而事实上，这种计划经济的思维，与世界发展客观规律，以及中国现实趋势显然是背道而驰的。

人口向沿海地区、向经济发达地区集聚，是一个难以扭转的客观规律。以东京、大阪及名古屋3大都市圈在内的最活跃的太平洋沿岸地区[1]人口集聚水平为例。1920—2014年，沿海平原地区的人口，从占全国的30.4%上升至49.1%，上升了18.7个百分点。即使日本空间制约十分突出，3大都市圈因人口不断集聚形成高密度空间，人口集聚的进程也从未停歇。尤其是东京都市圈，人口集聚至今仍在持续，且速度并未有所放慢。但是，包括浙江省在内的长三角地区人口集聚水平正在出现下降。浙江省在1859年，人口占全国比重高达7.1%，2010年"六普"时的比重为4.1%，至2014年降至4.0%。

需要正视大城市远比中小城市更有效率的客观事实。有学者的研究表明，与中小城镇相比，发展大城市的成本更加低廉。超过100万人口的城市化综合发展成本，是人口少于10万以下的小城市的1/6到1/8，即小城镇每吸纳一个人所付出的成本，如果同样投入人口超过100万以上的大

---

[1]　含埼玉县、千叶县、东京都、神奈川县、岐阜县、爱知县、京都府、大阪府和兵库县。

城市，则可吸纳 6—8 个人。客观现实就是最好的证据。国家统计局抽样调查结果表明，2013 年全国农民工总量 26894 万人，其中外出农民工16610 万人，本地农民工 10284 万人，外出农民工中有一半以上人口都是在大中城市就业。需深刻认识到，限制超大、特大城市落户以达到所谓缓解城市病的些微作用，难抵城市化效率整体下降的负面影响。

（三）户籍制度改革必须解决的问题是：谁来为户籍转移的成本埋单？

当前，外来人口在沿海发达地区特别是超大、特大城市，普遍遭遇落户难。一方面，这些地区的地方政府面临外来务工人员落户的巨大财政压力。根据"六普"数据，浙江外来人口多达 1182 万人。而且虽然浙江较富，但约有 17% 的财政收入需要上缴。在现行中央和地方税收分成格局下，浙江省地方政府较难为外来人口提供与省内户籍人口一样的公共服务。另一方面，这些地区外来务工人员长期供大于求，因而缺少讨价还价的能力。地方政府长期以来以不包含公共服务及社会福利的价格，取得外来务工人员的劳动。换言之，只要城市还能解决劳动力问题，地方政府就不太可能主动给予外来务工人员当地户籍。

若中央政府不站在全国全局的角度思考问题、给予流动人口基本权益保障，而地方政府又不能或不愿为外来人口基本社保和基本公共服务埋单，那么实现每个人自由选择户籍地基本上是空谈。例如户籍与子女上学和高考直接挂钩的制度死而不僵。2014 年以来北京实施严厉限制外来人口子女上学的政策，小学初中入学门槛陡然提高，普通高中将外来人口基本全部拒之门外。对于外来人口高达 40% 的北京而言，这样的政策无疑带来大量"妻离子散"的社会问题。

争取由中央及省级层面统筹解决省际及省内跨市人口落户及其基本公共服务供给。建议加快开展全国人口流动的相关研究，制定符合人口向沿海发达地区集聚规律的全国人口分布规划。从全国层面建立跨省、跨区域吸纳流动人口数量与增加用地指标、生均教育经费、生态补偿、转移支付等指标相互挂钩的政策，探索将全民基础性社会保障由中央财政统筹管理的体制机制，从而增强人口净流入省（区、市）对外来人口提供社会服务及保障的财力支撑。

（四）户籍制度改革应采取的手段是：以市场化方式推进城乡要素平等交换

建议以农村土地管理制度改革为突破口，赋予农民更多财产权利和土地财产处置权，推进农村产权市场化和城乡要素平等交换的改革。深入开展农村土地承包流转，建立农村宅基地用益物权保障机制；深化农村集体经济股份制改革，建立农村产权交易机制。让农民在老家的不动资产变成进城的活资产，让农民进城更有保障、更有尊严、更有效率。

对于发达地区如浙江沿海县（市、区）的农民不愿放弃农村产权和待遇进城落户的，可不必采取当前盛行的"农村权益可保留、城市福利待遇可享受"的优惠政策积极吸引其到城市落户；而是要让这部分农民，即便选择继续留在农村，也能生活得更好。毕竟，户改的基本前提是"尊重每个人自由选择户籍地的权利"。浙江一些农村享有的公共服务并不少于城市，诸如医保、养老等都在加快与城里接轨，更重要的是农民享有的集体资产价值不断上升，其具有使用权的小块承包地也是一个"香饽饽"。正是基于进城落户很可能减少甚至取消农村财产权利和土地财产处置权的顾虑，浙江一些农民现在已不甚看重城市户口。

（五）户籍制度改革的目标是：真正实现让居民"用脚投票"

强化市场机制下的自发城市化，推动生活成本、就业压力通过市场传导作用，形成个体理性下的最佳城市化。按照人口集聚的规律，优化大中小城市基础设施和公共服务设施资源配置，真正实现让居民"用脚投票"，是户籍制度改革的目标。

2016 年 1 月 1 日起施行的《居住证暂行条例》，让外来人口落户特大城市多了一线希望。《条例》规定，在上海领取 7 年居住证可申请办理上海户籍。期待户籍制度关键环节改革步伐进一步加快。

（发表于《浙江经济》2016 年第 12 期，原题为"王阿姨的城市梦"）

第三章 长三角乡村空间变迁特点、问题及对策

就像硬币有两面一样，乡村空间，是城市空间的支撑；乡村空间转型发展，是城市化的一个重要方面。

乡村空间①变迁是指乡村聚落形态、空间组织方式、乡村与城市关系等深刻转变的一个过程，这种转变通常伴随着乡村生产生活方式的深刻变革。本研究利用最新的 Google Earth 卫星图，以及江浙沪两省一市相关年份的统计年鉴、城市建设统计年鉴、乡镇统计资料、国土资源统计资料等，通过图像信息提取、定量分析等方法，分析当前长三角经济高度发达区域乡村空间主要特征及问题，为推进这一区域优化乡村空间、加快新型城镇化提供实证研究支持。

一 长三角地区乡村空间变迁特征

长三角乡村特别是环杭州湾、温台沿海、苏南等发达地区乡村，经历了 20 世纪 80 年代乡镇企业异军突起、90 年代中后期外向型经济迅猛发展、21 世纪初以来社会主义新农村建设全面推开等一系列重大经济社会转型及发展战略转变，乡村空间格局随之从低密度分散化走向高密度均质化。乡村的制造空间、聚落空间、农业空间，以及城镇空间，在全地域"你中有我、我中有你"穿插分散分布，推动形成乡村非农化、分散化、郊区化并重独特趋势。

---

① 本文研究的乡村空间不包括市区、县城城区、中心镇建成区的空间范围，主要由集镇、村庄、农用地等空间要素构成。同时基于要素密度较大及已有相当集聚规模的实际，将小城市和中心镇建成区划归非乡村空间。

而这一判断与长三角地区乡村已从空间分散走向空间集聚①的主流观点存在较大不同。王勇和李广斌②研究显示，苏南地区乡村的农业功能、工业功能先后从居住功能中分离出去，目前已形成工业、农业和居住三大功能相互独立的"三集中"的发展态势。陈晓华等③认为，进入 21 世纪以来，在多元的推动下，乡村空间正在由分散走向集聚。

（一）乡村生产要素向工业化转型——制造业及要素高密度均质化分布

农村工业化是乡村空间变迁的一股主要力量。改革开放初期，"家家点火、户户冒烟"式基层和民间创业，决定了乡村空间逐渐走向高密度均质化格局。在这一过程中，长三角沿海地区在较小地域范围就能提供较多要素、产生较多需求，区域投资条件基本均等，任一区域均具有较好的创业发展条件，形成保罗·克鲁格曼提出的所谓"无地点"性④，即制造业企业布局在何处并不重要。同时，受农产品市场和生产资料市场加快放开、市场化程度日益加深、计划经济下消费品长期短缺等因素激励，以及计划经济下大量农业转移劳动力无法进城的制约，推动农村要素"就地工业化"，乡镇企业及个体私营企业在乡村加快发展，长三角地区乡村工业弥漫式发展⑤⑥。

乡村工业用地急剧增长并呈遍地开花式布局。伴随着草根创业成为时尚，乡村空间中普遍弥漫着特定产品生产的技术知识，广阔的乡村空间成为块状特色产业发展的主平台，大城市以外的乡村工业用地呈几何级数增长，乡村工业用地增长大大快于大城市。根据 2014 年《浙江省城市建设统计年鉴》和《浙江省国土资源统计资料》，2013 年杭州、宁波和温州三市，主城区和县城建成区的工业用地占市域工矿用地的 54.2%，比 2000

---

① 张小林：《苏南乡村城市化发展研究》，《经济地理》1996 年第 3 期。

② 王勇、李广斌：《基于"时空分离"的苏南乡村空间转型及其风险》，《国际城市规划》2012 年第 1 期。

③ 陈晓华、张小林、马远军：《快速城市化背景下我国乡村的空间转型》，《南京师范大学学报》（自然科学版）2008 年第 1 期。

④ 保罗·克鲁格曼：《地理和贸易》，北京大学出版社 2000 年版，第 102—104 页。

⑤ 卓勇良：《弥漫式泛城市化格局初步分析》，《浙江学刊》2011 年第 6 期。

⑥ 杨万江：《工业化城市化进程中的农业农村发展》，科学出版社 2009 年版，第 97—141 页。

年下降 9.3%，而这三市乡村地区工业用地比重则达到 45.8%，大有成为
工业主平台之势。

大量农业剩余劳动力向工业转移。改革开放近 40 年，长三角地区乡村
工业经济加快崛起和蓬勃发展，基本形成以劳动密集型产业为主体、轻小
集加为特征的工业结构。[①] 工业劳动力需求急剧增长，农民工代替农民成为
乡村劳动力的主体。1984—2013 年，长三角乡村从事第一产业的劳动力比
重从 71.6% 大幅下降至 24.0%，而从事第二产业的劳动力比重则从 21.0%
提高至 49.2%（见图表 3-1）。另据《中国 2010 年人口普查资料》显示，
江浙沪乡村制造业劳动力占比已稳居全国前三甲。由此，长三角乡村劳动
力结构变迁可充分印证乡村经济从"一二三"向"二三一"的根本性转变。

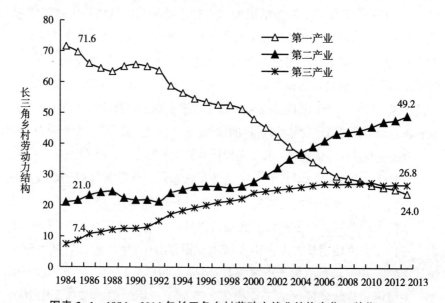

图表 3-1　1984—2014 年长三角乡村劳动力就业结构变化（单位:%）

说明：数据来源于 1985—2014 年的《上海统计年鉴》《江苏统计年鉴》和《浙江省
统计年鉴》。

（二）乡村聚落向分散化转型——农居高密度均质化分布

长三角人口高密度分布和乡村人居高密度分布相互印证。长三角地区

---

①　王自亮、钱雪亚:《从乡村工业化到城市化——浙江现代化的过程、特征与动力》，浙江大
学出版社 2003 年版，第 34—35 页。

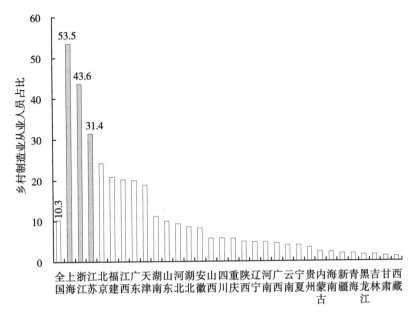

图表 3-2　2010 年全国与各省区市乡村制造业从业人员占比（单位:%）

说明：数据来源于《中国 2010 年人口普查资料》。

特别是其沿海一带的乡村地区农村生活条件和农业生产条件比较均衡，无论生活在何处都能获得充足的生产生活资料，且生产生活成本大致相同。因此在人多地少的用地条件下，导致长三角地区人口的高密度分布。这里引入"适建区"概念，即行政区域内适合开发建设的用地面积。考虑各省（市、区）平原、山区、丘陵、水面等用地结构多样化因素，对不同地形按照经验比重估算其适宜建设用地，再加总求和得出各地适建区总面积。2013 年上海、浙江、江苏三地的适建区人口密度分别高达每平方公里 4644.2 人、1364.7 人和 1191.4 人。加之快速推进的乡村工业化，长三角地区乡村地貌特征从过去大面积连片农田为主，快速向均质、散落分布的农居为主转变。

图表 3-3　　　　按适建区面积计算人口密度最高的 10 地

（单位：万平方公里、万人、人/平方公里）

排序	省份	国土面积	其中:				适建区面积	年末总人口	人口密度
			平原	丘陵	山区	水面			
1	上海	0.6	0.6	0.0	0.0	0.1	0.5	2415.0	4644.2

续表

排序	省份	国土面积	其中：				适建区面积	年末总人口	人口密度
			平原	丘陵	山区	水面			
2	北京	1.6	0.6	0.1	0.9	—	0.8	2151.6	2812.5
3	浙江	10.2	2.4	4.8	2.4	0.7	4.0	5498.0	1364.7
4	天津	1.2	1.1	0.0	0.1	—	1.1	1472.0	1315.1
5	广东	18.0	6.5	4.5	6.1	1.0	8.4	10644.0	1266.6
6	江苏	10.3	7.1	0.3	1.1	1.7	7.3	7939.0	1191.4
7	福建	12.2	1.2	4.6	5.6		3.2	3774.0	1186.4
8	湖北	18.6	2.8	4.5	10.4		5.2	5799.0	1115.7
9	江西	16.7	2.0	7.0	6.1	1.7	4.7	4522.0	958.9
10	山东	15.7	9.7	2.1	2.4	1.5	10.5	9733.0	923.9

说明：适建区面积按照平原面积+山区面积×15%＋丘陵面积×30%计算。各地平原、山区、丘陵及水面面积数据来源于各地统计年鉴。人口密度=年末总人口/适建区面积。

　　在长三角地区乡村聚落发展过程中，村庄集聚点呈跳跃式拓展。在土地承包权长期基本保持不变，且乡村规划管理相对薄弱的情况下，农户占地建房现象较为普遍，邻近道路、出行方便的地块多用以建造农村住房，进而导致耕地上新宅如雨后春笋般林立、大量老宅空置的现象，加剧了村落的分散化和小型化。根据《中国 2010 年人口普查资料》的乡村常住人口数据，以及 2011 年中国和江浙沪统计年鉴的行政村数据计算，全国村庄平均规模为每村 1114.6 人，浙江省为 712.4 人，仅为全国平均的 63.9%。

　　农居呈现轴向蔓延特征。典型的如长三角地区河口冲积平原，乡村地区农居大多沿道路和河道呈单侧或双侧"一层皮"排列，或是二三十户小规模集中布局，鲜有较大面积、集中连片的村庄[①]。通过分析长三角地区沿海乡村卫星影像图，将这一带农居分布类型分为网状、须状、点状、簇状和组团状 5 种。乡村整片农田被沿路沿河广泛分布的农居划为零碎小块，往日农田包围村庄的传统水乡生态风貌难以完整再现。

---

① 徐谦、杨凯健、黄耀志：《长三角水网地区乡村空间的格局类型、演变及发展对策》，《农业现代化研究》2012 年第 3 期。

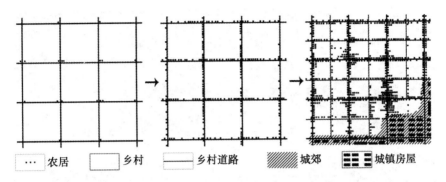

图表 3-4　长三角地区乡村聚落在住房需求大量增长状况下分散化演进

图表 3-5　　　长三角地区分散分布的乡村聚落类型及空间特征

类型	形态特征	分布地区
网状	均质化、高分散度	主要分布在沿海河口地区（图表 3-6a）
须状	均质化、高分散度	主要分布在内河水网密布地区（图表 3-6b）
点状	均质化、高分散度	主要分布在沿海大面积围涂区域（图表 3-6c）
簇状	均质化、高分散度	主要分布在沿海地形落差较大地区（图表 3-6d）
组团状	均质化、中分散度	相对较少，主要分布在中心城市近郊区（图表 3-6e）

（三）乡村区位向郊区化转型——村镇高密度均质化分布

大城市不断拓展，乡村要素密度不断提高，使得一大批新兴城镇在原本乡村空间的土地上快速崛起，形成一种泛城市化格局。根据相关年份中国统计年鉴，以及上海、江苏和浙江省统计年鉴，1978—2013 年，江浙沪的建制镇和街道数量增长了 7.5 倍，而全国平均增长 7 倍。城镇点状空间扩张通过道路相连，逐步演变为网络状增长。城镇密度日益提高，不断压缩乡村空间，村庄与城市及镇的距离日益缩短，甚至连在一起。加之区域交通网络密度大幅提高，都市化席卷整个长三角地区，导致乡村空间发生重大根本性变迁。

城镇边界急剧扩张是乡村空间泛城市化的一支重要力量。根据《中国统计年鉴》，2000—2013 年江浙沪两省一市的城市建成区面积增长 2.6 倍。又据《2014 年中国统计年鉴》，2013 年，江浙沪城市建设用地面积合计 9203.2 平方公里，占行政区域总面积的 4.4%，大大超过全国平均水

a.网状（江苏省南通市和合镇的村庄）

b.须状（江苏省苏州市车坊镇的村庄）

c.点状（江苏省盐城市盐东镇的村庄）

d.簇状（浙江省兰溪市的村庄）

e.组团状（浙江省绍兴市柯桥区福全镇的村庄）

图表 3-6　长三角地区 5 种典型乡村聚落的卫星影像图

说明：统一采用 Google Earth 软件在视角海拔高度 2 km 截取图片，所有图片用 photoshop 软件去色并增强对比度。

平（城市建设用地占行政区域面积的 0.5%）。其中上海以高达 46.3% 的建设用地比重居全国各地首位，江苏这一比重达 9.0%，居各省（区）第一；浙江省在各省（区）中仅次于江苏和山东，达 2.4%。

长三角地区乡村日益融于城镇之中。比较典型的如浙江省杭州至宁波，沿 104 国道的杭州滨江区、萧山区和绍兴皋埠镇，以及沿 329 国道的余姚泗门镇和慈溪龙山镇，城镇用地边界已经相连，国道转变为城市内部道路。又如上海至杭州的轴线，城镇覆盖的地区已占据这一轴线总长度的 53.1%。这种状况下，传统意义上的乡村空间几乎完全消失，取而代之的

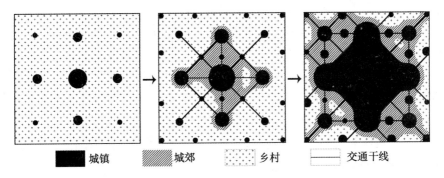

城镇　　城郊　　乡村　　交通干线

图表 3-7　长三角地区乡村空间在城镇数量增加、边界扩展及
泛城市化格局下的郊区化演进

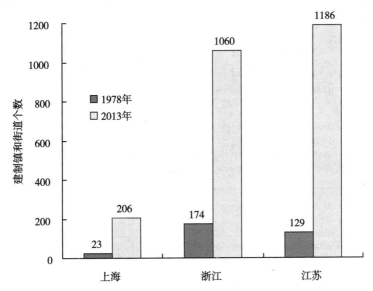

图表 3-8　1978 年和 2013 年江浙沪建制镇和街道数量（单位：个）

说明：根据 1979 年及 2014 年《中国统计年鉴》的镇、街道数据绘制。

是城市郊区。乡村居民生产生活方式越来越具有城市居民特征，甚至有过之而无不及。农民日出而作、日落而息的生产生活方式，已经消失或基本消失。传统氏族血缘关系弱化，新型邻里关系逐渐形成。传统收入结构转型，工资性收入成为农民家庭收入的主要来源。传统消费结构升级，非基本生存型消费意愿及消费能力明显提高。

二　长三角地区乡村空间的碎片化问题及表现

长三角地区乡村空间变迁是这一区域在全国率先工业化和城市化的结果，具有其必然性和内在合理性，但是却在相当程度上造成长三角乡村空间"碎片化"问题。原本有机统一的山水、田园和村落空间逐渐瓦解，乡村要素资源利用率低、产业低端固化、社会关系疏离矛盾加深，制约乡村可持续发展和城乡统筹协调。

（一）土地利用效率较低

农居分散分布不符合土地等要素资源集约节约的基本原则。笔者对长三角地区不同农居分布类型的乡村人口密度进行比较，可以证实农居分布疏密与人口密度高低两者高度相关。例如，浙江省杭州市萧山区的大江东平原、宁波市的余慈平原和台州市的台州湾平原乡村地区属于典型的农居分散地区，其乡村人口密度均约为农居集中分布的温州市飞云江北部平原的30%。

图表 3-9　　　　　浙江省钱塘江、椒江及飞云江三大河口
平原乡村人口密度比较

地区	所辖乡镇（街道）	行政区域总面积（平方公里）	总人口（人）	人口密度（人／平方公里）
飞云江河口平原	温州瑞安市塘下镇、莘塍镇、汀田镇（图表 3-10a）	137.2	534643	3897
钱塘江河口大江东平原	杭州萧山区河庄街道、新湾街道、南阳街道、义蓬街道、靖江街道和党湾镇（图表 3-10b）	250.0	280638	1123
钱塘江河口余姚和慈溪平原	宁波余姚市临山镇、黄家埠镇、小曹娥镇、泗门镇和朗霞街道；宁波慈溪市新浦镇、崇寿镇、庵东镇、天元镇、长河镇和周巷镇（图表 3-10c）	516.1	607288	1177
椒江河口平原	台州路桥区的金清镇和蓬街镇，温岭市的滨海镇和箬横镇（图表 3-10d）	275.1	365649	1329

说明：行政区域总面积数据来源于 2010 年《浙江省乡镇统计资料》；人口数据来源于《浙江省第六次人口普查年鉴》。

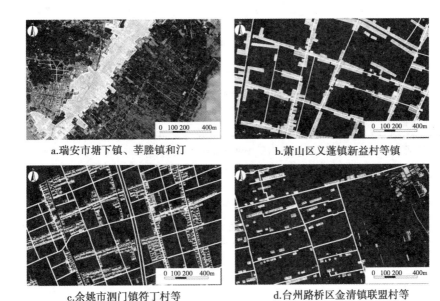

图表 3-10　浙江省钱塘江、椒江及飞云江三大河口平原典型村庄卫星影像

说明：a 图采用 Google Earth 软件在视角海拔高度 13 km 截取图片，b 图、c 图、d 图采用视角海拔高度 2 km 截取图片，所有图片用 photoshop 软件去色并增强对比度。

乡村人均居住面积成倍增长、宅基地占用较大。特别是邻近城市、县城和中心镇的村庄这一问题尤为突出。2010 年长三角乡村人均住房建筑面积 51.6 平方米，为全国乡村平均的 1.5 倍；而这一带城镇人均住房建筑面积 32.1 平方米，与全国城镇平均水平大致相当。可见长三角乡村住房面积无论与全国乡村还是长三角的城镇相比均明显过大。根据对长三角沿海典型农居调查，农村宅基地容积率约 0.8，城市居住用地容积率约 1.6。由此可以推算，农村人均居住用地面积或已达城市的 3.2 倍之多。考虑到大部分农民转移转业、农村住房生产功能退化的因素，农居占地明显过大。

图表 3-11　　　　　　2010 年长三角城乡人均住房建筑面积
　　　　　　　　　　　与全国比较　　　　　　　　　　（单位：平方米）

地区	城镇	乡村	城镇住房面积是全国的倍数	乡村住房面积是全国的倍数
全国	31.6	34.1	—	—

续表

地区	城镇	乡村	城镇住房面积是全国的倍数	乡村住房面积是全国的倍数
上海	24.2	59.7	0.8	1.8
江苏	33.4	46.3	1.1	1.4
浙江省	35.3	58.4	1.1	1.7
长三角	32.1	51.6	1.0	1.5

说明：全国及各地城乡住房建筑面积来源于 2011 年中国、上海、江苏和浙江省统计年鉴，长三角城乡住房建筑面积根据各地城乡住房面积以 2010 年"六普"城乡常住人口加权平均计算。

图表 3-12　　　　2010 年长三角地区乡村和城镇人均居住用地面积比较　　　　（单位：平方米）

地区	人均住房建筑面积	容积率	人均居住用地面积	乡村：城镇
乡村	51.6	0.8	64.5	3.2：1
城镇	32.1	1.6	20.1	

说明：长三角城乡人均居住面积根据 2011 年上海、江苏和浙江省统计年鉴，以及《中国 2010 年人口普查资料》相关数据计算得到，容积率系估算值。

乡村道路占地亦较多。以浙江省为例，2013 年浙江省农村人均道路长度 41.6 米，是城市的 3.2 倍；农村人均道路面积为 31.2 平方米，是城市的 1.3 倍。而在乡村家庭小汽车快速普及下，乡村道路不断拓宽，道路用地成倍增加。据笔者调研，浙江省部分常住人口已少于 10 人的高山村落，亦可通过较长的盘山公路到达，虽然极大便利这些乡村散落户的出行，但是无疑大大增加社会总成本。早期"若要富，先修路"的理念值得商榷，现在或已到了必须拆除低效道路的地步。

图表 3-13　2013 年浙江省城市、县城、集镇和农村的人均道路长度

区域	人口（万人）	道路长度（公里）	道路面积（平方公里）	人均道路长度（米/人）	人均道路面积（平方米/人）
城市	1437.2	18840.2	35295.7	13.1	24.6
县城	716.9	5691.7	9118.0	7.9	12.7
集镇	1364.6	25245.1	30294.1	18.5	22.2
农村	1979.3	82311.0	61733.3	41.6	31.2

说明：根据 2014 年《浙江省统计年鉴》《浙江省城市建设统计年鉴》和《浙江省年鉴》相关数据计算得到。

（二）环境保护压力较大

长三角沿海乡村地区生态敏感性较高，而农居分散格局既打破了乡村生态系统的整体连续性，大量耕地、河漾被占、河道淤积、水面减少、植被破坏现象严重，乡村环境治理形势严峻。

高度分散的乡村生产生活对生态环境产生极大不利影响。长三角地区的乡村工业中，采矿、纺织服装鞋业、造纸等劳动及资源密集型产业占比较高，工艺总体落后，单位产值的污染强度明显高于城市，造成乡村生物多样性受损，生态环境退化。

乡村环卫设施及制度执行相对滞后。乡村沿道路敷设的给水管网、供电线路的建设成本相应增加、利用率下降。长三角地区的农村人均管网工程建设成本为城市的两倍多[①]。当前，乡村面源污染 60% 来自生活污水和人畜粪尿[②]。在农居高度分散化的状况下，多数乡镇财力难以负担统一集中的处理设施，部分地区以村为单位自行建设沼气净化池简易处理，较难真正实现污水达标排放，且仍有大量地区直接排放。

（三）同质化问题突出

坊间对长三角地区村庄早有"走过一村又一村，村村像城镇；走过一镇又一镇，镇镇像农村"的评价，直指这一带乡村产业低端化、扁平化竞争，村庄风貌低层次复制等低效率无序发展问题。

一方面，城乡同质化。乡村新社区多照搬城市传统住区模式，建成五六层"兵营式"住宅小区安排农民集中居住。而在农民还有相当比例未脱离农业生产的现状下，务农成本提高，人居环境反而退化。城郊村庄较多，村留地与城市建设缺乏统一规划、村留地开发未形成科学模式，闲置较多，品质低下，损害城市风貌、降低城市空间效率。

另一方面，村村同质化。村镇建设缺少对于自然人文资源的深度挖掘，造成乡村建设缺乏本土特色、遗失传统肌理、难以适应村民生产生活

---

① 邢谷锐、徐逸伦、郑颖：《城市化进程中乡村聚落空间演变的类型与特征》，《经济地理》2007 年第 6 期。

② 张小林：《乡村空间系统及其演化研究——以苏南为例》，南京师范大学出版社 1999 年版，第 11 页。

需要，村庄景观千篇一律。乡村小作坊发展模式蔚然成风，农家乐经营内容千篇一律，乡村产业低端扁平化竞争异常激烈，乡村经济发展后劲不足。

（四）城乡二元结构固化

在乡村空间碎片化格局下，长三角地区沿海乡村面临着城市的侵蚀，难以抵御城市的种种引力；又受传统农业社会牵制，继续一家一户小农式的生产生活方式，城乡经济社会二元结构问题突出。

人的城市化受阻。虽然长三角地区已有相当数量的乡村人口转移到城市工作生活，但始终无法真正成为城市居民，这里有两种情况：一是相当数量居住于沿海经济发达县（市、区），且距城市较近的农民不愿意城市化。他们基于对村集体资产价值不断升值的预期，已享受到城乡医保、养老并轨的社会保障，更倾向于牢牢占有宅基地及住房，以便继续享受农民身份的种种福利。二是大量相对落后的山区县（市、区），且距城市较远的农民难以城市化。在现行户籍制度、财税体制下，城市非户籍人口仍面临公共服务与社会保障歧视，以村民现在的收入水平，尚难以应付进入城市生活的成本。乡村出现的留守老人、儿童等问题，看似肇始于青壮年农民进城，而事实上恰恰源于这些农民无法真正城市化。[①]

农业现代化受困。在传统观念、生活方式及对土地升值预期等的影响下，长三角地区沿海不少经济发达乡镇的农民，即使已退出农业生产，也不愿流转土地，继续保持一家一户小农生产方式。目前，长三角仍有不少发达区域，土地流转难以有效推开。农民已经或正在成为长三角社会的"两栖"群体，占有着城乡双份生产生活资料。这就带来农业生产要素的较大浪费。

三　构建新型乡村空间的对策建议

当前必须加快充实完善现有法律法规，制定实施乡村空间布局相关建设规范，引导长三角地区构建形成新型乡村空间，更好适应产业转型、空

---

① 杨俊锋：《我眼中的中国农村》，2014-03-21. 南方周末网站，http://www.infzm.com/content/99156。

间转型和人口转型的新趋势、新要求。

（一）严格执行村镇规划相关规定

严格依据现有法律规范，深入研究和科学编制村镇规划。一是研究制定村庄和集镇规划。严格执行《村庄和集镇规划建设管理条例》，统一部署村镇布点和各项建设，科学安排各村镇建设用地布局、规模及开发时序。二是研究制定乡村社区布局规划。浙江省已经出台《关于农村社区布局规划编制的指导意见》，沪苏两地也应积极做好相关规范制定工作。以此为依据，优化乡村社区空间规模、范围和结构，通过强村保留、规划新建、撤村并点等方式，优化乡村社区布局，以 1000—5000 人、300—1500 户为单位建设乡村社区，配置卫生、文化、学校、民政及办公等乡村社区公共服务。

（二）制定实施村庄建设整治规范

针对沿海村庄用地粗放等问题，依据《村庄整治规范》，进一步细化村庄住宅、道路、污染集中治理及排放的相关规定。一是控制宅基地规模。农村人均宅基地面积宜控制在 40 平方米以内。在充分结合农民意愿的基础上，实行农居整治改造、拆除新建、异地搬迁分类指导。二是优化村庄道路布局。科学布局乡村主路、次路和宅间路三类道路，乡村主路及次路间距应控制在 120 米至 300 米；道路线型结合自然条件，曲折有变、宽窄有别，三类道路宽度宜分别控制在 4 米及以上、2.5 米及以上和 2.5 米以下；路面铺装材料和整体风貌体现乡村特色，在满足技术规范要求前提下，宜就地取材、选用环保透水性材料。严格控制沿过境道路包括村道、乡道、县道及更高等级道路两侧农居及其他设施布局。三是建设完善乡村集中式污染物收集处理设施。生活垃圾、污水设施尽量在县域范围内统一规划建设。

（三）制定实施农田及附属设施建设规范

按照现代工业发展理念和规模农业发展要求，制定农田及附属设施建设规范，提高乡村农业生产能力、生态优化能力、景观服务能力。一是规范粮食生产功能区和现代农业园区（以下简称"两区"）建设。按照良田、良种、良法、良机和良制的要求，建设耕地集中连片、肥力良好、田间道路成网、农电供给充沛、水利设施排灌分系的"两区"。二是规范农业附属设施建设。农田水利设施建设可参照执行《浙江省粮食生产功能区、现代农业园区农田水利建设标准》，道路、农电、防洪排涝等设施可统一按照"两区"建设①②标准执行。三是严格控制设施农业建设用地规模，充分利用未利用地、荒山缓坡、闲置土地和劣质农用地布局，尽量不占或少占耕地。

（四）制定实施乡村景观建设导则

乡村景观主要包括农业景观、村落景观和山水景观。围绕传承农耕文明、协调城乡风貌、增强生态文明和提升商业价值，制定乡村景观建设导则，指导和规范乡村景观保护、挖掘、提升等建设行为。一是提升乡村植被及林网景观。农地和防护绿地建设需充分兼顾观赏效果，因地制宜合理布局，形成近观形态优美、远观色彩饱和、远近层次分明的农业和林业景观；过境道路沿线防护林宜每2000—3000米变换树种。二是优化乡村水体景观。保持河流、湖塘、水库等水体自然形态和断面形式，严禁填埋、取直，非通航水面不渠化或尽量少渠化；鼓励利用荒地和废弃地开挖水面和建设生态驳岸。三是传承和重塑村庄风貌。合理利用水乡、山村地形地貌，配合村落建筑和人工景观布局，形成富于变化的乡村空间；保护传承村落历史文化和自然风貌，形成富于地方特色的乡村景观。

（发表于《农业现代化研究》2015年第4期）

---

① 《浙江省粮食生产功能区建设标准及验收认定办法》，浙江省粮食生产功能区建设协调小组办公室文件，2010-07-09。

② 《浙江省现代农业综合区规划编制导则及园区建设标准》，浙江省现代农业园区建设工作协调小组办公室文件，2010-05-12。

第四章 优化浙江省农居分布的分析及建议

浙江省农居分布长期以来处于自然自发状态之中，带有明显的小农经济特征。存在着分散、费地、不宜于布置管线，不利于提高农民生活质量，不利于降低生活成本，不利于生态环境保护等诸多问题。当前在加速推进城市化、新农村建设、资源节约型和环境友好型社会建设中，必须把优化农居分布作为一项重大战略。

本书研究的目的，是试图通过鸟瞰式的观察，分析浙江省农居分布的形态特点和存在问题，为优化农居分布提供实证研究支持。主要利用了2004年浙江省 TM 遥感图像及数据①、《杭州市数字影像地图集》② 和 Google Earth③ 的卫星图像等资料，同时进行了若干实地考察。

一 农居分布是一项开创性研究

村庄和农居点④整治是新农村建设的一个重大课题，也是学术界共同关注的一个重要研究领域，但尚未出现以农居分布为切入点的深入研究。近年来，我国和本省学者以农居点为研究对象，从多个角度进行了大量研究，指出浙江省农居点数量较多、规模偏小、布局分散、用地集约程度低的问题。

有学者通过评价浙江省农居点建设用地规模和密度，指出农居点存在

---

① 浙江省测绘局测绘，浙江省国土资源厅提供。
② 景军郎等：《杭州市数字影像地图集》，浙江省第一测绘院·中华地图学社 2004 年版。
③ 世界地理信息系统，提供包括卫星图像、地图地形和建筑物 3D 等信息。软件来源：ht-tp：//earth. google. com/。
④ 本书中农居点指农村村民居住和从事各种生产的聚居点。

的问题。潘裕元认为，一是农居点散乱，有地区农居点密度多达每平方公里 25 个；二是粗放使用农居点存量建设用地，农村实际建房面积和获准建设面积的比值超过 1.5∶1，有的甚至高达 4∶1；三是农户一户多宅和农居闲置现象普遍存在，松阳县农村户均拥有农居 1.1 宅，最多的村庄高达 1.8 宅；四是依法建村观念不强，农居乱占滥建现象时有发生，影响村镇规划实施①。谭永忠、吴次芳和牟永铭以浙江省永嘉县为例，指出全县 901 个行政村的平均农居点用地规模仅 4.9 公顷，证实浙江省农居点分布非常分散②。

也有一些学者对浙江省农居点的形态进行过分类。石坚认为浙江省农居大多呈条带形和组合形分散分布③。周复多则按形态特征把它们分为团块状、条带状、点状和混合式 4 种类型④。

此外，我国一些学者基于遥感和全球信息系统，对全国农居点的数量、规模、密度等数据进行系统分析，揭示我国农村也普遍存在农居点数量较多、规模偏小、布局分散、用地集约程度低等问题，形成了一些成果。

二　浙江省农居分布的主要类型

长期以来，浙江省农居多半采取"沿路而建""逐水而居"的自由态分布，较少有大面积的组团村庄和连片大面积的农田。目前，全省农居分布既有杭州市萧山区，宁波市的慈溪、余姚等地沿路而建的类型，又有绍兴市、嘉兴市等地逐水而居的类型，还有如金华市、丽水市等地结合山势地形的类型。通过对典型区域的卫星影像图分析，大致可将浙江省农居分布形态归纳为如下 8 种类型。

1．"一"字状分布

——形态特点。"一"字状分布以规则的道路为轴线，农居沿轴线双

①　潘裕元：《对农村居民点合理用地的思考》，《中共浙江省委党校学报》2000 年第 2 期。
②　谭永忠、吴次芳、牟永铭：《20 世纪 90 年代浙江省耕地非农化过程分析》，《地理科学》2004 年第 2 期。
③　石坚：《村庄规划中若干问题探讨》，《小城镇建设》2000 年第 9 期。
④　周复多：《农居点的调整与完善要因地制宜》，《城乡建设》2004 年第 8 期。

侧或单侧 "一层皮" 排列。大规模 "一" 字状分布的农居连在一起，进而形成了 "井" 字形和 "田" 字形村庄格局，见图表 4-1。

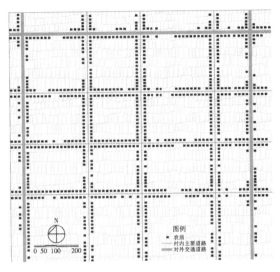

图表 4-1　"一" 字状农居分布类型示意

图表 4-2　左图为萧山区河庄镇某村，右图为台州市泽国镇某村

　　——特征分析。这种类型的农居呈现出单调的 "沿路爬" 格局，以单一居住功能为主，只有极少数临路的农居兼有经营性用途。由于呈典型的线状分布，公共服务较难布点，道路、管线等设施配套成本高，可谓 "沿路一层皮，功能单一化"。

　　——分布区域。这一类型主要分布在杭州湾南岸的萧山区、绍兴市和宁波市，以及温台平原的沿海地区，见图表 4-2。上述地区一是空间相对比较充足，农居建设基本不受用地限制；二是水资源比较充沛，区域交通日臻完善，交通成本低廉，空间各点的生活成本基本相等；三是工业园区和功能区发展加速农村劳动力产业转移，农民收入增加，生活水平提高，新建农居的需求扩大。

2. "非"字状分布

——形态特点。"非"字状分布以村内主干道路、乡镇级公路以及人工开凿的直线形河道为轴线。农居除了沿着轴线两侧以"一"字状分布外，在垂直于轴线方向也有一定分布，形成"非"字状分布类型，见图表4-3。

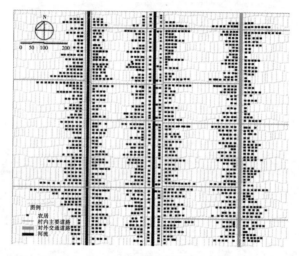

图表4-3 "非"字状农居分布类型示意

——特征分析。这种类型的农居分布，其临路农居大多是商店或家庭作坊，形成"前店后厂上住宅"的"三合一"模式的农居，也形成沿公路两侧"搭便车"式的"马路经济"。这种类型的农居分布中，几乎都有行驶重型车辆的过境道路，对居民形成比较严重的粉尘、噪声等污染，且存在着较严重的交通隐患。

——分布区域。与"一"字状分布区域基本相同，"非"字状主要出现在杭州湾南岸的萧山区、绍兴市和宁波市，见图表4-4。"非"字状是"一"字状发展到一定阶段，农居进一步在道路沿线集中分布的结果。这表明，浙江省东部沿海部分经济发达县市，农居分布正在由"分散"向"填充"转变。

图表 4-4　左图为萧山区河庄镇闸北村，右图为慈溪市桥南村

3. 树枝状分布

——形态特点。树枝状分布以村间道路或乡镇级公路为主干、村内道路为分支，主干和分支之间存在类似树干和树枝的结构关系，大多数农居沿着道路，呈单侧或双侧"一"字状建设，见图表 4-5。

图表 4-5　树枝状农居分布类型示意

——特征分析。与前两种类型相比，这一分布形式对土地资源和道路设施的利用效率更低。村内道路走向不规则引起用地划分不规则，村内存在大量有道路通过而没有农居分布的闲散地。村内道路大多为断头路，农户间沟通十分不便，无法沿路布置管线。

——分布区域。这一类型主要出现在宁绍平原和温台平原,见图表4-6。在缺少大面积完整用地又没有预先对农居分布加以规划的村庄,农居自发沿树枝状分布。目前,这一类型村庄的基础设施和市政设施配套难度很大。

图表4-6　左图为上虞市崧厦镇某村,右图为台州市椒江区某村

4. 簇群状分布

——形态特点。在水网交织地区,农居在路网、水网以及两网交会处集聚,呈现相对集中的簇群状分布。簇群规模一般在数户至数十户之间,在河道和公路交会处的规模略大,一般超过百户,见图表4-7。

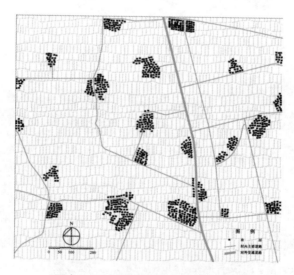

图表4-7　簇群状农居分布类型示意

　　——特征分析。簇群较小，相距较近，是典型的小尺度集聚、大范围分散的分布格局。簇群规模多数为数户至数十户，且多为二十户以下。农居基本上集中于主要水系的交汇点，簇群附近的水体污染严重，且影响多条干流的水体质量。

　　——分布区域。这一类型常见于杭嘉湖平原、宁绍平原、温台平原和金华市的大部分农村，见图表4-8。它们的产生和发展一般经历两个阶段，历史上，农居选择在交通比较便利的河网交汇处建设，形成簇群的雏形。现在，簇群之间通过道路加强联系，进而农居进一步向簇群集中。

图表4-8　左图为绍兴市某村，右图为金华市某村

5. 圈层状分布

　　——形态特点。农户新建房屋围绕在历史形成的原村庄宅基地、工矿建筑外围，既不拆除原先的破旧农居、无人居住的废弃农居，也不对内部弃置地加以改造利用，形成"中空"的村庄布局状态，见图表4-9。

　　——特征分析。目前农村建房采取先建新房，后拆旧房方式，圈层状分布是因为农户在建新房以后不拆除旧房造成的，这类旧农居的存在使村庄宅基地向外围蔓延，形成"空心村"，村内留下来的木结构旧农居存在失火、坍塌等隐患。

　　——分布区域。这一类型在全省各地都有广泛分布，见图表4-10。农居点经历较长的集聚发展过程，外围农居较新，内部农居陈旧、密度和空置率很高，对内部进行改路、改水、改厕、改房等村庄更新工作难度较大。

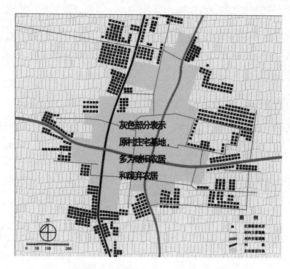

图表4-9　圈层状农居分布类型示意

图表4-10　左图为嵊州市某村，右图为金华市某村

　　说明：根据卫星影像图的读判图原则，从图像上观察居民点建筑物，屋顶颜色明亮、边缘清晰、体量稍大的建筑物一般比屋顶颜色较深、边缘模糊、体量偏小的建筑物建成时间短，在农居点建筑群中，属于比较新的农居。图中，新建农居围绕在旧有农居外围呈圈层状分布。

6. 其他分布类型

　　——"U"字状分布。为了最大限度满足直接临水建房的需要，农户人为拉长河岸长度，从主河道向两侧开挖水渠，农居分布于水渠尽端，从而形成了"U"字状农居分布，见图表4-11。这一类型主要出现在溪流交错、库塘罗列、水网密度较高的嘉兴、湖州等地农村，见图表4-12。

"U"字状分布是农居对水体最大化利用的结果，集聚性更低、随意性更大，基础设施更难到位，更易引起平原水环境污染、萎缩和由此产生的一系列环境问题。目前，上述农村地区农民生产生活已经对杭嘉湖地区太湖运河水系水环境安全构成巨大威胁。

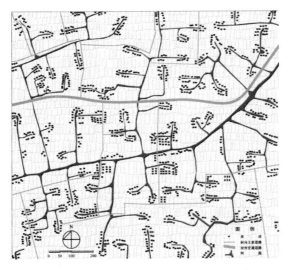

图表4-11　　"U"字状农居分布类型示意

图表4-12　左图为嘉兴市苇塘镇某村，右图为湖州市某村

　　——触须状分布。农居集中分布在狭长的山谷地带，沿着蜿蜒的山间小路向两侧布局，山间小路多为尽端式道路，见图表4-13。这一类型主要分布在浙江省东部的海岛县市和西部、南部的丘陵山区，见图表4-14。主要面临四个问题：一是山坡地形特殊，对农居选址、朝向、间距及建筑

环境构成较大制约；二是农户生活用水来源是山顶汇流而下的溪水，上下游的居住关系导致生活用水交叉污染严重；三是道路不结成网状，农民出行时没有可供选择的路径，由于地势陡峭，前后房屋之间只能以梯步相通，对外联系非常不便；四是抗震防灾维护和基础设施铺设难度大、成本高，农居易遭受山体滑坡等地质灾害侵袭。

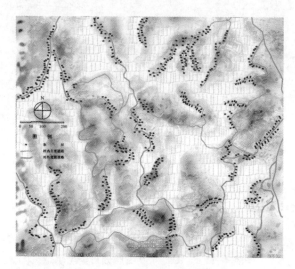

图表 4-13   触须状农居分布类型示意

图表 4-14   左图为常山县某村，右图为舟山市某村

——散点状分布。农居之间彼此独立，呈现单家独户、完全分散状态。该分布类型的农居不享有任何配套设施，生产生活完全受制于所处小环境的资源禀赋、气候条件和环境容量。生活安全性差，缺乏基本的社会

交流。随着浙江省对贫困山区、库区、滩坑等地实施异地移民安置，呈点状分布的农居正在逐步减少。

浙江省农居分布带有明显的小农经济痕迹。农居分布受到地形、水源、交通等条件限制，是在缺少规划、未受外力约束的情况下，农户根据最小化生产生活成本、最大化居住收益的原则形成的，因此从小农经济角度看，存在其内在合理性。在人口高度稠密的杭嘉湖和沿海平原地区，不论农居置于何处，基本上能比较便利地得到生活和生产资料，以及较低的短途出行成本，形成区域建房环境的均质性。从这一特性出发，浙江省杭嘉湖、宁绍和温台三大平原的农居分布，具有相对分散化的倾向①。而在人口密度略低的西部山区和海岛地区，农民生活有赖于生活地点的资源禀赋和环境容量，因此农居选址会在整体上最大化利用自然资源，而在具体某一点又不超过这一地点的环境承载力。从这一特性出发，浙江省人口密度略低的金衢丽山区和舟山海岛地区，农居分布呈现大尺度分散、聚居点规模小型化的趋势。

三　浙江省农居分布存在的主要问题

浙江省农居自发的分散分布格局，不符合现代化状况下，最小化土地占用和资源消耗，最大化空间效益的布局原则，空间效益较低。分散格局还加大了普及现代化设施的难度，缩小了公共服务覆盖面，导致农民生活品质不高、生产生活成本较高、自然环境严重受损等农村地区广泛存在的问题。

（一）空间格局不合理

一是村庄数量偏多。浙江行政村数量相对较多，分布较分散。在面积仅占全国1.6%的耕地上分布了全国5.4%的行政村。全省共有行政村34515个，数量居全国第6，仅次于山东、四川、河北、河南和湖南。行政村平均规模较小，每个村仅355户、1098人，居全国第20和第23位，居东部沿海12省（市）的第9和第8位。

二是农居点规模偏小。浙江农居点平均用地规模为9.8公顷，略大于湖南6.7公顷和江西7.4公顷，列全国倒数第3。而上海市则为19.88公

① 卓勇良：《空间集中化战略》，社会科学文献出版社2000年版。

顷、江苏省是 18.2 公顷，均比浙江省大 1 倍左右①。这说明浙江省农居点数量较多、集聚度较低，农居点布局离散。如龙泉市锦溪镇半溪村，73 户、358 人分散在 18 个农居点，平均每个农居点仅有 4 户。

三是农居分布比较分散。浙江农居分布总体呈分散状态。在我们归纳的全省 8 种典型分布类型中，除簇群状集聚度略高一些外，其余 7 种均为高度分散的类型。我们利用卫星影像图，对 8 种农居分布类型进行农村居住区域的道路、农居和非建设用地三者构成②测算，发现道路和农居两项建设用地之和最多的不超过该地域范围的 10%。如舟山市小沙镇镇区范围内农居建设用地共计 104.1 公顷，分散在 1352.3 公顷土地上，其覆盖率仅为 7.7%③，说明农居分散程度非常高。

（二）用地浪费

一是农居人均占地较多。农居与城镇住宅比较，人均建筑面积前者是后者的两倍多。人均建筑面积，浙江省农居与全国农居比值远远大于两者城市的比值，且这一比值历年来呈现上升趋势，2005 年超过 1.9，达历史最高。

根据对浙江省典型农居的调查，农居用地容积率大致为 0.6，比城市的 1.5 小一半多。推算可得，2005 年浙江省农居人均占用土地面积是城市住宅的 5.4 倍，虽然农居附带一定的生产功能，但是从大部分农居的生产功能逐步弱化的情况看，这一比值明显过大。浙江省国土资源厅统计数据显示，2006 年全省农居点建设用地共计 3.7 万公顷，若按照《村镇规划标准》（以下简称《标准》）进行农居用地调整，至少能整理出 10 万公顷（150 万亩）用地，相当于全省 2006 年实际建设用地的 5.7 倍，如果加上农居集中分布后可相应节约的道路用地，这一倍数可能更大。

① 田光进等：《基于遥感与 GIS 的中国农村居民点规模分布特征》，《遥感学报》2002 年第 7 期。

② 在全省 TM 遥感图像中，对 8 种典型分布类型分别选取同样大小（350 公顷）的区域，选取区域时遵循以下原则：一是在每种类型对应的区域内，农居分布仅有这一种典型分布类型；二是这种分布类型的农居基本上均质地充满整个区域，从而保证每种类型之间的数据的可比性。用 Arcview 软件提取并测算该区域内的道路用地、农居等建筑物用地和非建设用地的面积，并计算用地构成。

③ 沈兵明：《村镇土地利用总体规划中的建设用地配置的几个问题探讨——以浙江省为例》，《经济地理》2000 年第 9 期。

图表 4-15　　　历年浙江省农村和城镇人均住房面积　（单位：平方米）

指标	2005 年	2004 年	2003 年	2002 年	2001 年	2000 年	1995 年	1990 年
农村	56.7	51.3	50.7	49.5	47.8	46.4	34.1	29.3
城镇	26.1	23.9	21.6	21.1	20.3	19.9	15.6	13.6
农村和城镇之比	2.2：1	2.1：1	2.4：1	2.4：1	2.4：1	2.3：1	2.2：1	2.2：1
农村住房面积：浙江和全国之比	1.91	1.84	1.87	1.87	1.86	1.87	1.63	1.64
城市住房面积：浙江和全国之比	1.3	1.4	1.3	1.4	1.5	—	—	—

说明：表中数据根据 2006 年《中国统计年鉴》《浙江省统计年鉴》和《浙江省农村统计年鉴》计算所得。

图表 4-16　　　2005 年浙江省农村和城镇人均居住用地面积比较　（单位：平方米）

指标	人均居住面积	容积率	人均居住用地	农村与城镇之比
农村	56.7	0.6	94.4	5.4：1
城镇	26.1	1.5	17.4	

说明：表中数据是根据统计年鉴数据和调查数据计算所得。

图表 4-17　　　2005 年浙江省农村人均居住用地面积与《村镇规划标准》对照

指标	人均建设用地（平方米）	居住所占比重（%）	人均居住用地（平方米）	可节约用地（%）
现状	145.5	62—77	90—112	约30
《标准》	80—100①	55—70②	44—70	

说明：表中数据是根据省国土资源厅提供的全省农居点建设用地数据和《村镇规划标准》相关条款计算所得。

二是道路占地较多。农居点数量过多，导致对外交通道路和村内道路长度成倍增加。2006 年农村人均道路长度是城市的 3.5 倍。经对典型地区村庄用地调查，在被调查的村庄中，农村人均交通面积最少的村是

① 按照中华人民共和国国家标准《村镇规划标准》（GB50188—93）中第 4.2.2 条，关于人均建设用地的规定，即建村镇的规划，其人均建设用地指标宜按>80、≤100 确定，当发展用地偏紧时，可按>60、≤80 确定。

② 参见《标准》中第 4.3.1 条，关于建设用地构成比例的规定。

12.3 平方米/人，超过全省城市人均 5.7 平方米/人的两倍还要多。

图表 4-18　　　浙江省城市、县镇、集镇和农村人均道路长度比较

指标	人口（万人）	道路长度（公里）	人均道路长度（米/人）
城市	1358.2	12523.2	0.9
县城	325.5	3147.0	1.0
集镇	983.9	24051.6	2.4
农村	2254.3	74162.7	3.3

说明：表中数据是根据 2006 年《浙江省城市建设统计年鉴》和《浙江省年鉴》计算所得。

图表 4-19　　　　浙江省几例典型村庄的建设用地构成与《村镇规划标准》的对照

用地类型	杭州市余杭区塘栖镇西苑村		衢州市开化县音坑乡姚家村		湖州市南浔区旧馆镇北港村		台州市路桥区新桥镇长洋村		《村镇规划标准》
	比重（%）	人均（平方米）	比重（%）	人均（平方米）	比重（%）	人均（平方米）	比重（%）	人均（平方米）	
居住建筑	65.1	92.2	66.5	99.1	60.9	91.4	67.1	93.6	55~70
公共建筑	3.6	5.1	0.7	1.0	5.2	7.8	4.3	6.0	6~12
生产建筑	13.4	19.2	17.7	26.3	13.7	20.6	13.3	18.6	—
道路交通	11.7	16.8	14.3	21.3	18.4	27.6	8.8	12.3	—
其他	6.2	8.9	0.8	1.2	1.8	2.7	6.5	9.1	—
合计	100	142.2	100	148.9	100	150.1	100	139.6	—

说明：表中数据系浙江省大学城乡规划设计研究院和浙江省城乡规划设计研究院提供。

三是农村工业用地效率低。浙江省农村工业化"离土不离乡、进厂不进城"路子，农居"前店后厂"模式，导致农村工业布局分散，农村工业企业用地效率较低。据统计，浙江省农村每形成一个工业劳动力需要增加用地 190 平方米，高于全省城市工业平均 148.7 平方米的水平[1]。

四是用地结构不合理。选取浙江省几例典型村庄的现状用地构成与《村镇规划标准》的相关条款进行对照。浙江省农村用地结构普遍不够合理，公共服务功能的用地比重过低，说明大部分村庄缺乏包括教育、文

①　农村数据来源为全省工业功能区用地和从业人员的统计数据，城市数据根据 2006 年《浙江城市建设统计年鉴》相关数据计算所得。

体、医疗等功能在内的社会服务设施。在我们调查的四例村庄中，公共建筑用地比重分别为 3.6%、0.7%、5.2% 和 4.3%，均未达到 6%—12% 的《标准》规定，见图表 4-19。

（三）　管线布置效率低

向农村地区供给水、电、气等基础设施，一般通过沿村庄对外交通道路铺设输配送管线来实现。由于农村人均对外交通道路长度过长、道路配置效率偏低，入村管线成本增加。而且村庄内部高度分散，也提高了管线的入户成本。据有关文献，农村人均管网工程建设成本是城镇的两倍多。这就导致浙江省至今仍有不少村庄缺乏最基本的配套设施。2005 年，全省农村自来水饮用率仅占 72.8%，相当多的自然村没有自来水。农村有线电视入户率仅为 59.0%，不少欠发达农村尚未开通有线电视，甚至还有农村地区未实现通车和通信，丽水市有近 80% 的小规模自然村[①]未通公路，41.1% 的自然村未通电话（含移动通信）[②]。

（四）　进一步引发的问题

一是不利于提高生活质量。基础设施建设不到位和公共服务缺失严重阻碍农民提高生活质量。水、电、气和能源基础设施覆盖面不高，农民生存环境质量较差。大部分村庄教育设施、医疗卫生设施不足，农民接受教育和医疗服务相当困难。图书馆、体育馆、影剧院等公共文化设施建设薄弱，农民物质文化生活贫乏。

二是不利于降低生活成本。生活服务设施种类不全和对外交通体系结构不合理增加农民生活成本。村庄内部商贸、金融、邮电等生活服务设施门类不齐、水平落后，不能较好地满足村民日常生活需要。村庄内部和外部道路不成体系，通邮和通信设施不完善，农民出行和对外联系成本较高。

三是不利于生态环境保护。由于农居分布高度分散，导致污水处理和垃圾收集等市政环卫工程建设成本大大高于城镇。目前，浙江省农村地区

---

① 指 10 户（户籍户数）以下的自然村。

② 吕子春：《实施生态移民工程，扎实推进社会主义新农村建设——丽水市小规模自然村情况的调查与思考》，《中国城市化》2007 年第 2 期。

普遍使用明沟直接排放污水，生活垃圾大多直接向河体倾倒或者就地堆放。农村家庭作坊企业随意排放废水和固体废弃物，严重影响水体和土壤安全。全省农村生活污水量近 10000 亿吨，人均日产生活垃圾量约 1 公斤，达标处理率不到 30%。十分明显，改善农村地区生态环境的前提是优化农居分布。

四 优化农居分布基本思路与对策

优化浙江省农居分布是一项长期的系统工程，它不仅是建设"生产发展、生活宽裕、乡风文明、村容整洁、管理民主"的社会主义新农村的重要环节，更对推进浙江省城市化健康发展具有重大的战略意义。应该充分认识到，优化农居分布不单是拆除、重建等物质建设问题，还是涉及社会、经济等其他许多方面的系统工程，必须明确思路、掌握原则、统筹兼顾、稳步实施。

（一）总体思路

在空间上实施"控、填、迁"的积极措施，在时间上坚持稳步推进、持之以恒的策略。积极开展村庄规划，规范农居点建设，有效控制农居用地无序蔓延；着力优化村庄布点，促进农居集聚，稳步提高农居集约化程度；大力实施村庄撤并，推进村庄整合，引导农村人口有序迁移和农居合理分布；同时还必须充分认识到，这是一项长期性的措施，必须在长期的累积中实现农居的全面优化。

一是强化规划控制。积极开展村庄规划，严格规范新增农居点建设，有效控制农居用地无序蔓延。严格执行《村庄和集镇规划建设管理条例》《村镇规划编制办法》等，加强村庄、集镇的规划建设管理，规范村镇规划的编制，改善村庄生产生活环境，促进农村经济和社会发展。按照《村庄规划标准》的村镇规模分类，引导各级村庄做好村庄人口预测、用地分类、建设用地控制，以及道路交通等公用工程设施配套等规划工作，以规划指导农居分布全面优化。

二是促进人口向城镇和中心村集聚。优化村庄布点，推进农居集聚，提高农居用地集约化程度。加快做好城镇体系和村庄布点规划，进一步完善以集镇为依托、中心村为节点的村镇布局。加快城镇化进程，促进人口向城镇集聚，引导基层村逐步向中心村集中。坚持就近集聚和择优集聚相结合的原则，统筹安排集聚对象。推进集镇、中心村和农村新社区建设，加大集镇和中心村的基础设施建设力度，重点加强交通网、饮水网、供电网和信息网等基础设施建设。

三是推进分散村庄的整合。实施村庄撤并，推进村庄整合，引导农村人口有序迁移和农居合理分布。贯彻人口和农居向城镇和中心村集聚的整体部署，因地制宜地合并小型村，缩减自然村，拆除"空心村"。积极开展偏远贫困地区和重大工程项目地区村庄的整体搬迁，稳步推进高山和海岛地区、地质灾害频发地区以及重点库区农居异地安置。强化乡级行政区域内部农村人口向城镇和中心村迁移，协调各级行政区域农居点跨地区撤并。

四是持之以恒、稳步推进。优化农居分布是优化历经千百年自然形成的村庄聚落形态，要尊重农民的生活习惯和居住意愿，切忌"一刀切""一蹴而就"。应立足现状、循序渐进、长期坚持，既可采取新城或新村规划来加以改造，也可采取自然消亡的方式，通过数年乃至一二十年的努力，实现农居分布的全面优化。

（二）基本原则

为进一步落实总体思路，优化农居分布过程中应坚持以下基本原则。

一是分类引导和整体优化相统一。结合浙江省生产力发展方向，抓住重点，有所侧重、有所兼顾，按照平原农区、丘陵山区和海岛渔区对优化农居分步实施分类引导，连片推进，实现点状整治带动片状整治、村庄内部整治带动整个农村区域整治。

二是集约用地和预留空间相统一。立足现有农居点的地域范围，由里向外，紧凑布局，成片发展，集约农居点建设用地。科学预测村庄发展的可变因素，预留发展空间，赋予用地弹性，保证村庄用地结构的开敞性，处理好近期目标和中长期目标的关系。

三是科学引导乡镇工业发展和积极推进人居环境改善相统一。着力扭转"村村点火，户户冒烟"的乡镇工业散乱局面，积极推进乡镇工业企业向园区和功能区集中。科学引导乡镇企业布局，避免工业生产对农民生活造成不利影响。强化农居点和工业园区之间基础设施共建共享，改善农民生存环境，保护农村生态环境。

四是尊重农民意愿和依法实施相统一。尊重农民生产方式、生活方式和乡风民俗。从农民的实际需要出发，以较少的经济代价创造优良的农居环境。切实维护农民利益，依法保护农民对土地生产经营的自主权和居所的财产权。普及政策法规，强化农民维权意识。通过合理调控、有力管治、科学引导、积极发挥市场机制作用，优化农居分布。

（三）若干途径

积极优化农居分布，坚持从实际出发，因地制宜地开展农居整理。

一是就地城镇化。针对城中村和城郊的村庄，以及非农产业迅速发展、配套设施日臻完善、农村城镇化趋势逐步加剧的村庄，宜采取就地城镇化模式。把农居点整治规划纳入城市总体规划，按城市总体规划的布局要求，合理安排农居用地，有偿使用存量闲置地、废弃地。逐步改造旧宅基地，推广低层并联式农居和多层公寓式农居。加快区域内城乡基础设施和公共设施一体化进程。

二是自然村缩并。针对在乡级行政区内大量的几十户以下的小型自然村及散居农户，建议采取自然村缩并模式。鼓励农户向集镇和中心村迁移，也可以选择一个或几个发展条件较好的自然村作为缩并点，控制其他自然村和散居点，分期分批向缩并点迁移。在用地条件允许的乡镇，可以另觅新址，通过高起点规划，高标准建设，形成规模适宜、功能齐全的移居新村。对农居点缩并前的零散宅基地实施复垦还耕。

三是中心村内部调整。针对人口和用地规模较大、历史悠久、特征鲜明的中心村和古村落，不适宜做合并或者搬迁调整，宜采取中心村内部调整模式。着力恢复村庄内部用地布局和功能结构的完整性，扭转"空心化"趋势。调整村内农居分布，合理利用闲置地和废弃地，提高村内土地利用集约化水平。完善设施配套，优化农民的生产生活环境。复原传统风貌，提升历史文化价值。

四是异地迁移。针对分布在自然环境恶劣、资源匮乏、交通不便等欠发达地区的农居，以及生态环境敏感区和重大工程建设区的农居，宜采取异地迁移模式，减轻人口对欠发达地区环境和资源造成的压力。鼓励人口向发达地区梯度转移，慎重选择移民安置点，积极为农户跨地区转移提供必要条件，对旧农居用地进行复垦还耕。

五是自然消亡。对平原地区规模很小、分布不合理的农居，可采取继续存在、不再新建、自然消亡的模式。应允许部分农民为改善生活需要对农居进行功能性扩建。促进若干年后散居点自然消亡。

（四）保障措施

1. 加强统筹全省城乡空间发展长远战略研究

抓住长三角和浙江省城乡发展空间优化调整的历史机遇，把优化浙江省农居分布工作和完善区域城乡体系紧密结合起来。通过深入开展大都市群地区城乡空间演变规律的研究，客观分析浙江省不同区域的发展条件，从而明确各类地区城乡空间结构调整的原则，切实做好省域城乡空间布局规划，为城乡空间可持续发展制定共同遵守的基本准则。统筹安排浙江省城镇建设发展空间、农田保护、农村社区和城乡基础设施及公共事业布局，科学整合各类专项规划，做到规划之间的相互配套与有机衔接。突出重点、分类引导，实施环杭州湾、温台和金衢丽三大地区差异化发展战略。

——环杭州湾地区。是浙江省东部沿海"V"形城市群，区内综合交通比较发达，各城市集聚区之间的联系密切，城市规模迅速扩张，产业空间不断成长，城市密集带正在发育。加快杭州市、宁波市两大城镇集群的农村"就地城市化"进程，逐步"填充"农村内部空间，形成新的空间增长极。

——温台地区。是浙江省东南沿海"I"形城镇点轴带。这一区域的民营经济与乡镇企业发展主导着人口集聚，城镇集群正在以"点—轴"发展方式成长。引导这一区域的人口向增长极和发展轴线集聚，加快"点—轴"生长带内的"农村城市化"进程。

——金衢丽地区。区域内城乡空间格局呈现不均衡状态，金华市域内城镇分布密度比较高，城镇集聚区已经形成，应加强中心村建设，增强中心村的集聚能力。衢州和丽水两地城镇分布比较松散，集聚辐射能力弱，应整合小型村，缩减自然村，稳步推进农业人口跨地区转移。

2. 因地制宜开展农居用地整理

按照"控制增量，盘活存量，减少总量"的土地利用思路，调整乡镇土地利用规划。根据不同地区实际情况对农居分布进行分类引导、科学控制，从而减少农居占地，切实保护耕地，提高单位土地面积产出率。鼓励城镇和中心村用活土地政策，探索农居用地流转机制。建设"农民公寓"，为农民拆迁安置和跨地区转移创造条件。

3. 积极建立与优化农居分布相适应的体制机制

优化农居空间分布不仅是新农村建设中的一项基础工程，更是推动浙江省经济社会全面发展的重要环节，需通过建立健全体制机制来保障此项工作顺利开展。一是改革户籍管理制度，深化与户籍制度挂钩的社会保障、社会救助、医疗卫生和教育等制度的改革。二是明晰土地产权调整及土地收益分配关系，建立农居整理激励机制。三是加大行政区划调整力度，推动空间资源的整合和合理配置。四是完善公共财政制度，加大对改善农村生产生活条件的各项公共事业投入。让公共财政覆盖农村的义务教育、基础设施、文化卫生、生产服务、社会保障等重点领域，为建设良好的生产生活面貌打下牢固的基础。

（发表于《经济地理》2009 年第 3 期）

第五章　浙江省"十三五"统筹城乡
发展战略研究

浙江省城乡统筹发展走在全国前列。"十三五"时期是浙江省统筹城乡水平从整体协调阶段向全面融合阶段迈进的关键期。积极应对机遇与挑战，坚持以城乡特色化协调发展为导向，巩固提升浙江在全国城乡一体化发展水平最高省份的地位，是建设"两富""两美"现代化浙江省，率先全面建成小康社会的客观要求和必然选择。

一　统筹成效：进入更高水平的整体协调①阶段

浙江省高度重视统筹城乡发展，于 2004 年在全国率先制定出台《统筹城乡发展推进城乡一体化纲要》。全省统筹城乡发展力度不断加大，水平不断提高，层次不断提升。

（一）初步形成了统筹城乡的浙江省模式

2010 年以来，全省上下按照全面建设惠及全省人民小康社会的总体要求，坚持整体规划、统筹建设、均等服务、改革创新，走出了一条具有浙江省特色的统筹城乡之路。统筹城乡发展水平得分从 2010 年的 82.0 分提高至 2013 年的 88.5 分，距离进入全面融合阶段仅 1.5 分差距，迈入城乡统筹整体协调阶段的更高层次。

---

① 根据《浙江省城乡统筹发展水平综合评价体系》，统筹城乡发展阶段分为初步统筹（≥45 分，<60 分）、基本统筹（≥60 分，<75 分）、整体协调（≥75 分，<90 分）、全面融合（≥90 分）四个阶段。

1. 以户籍制度创新为突破，城乡二元体制开始破冰

全省 11 地市相继推进取消城乡户籍的改革试点。湖州市德清县率先破题，于 2013 年 9 月 30 日正式取消农业、非农业户口性质划分，全体户籍人口按照"浙江省居民户口"统一登记，调整完善相关政策 26 项，明确不再与户口性质挂钩。目前，嘉兴市、平阳县户改工作进展顺利，其他各地市试点县（市）正在积极推进。户籍改革形成 3 方面的效果：一是打破了城乡人口身份的差异标识，实现省内城乡人口身份平等。二是倒逼户籍相关制度配套改革，为城乡公共服务均等化、全覆盖提供坚实支撑。三是有效防止"农转非"和"非转农"等因户口性质划分引发的社会矛盾。

2. 以公共服务均等化为抓手，城乡社会优质均衡发展

率先制定《浙江省基本公共服务体系"十二五"规划》，统筹推进城乡生活、发展、环境和安全四大基本服务，积极推广教育集团化办学模式，深入推进医疗资源"双下沉、两提升"，教育、卫生资源城乡配置更加均衡高效。深化城乡基本公共服务均等化体制改革，率先完成城镇居民医疗保险和新农合制度并轨，推进城乡居民社会养老保险制度与老农保、职工基本养老保险、被征地农民基本生活保障等社会保障制度之间的衔接转换，覆盖城乡的社会保险、救助和福利体系加快形成，社保待遇水平进一步提高。2010—2017 年，城乡居民领取养老金年均增速、最低生活保障水平年均增速均在 10% 以上，全省医保参保率稳定在 97% 以上。

3. 以农村产权改革为动力，农民市民化迈出坚实步伐

2014 年浙江省启动实施"三权到人（户）、权跟人（户）走、带权进城"改革试点。部分县（市）全面完成"三权到人（户）"工作。通过组建村土地股份合作社，将农村土地所有权、承包权、经营权"三权分置"，个别县已实现"三权"100% 确权。按照"一户一宅、建新拆旧"原则，对农村宅基地和农房进行分类处理，对超出面积采用"虚线划定"等方式提高发证率，实现宅基地 100% 确权。将村级集体经营性资产量化到人，村级经济合作社完成股份合作制改革。温州市率先全面推进农房所有权、林地使用权等 12 类农村产权交易改革，允许持有集体土地使用证和房产证的农村房产在本市金融机构抵押，以及在本市农业户籍人口之间转让。

4. 以美丽乡村建设为载体，城乡人居环境差距缩小

2010年以来，全省全面实施美丽乡村建设5年行动计划，推进人居建设、环境提升、经济发展、文化培育4大行动，取得了显著成效。有序实施以农村危旧房改造为重点的人居建设，解决50余万户农民建房用地，完成农村困难家庭危房改造逾5万户。深入推进以"三改一拆""四边三化"为重点的环境整治，完成环境整治村2.7万个，村庄整治率达到94%，创建美丽乡村先进县35个。积极发展以农家乐为特色的乡村经济，全省已拥有农家乐旅游点近3000个，建成特色精品村落300多个，农家乐从业人员逾10万人，2014年直接营业收入近100亿元。扎实推进以文化惠民工程为抓手的文化培育，加快农村文化礼堂建设，加大送戏下乡力度，加强历史名镇名村保护，助力乡村历史文明、传统文化及特色人文风情薪火传递。

5. 以小城市和特色小镇建设为推动，城乡要素集聚创新

自2010年启动首批27个小城市培育试点以来，试点镇作为连接城乡的纽带，引领城乡统筹发展的地位与作用日趋增强。截至2016年，全省第一、第二批36个小城市试点镇，以占全省建制镇5.6%的数量，集聚了全省建制镇大约1/3的人口、2/5的财政总收入，助推乡村地区要素集聚集约和高效配置。第三批小城市试点已于2017年启动实施，新增24个试点镇，成为第一、第二批试点的有力补充。2015年年初，省委、省政府提出规划建设一批特色小镇的战略部署，致力于培育具有产业竞争力、历史文化吸引力、生态休闲承载力的平台载体，有利于发挥乡村特色优势，通过创业创新，全面增强乡村经济社会转型升级新动力。

（二） 深入实施统筹城乡战略意义重大

深入实施统筹城乡发展战略，对于浙江省在"十三五"时期高水平建成全面小康社会，开创"美丽浙江、美好生活"新境界，具有重要意义。

1. 深入实施统筹城乡战略是全面建成小康社会的根本要求

浙江省长期走在全面建成小康社会前列，根据监测评价结果显示，2010—2016年浙江省小康指数达到90%，初步达到全面小康目标，但是距离100%的全面实现目标仍有差距，且越到后期剩下未实现指标的提升空间越来越小、难度也随之加大。当前，农村发展仍然滞后于城市，建成

全面小康社会的难点是农村、重点也是农村。深入实施统筹城乡发展战略，有助于加大对农村的投入，加速农民的转移就业，加快农村的发展，从而加快实现全面小康社会的建成。

2. 深入实施统筹城乡战略是建设"两美浙江省"的重要内容

浙江省广大农村地区环境优美、生态优异，占据全省90%以上的森林储蓄量、85%以上的高山及60%以上的水面，对全省起着重要的生态屏障和生态支撑作用，是建设美丽浙江、创建美好生活的优势所在和潜力所在。深入推进城乡统筹，将城市和农村统一规划布局，统筹开发建设，统筹产业发展，有助于城市和乡村之间，生产要素优化组合、资源要素节约集约、发展空间科学利用，实现省域人口、资源、环境协调发展，以及生产、生活、生态的可持续发展。践行"绿水青山就是金山银山"理念，有助于推动乡村以生态经济为引领的科学发展，加快建成富饶秀美、和谐安康、人文昌盛、宜居宜业的美丽浙江。

3. 深入实施统筹城乡战略是转变发展方式的关键举措

"十三五"时期，我国经济发展进入新常态，世界经济在再平衡中艰难复苏，增长格局出现分化，外需对我国经济的拉动效应弱化，催生内需拉动的消费主导型的经济方展方式，浙江省3000多万人口的农村市场将是未来一段时期消费版图的最大亮点。据国家统计局预测，农村人口每增加1元的消费支出，可以对整个国民经济带来2元的消费需求。2016年浙江省农村居民人均消费性支出仅为城镇的50%，若农村居民消费能达到城镇居民的60%，则可增加农村消费700亿元左右，拉动社会增加1400亿元的消费需求。城乡统筹发展的深入推进，有助于提高农民收入和消费水平，促进扩大内需，保持经济平稳较快增长。

4. 深入实施统筹城乡战略是再创改革新优势的重大命题

浙江省是中国改革的领跑者，是市场化改革最早、市场化水平最高的省份之一。但是，市场化改革的深入推进，必然加剧城乡发展差距和利益诉求等矛盾。统筹城乡发展的核心，就是突破城乡之间的政策差异。构建农村产权活权流转机制，有助于大幅度、实质性增加农民的财产性收入；构建统筹城乡的社会保障制度，有助于促进城乡分割的社保制度衔接统一；构建城乡要素自由流动平等交换机制，有助于提高全社会资源利用效率和生产效率，从制度层面确保农民的发展权、民主权和保障权，实现人的全面发展的总体目标。

(三) 提升统筹城乡水平面临若干难点

展望今后一段时期，经济进入常态化增长时期，统筹城乡财政支出压力加大、任务要求标准提升、制度性结构性矛盾凸显，统筹城乡发展面临诸多新变化、新挑战。

一是政府主导下的公共服务供给与城乡实际需求存在错位。人口向城市高度集聚是一个普遍规律。长期以来，浙江省人口分布变动亦呈现向城市特别是向杭宁温都市圈转移集聚的基本特征。而当前浙江省基本公共服务均等化，仍然以向农村地区延伸覆盖教育医疗文化等公共服务设施为主，导致农村基本公共服务资源粗放、低效利用。据调研走访发现，在人口外流比较严重的山区农村，这一问题尤为突出。例如缙云县某村公办小学，最少的一个年级仅招收到 7 名入学儿童，远远不足一个班的编制。"十三五"时期，传统的"重延伸覆盖、轻集中集聚"的统筹城乡理念亟须转变。

二是政府支出压力加大与城乡统筹要求提高存在矛盾。党的十九大明确提出建立健全城乡融合发展体制机制，健全覆盖全民的社会保障体系的较高要求。而常态化增长格局下，经济增速放缓，财政持续增收压力较大，城乡统筹投入水平保持高位提升难度加大。2010—2016 年，全省财政总收入年均增速 11.3%，比 2005—2010 年低 7.0 个百分点。财政收入增长放慢已经在财政支出方面有所体现，2010—2016 年省财政"三农"支出同比增长 16.7%，低于 2005—2010 年 7.3 个百分点，当前和今后一段时期受经济增长趋缓等因素影响，这一状况或有所加剧。"十三五"时期，传统的"重政府主导、轻市场参与"的统筹城乡模式亟待转型。

三是城乡统筹改革进入深水区触及深层次利益的困境。虽然浙江省积极在统筹城乡领域先行先试，在户籍、农村产权等改革领域取得一些成功经验，但是由于现行的土地制度、分税制度等触及宪法，改革掣肘较多。全面深化统筹城乡改革，势必打破长期形成的、更深层次的中央与地方之间、地区之间、城乡之间、群体之间，以及农民（户）之间的利益分配关系，难度较大。"十三五"时期，传统的"重物质建设、轻制度创新"的统筹城乡方法亟待突破。

二　统筹思路：推进城乡一体化、特色化发展

（一）指导思想：统筹建设·统筹制度·统筹经济

推进城乡统筹发展，绝不是城乡一律化、一样化。而应把城市和农村作为一个有机的整体通盘考虑，通过深入推进新型城市化，强化城乡建设空间集聚发展，促进城乡发展在城市化进程下的高度差异。即城市高楼林立，乡村绿满阡陌；城市激越高亢，乡村平和低吟；城市喧嚣时尚，乡村宁静清纯，真正实现"城是城来乡是乡"。

高质量发展阶段，浙江省深入推进统筹城乡发展的总体思路是，坚持"五大"发展理念，实施乡村振兴战略，着力统筹建设、统筹制度、统筹经济，促进城乡健康融合发展，努力把浙江省建设成为全国城乡融合先行区、全国农业现代化示范区、全国城乡体制创新样板区，实现城市与农村的特色化、一体化发展，力争成为全国城乡一体化发展水平最高的省份，为率先全面建成更高水平的小康社会提供坚实支撑。

——统筹建设：一体化格局下的城乡特色推进。以统一的城乡规划为引领，遵循统一的建设标准，推进城乡功能多元定位，空间集约利用，风貌特色发展，努力实现城乡物质景观高度异质化和发展水平高度同步化的战略愿景，让城市更像城市、乡村更像乡村。

——统筹制度：一体化格局下的城乡整合建构。破除导致城乡二元结构的体制机制，构建城乡一体、权利平等、优势互补、协调发展的长效机制，促进城乡之间、人群之间体制机制接轨，民生事业均衡发展，资源要素自由流动，基础设施统建共享，全民共享发展成果，让每个人都有人生出彩机会。

——统筹经济：一体化格局下的城乡联动转型。围绕经济转型和发展方式转变，加强区域城乡产业分工合作，城市着力发展高端制造业和现代服务业，乡村重点创新生态休闲服务、提升生态农业供给，促进形成以城带乡、以乡促城的合作共赢经济转型发展新格局。

（二）战略定位：城乡一体化发展最好的省份

——打造全国新型城市化先行区。遵循"区域城市化、城市区域化"

发展规律，全面实施主体功能区、都市区和小县大城三大空间结构优化战略。以都市区为主体形态，构建大中小城市和小城镇协调发展、城乡统筹发展新格局，努力成为城乡一体化发展最好的省份。进一步提升中心城市综合功能，增强对乡村辐射带动能力。

——打造全国农业现代化示范区。推进农村要素内聚外迁，促进人口产业向大中小城市及小城镇高密度集聚，推动省域空间大面积农业发展和生态保护。以全省 13 个国家现代农业示范区为重点，以培育新型农民主体为支撑，推广现代农业经营管理方式，培育农业新业态、新模式、新增长点，加快农业向优质、高效、生态、安全方向发展，示范引领全国特色农业现代化建设。

——打造全国城乡体制创新样板区。切实发挥浙江省改革先行优势，深入推进统筹城乡发展重点领域关键环节改革。突出农村产权制度、土地制度、户籍和社保制度、城乡要素流动制度等领域，积极开展试点探索。努力构建权利平等、机会均等、共享进步的区域城乡一体化体制机制环境，为全国城乡体制改革和新型城市化提供经验和示范。

（三）主要目标：实现城乡统筹"六化"发展

统一规划布局，统筹资源配置，统筹设施建设，统一公共服务，统一政策制度，统一管理体制，实现城乡的全面、融合、协调发展，让农村居民共享城市公共服务和现代文明。

——城乡格局网络化。新型城市化有序推进，中心城市、小城市、中心镇和中心村统筹布局、协调发展。"多规合一"稳步推开。至 2020 年，4 个都市区和 7 个中心城市综合服务功能显著提升，县城和小城市集聚水平明显提高，中心镇和美丽乡村建设取得重大进展，全省常住人口城市化率达到 70%。

——设施建设一体化。城乡道路、公交、水电等基础设施基本实现一体化规划、建设和管理。至 2020 年，农村居民安全饮用水、行政村生活污水处理设施、农村卫生厕所均实现全覆盖，规模化养殖场畜禽排放物资源化利用率和村庄整治率均接近 100%，农村居民集中式供水水质卫生合格率和建制镇污水处理率均超过 90%，农村居民每百户固定互联网使用量达 98 户以上。

——公共服务均等化。城乡公共资源实现多种形式的均衡配置，城乡公共服务及配套设施的差距进一步缩小，农业转移人口自身素质和享有基本公共服务实现双提升。至 2020 年，"三农"支出增幅与财政总支出增幅实现同步，城乡学生人均教育事业费支出基本相当，城市与农村居民医疗保险财政补助标准基本相当。

——要素配置市场化。基本形成城乡一体化的劳动力、土地、资金等要素市场，基本实现要素资源自由流动和优化配置。至 2020 年，农业剩余劳动力加快向二、三产业转移，二、三产业从业人员比重达 90% 以上，一产劳动生产率达到二、三产的 60%；城乡间行业间收入分配优化，居民收入加快增加，城乡居民人均可支配收入差距从 2.1 倍缩小至 2.0 倍。

——政策制度一致化。"三权到人（户）、权跟人（户）走"改革、农村土地管理制度改革、户籍制度改革、城乡要素流动改革、现代农业经营体制改革等领域取得重大进展，城乡居民基本权益均等化发展。

三　统筹建设：一体化格局下的城乡特色推进

深入推进新型城市化，以促进人口产业等要素集聚为导向，统筹城乡空间开发、基础设施和公共服务设施建设，构建布局科学、设施先进、集约高效、宜居宜业的城乡人居环境。

1. 按照"多规合一"要求，推动城乡精明增长

科学划分城镇建设、农业发展和生态保护 3 类空间，形成城乡空间管制的"一张蓝图"。一是集聚集约利用城镇空间。围绕促进城市产业转型升级与城市功能提升、促进农村人口转移和流动务工人员本地化、促进城乡一体化网络化发展的要求，优化城镇空间布局组织模式，注重强化点上开发、面上保护。二是切实保护农业空间。围绕稳定粮食生产、发展现代农业、强化农产品供给能力的要求，严格基本农田保护。三是保护修复生态空间。围绕构建生态安全格局，严格控制重点生态功能区、生态敏感区域、自然历史保护区域、防灾防护地带等的开发建设。

2. 按照新型城市化要求，推动城乡多层次集聚

分类引导县（市、区）域内、省内跨县跨市、省外人口集聚，促进全省要素向大中小城市和小城镇合理流动，促进人口等要素在城乡空间的优化分布。一是强化沿海中心城市"蛙跳式"高端集聚。着力引进集聚人才等高端要素，同时兼顾本地市农村人口集聚，增强经济社会发展综合实力

和辐射带动力。二是增强山区中心城市和县城"中心地式"梯度集聚。着力提升城市承载力，承接本县（市、区）、本市及周边地市的人口梯度转移，同时兼顾对我国中西部劳动力等要素集聚。三是推动县城和小城镇"产业链式"特色集聚。强化小城市和特色小镇产业功能，有重点、有选择、有步骤地推进县城、小城市、中心镇等城市化地区，产业空间拓展，劳动力集聚。四是完善各级各类城市化地区基础设施网络化布局。构建覆盖中心城市、中小城镇的网络化通道，促进空间无缝对接、要素合理流动、设施共建共享，满足以网络化城镇群为主体形态的新型城市化需要。

3. 按江南水乡风貌要求，整合重构乡村空间

积极应对乡村产业转型、空间转型、人口转型的新趋势、新要求，优化乡村聚落空间。一是集中化布局。以乡村聚落的小面积深度开发，推进大规模农业发展及连续性生态空间保护。立足自然资源、生态环境、特色风貌，因地制宜科学编制村庄规划，积极推进中心村建设，引导农村住宅和居民点集中布局。二是品质化建设。以旧村改造、村庄整治和美丽乡村建设，推进城乡生活品质同步提升、生态环境同步改善。提高农房设计水平和建设质量，打造各具特色的美丽乡村和"浙派民居"。大力推进美丽宜居示范村试点建设，全面改善农村生产、生活、生态条件。三是生态化发展。以最小化自然环境改造、最原生态的乡村设施和服务，提供与都市生活最截然不同的休闲体验。加强历史文化村落保护利用，突出乡村自然风貌和文化特色，让人们望得见山、看得见水、记得住乡愁。

4. 按城乡共建共享要求，提升基础设施水平

统筹城乡基础设施规划建设，关键是做到3个"统一"。一是统一规划。统筹推进联网公路、乡村公交、电网改造、广播电视、邮政通信等基础设施建设，深入推进改水改厕、垃圾集中处理等环境整治工作，构建城乡一体化的水电气路等基础设施规划体系。二是统一标准。推行城乡无差别的基础设施建设规范，提高乡村基础设施质量。对同一类工程项目，应做到统一采购、统一造价。对条件成熟乡村地区，可参照城市用水、用电、用气价格，实行统一收费标准。三是统筹实施。根据实际情况分步推进规划实施。加快构建形成既有城市般的便利条件又有独特乡村风貌的新型农村社区。

5. 按城乡均衡覆盖要求，多形式普及公共服务

理性对待公共资源难以满足公共需求的现实状况，坚持从实际出发，

逐步改变向农村地区延伸覆盖为主的基本公共服务覆盖方式，通过多种手段提高基本公共服务覆盖面和服务效率。一是坚持"集中集聚"导向。重点提升中心城市、县城、小城市和特色小镇公共服务，提高公共设施使用效率。二是发挥设施"延伸覆盖"补充作用。以中心镇、中心村、保留村为覆盖延伸主要节点，布局建设基本公共服务设施，实现公共服务设施多层次、差别化全覆盖。三是增强"资源流动"增值效应。鼓励引导城市教育卫生文化等领域优秀人才、先进设备等公共资源，通过结对帮扶、资源下沉等多种形式，定期对乡村地区提供服务；积极发展农村数字化图书室、电子商务等新型服务方式，借助信息化手段向农村地区提供服务，实现优质公共服务的城乡均衡共享。

四　统筹制度：一体化格局下的城乡整合建构

着力改变城乡割裂的二元格局，全面启动"三权到人（户）、权随人（户）走"改革，在中央统一部署下，积极探索农民财产权益合理变现的各种途径，形成和谐共荣的城乡发展体制，为率先实现人的城市化、提升城市化质量积累经验。

1. 全面推进农村产权改革，促进人集聚地流转

适应不动产统一登记要求，全面完成农村土地确权登记颁证工作，探索确权确股不确地等各种形式。全面实施农民持股计划，采取集体资产量化、农民合作社扩员扩股、集体物业经济参股、土地承包经营权入股等方式，增加农民财产性收入。探索建立与村委会脱钩、依托第三方专业机构管理的集体资产运营模式，保障农业转移人口资产权益。依托公共资源交易中心网络，建成省县镇村四级信息互通、交易联动的农村集体资产管理信息系统和农村产权交易服务平台，制定农村产权登记、评估、抵押、交易和监管办法，探索"权随人（户）走"的具体办法。

2. 稳慎推进农村土地制度改革，打破城乡二元结构

根据中央统一部署，有序推进德清农村集体经营性建设用地使用权流转试点和义乌农村宅基地制度改革试点。完善土地征收制度，健全土地增值收益在国家与集体之间、集体经济组织内部的分配制度。完善农村宅基地制度，探索农民住房保障在不同区域户有所居的多种实现形式，探索进城落户农民在本集体经济组织内部自愿有偿退出或转让宅基地。在符合规

划和用途管制前提下，允许存量农村集体经营性建设用地出让、租赁、入股，实行与国有土地同等入市、同权同价，试点解决保障性住房、养老院、中小学、医院等民生领域用地问题。

3. 全面推开户籍制度改革，保障农民享有平等权益

取消全省农业户口与非农业户口性质区分，统一登记为居民户口，分阶段减少依附于原有户籍基础上的各项政策差异，逐步实现城乡标准的接轨和统一。全面放开中心镇和小城市落户限制，有序放开卫星城以及发展需求旺盛的中等城市落户限制，合理确定核心城市落户条件。建立以居住证为基础的未落户农业转移人口管理制度，提高市民化待遇水平。统筹城乡社区建设，推进城乡基本公共服务均等化。

4. 建立城乡要素等交换机制，提高要素利用效率

完善主要由市场决定的农产品价格形成机制，健全重要农产品价格保护机制。维护农民生产要素权益，保障农民工同工同酬，保障农民公平分享土地增值收益，保障金融机构农村存款主要用于农业农村。改革农业补贴制度，完善粮食主产区利益补偿机制。完善政策性农业和农房保险制度，建立巨灾保险制度，积极发展农民互助保险。鼓励社会资本投向农村建设，允许企业和社会组织在农村兴办各类事业。

五　统筹经济：一体化格局下的城乡联动转型

着力改变城乡之间产业结构、产品结构、劳动力结构高度相似，城乡产业低端、同质竞争的无序发展状况，加快构建城市以高水平引领式发展为主、农村以高品质生态支撑为主的新型分工关系。

1. 形成城乡之间现代服务供给和使用的分工

把城市及其辐射的乡村地区作为一个有机整体进行现代化优质服务源优化配置。提升城市高端教育及医疗、品质商贸及文体娱乐等服务，增强对乡村地区的辐射带动，实现优质资源辐射共享。提升城市居住、创业、公共服务等环境，强化人才引进和培养；积极向农村地区输出技术农业、生态休闲等新型劳动力，促进劳动力充分就业，实现区域人力资源开发利用的互补共赢。

2. 形成城乡之间总部经济和生产制造的分工

发挥城市高端要素集聚、创新能力较强等优势，让城市转型带动经济

转型，让城市经济带动农村经济。围绕信息、健康、旅游、时尚、环保、新金融、高端消费等支撑浙江省未来发展的七大万亿产业，结合城市资源优势，发展各具特色的城市产业群。引导生产制造环节向周边农村地区转移，推进服务面向生产、科技提升生产、资本投向生产，实现城乡生产要素的最佳布局。

3. 形成城乡之间旅游集散和度假目的地的分工

顺应人们旅游度假方式和理念根本性转变，回应人们对于回归自然、融入生态、享受绿色的健康低碳的旅游度假的向往，优化城乡分工合作的全域旅游格局。将休闲度假主战场放在乡村地区，通过提供赏山水、品文化、亦忙农事、沐民风等产品，营造度假即是生活的氛围，带给游客全新体验。城市则着重提升交通、信息，以及部分住宿、购物等旅游配套服务功能，为游客到乡村度假旅游提供高效、低价、品质服务。

（发表于 2016 年 1 月出版的《浙江蓝皮书——2016 年浙江发展报告（经济卷）》，部分数据更新）

第六章 提升杭州城市国际化
水平分析与对策

城市国际化是一个城市广泛参与国际经济循环和社会文化交流，逐步升级为国际城市的过程。这一过程伴随着日趋频繁的国际性的物资流通、信息流动和人员往来。从 20 世纪 80 年代以来，城市国际化概念在全世界被广泛接受，成为衡量一个城市国际影响力和竞争力的重要标志。

提升杭州城市国际化水平，有利于进一步增强杭州山水、科教、文化、产业、人居等组合优势，促进形成以生态和人居为支撑，以科教文化和特色产业为主体，以创业创新为动力的发展格局，对于全面提升杭州市乃至整个长三角地区经济社会发展活力和综合竞争力，具有重要战略意义。历史经验告诉我们，长三角内部竞争导致相互促进，杭州城市国际化带来的优势资源，将随着区域联动效应、网络效应和同城效应，为杭州创造极为有利的发展环境。

一 杭州城市国际化现状分析

衡量城市国际化的标准是城市的辐射力、吸引力是否超过本国范围、波及国际领域。具体而言，一是城市具有较强的综合竞争力，成为国际经济必不可少的重要节点。二是城市规模接近或达到特大规模，发展格局进入多中心分散化阶段。三是城市拥有多样化和包容性文化，国际观念逐步被广大市民接纳。四是城市拥有现代化设施和服务体系，综合服务功能和辐射能力快速提升。

（一）定性描述——杭州城市国际化水平已有较大提升

杭州正在加速提升城市综合竞争力、发展外向经济、优化空间结构、加快城市软硬环境建设、强化城市特色、加强国际交流、完善对外交通网络，城市国际化程度不断提高。2006 年，杭州城市竞争力在内地城市中位列第 5；连续 3 年被世界银行评为"中国城市总体投资环境最佳城市"，连续 4 年被美国《福布斯》杂志评为"中国大陆最佳商业城市"。[①]

1. 城市综合实力国际化——经济规模快速增大，市民生活水平显著提高。2006 年，杭州市区生产总值实现 2737.8 亿元，经济总量继续位居全国省会城市第 2、副省级城市第 3、全国大中城市第 8。[②] 全市按户籍人口计算人均 GDP 达到 6505 美元[③]，达到中上发达国家水平。城市居民恩格尔系数由上年的 34.8% 降至 33.3%，接近联合国提出的最富裕水平[④]。城市居民幸福指数从 3.39 分上升到 3.63 分，生活感受由基本幸福提升为比较幸福。[⑤]

2. 城市产业发展国际化——产业集聚步伐加快，外向经济发展成效显著。杭州总部经济取得较大发展。2007 年，杭州位列全国城市总部经济发展能力排名第 6，比 2006 年上升了 1 位。[⑥] 诺基亚、摩托罗拉、日本精工、亚洲光学、华为 3COM 等国外知名企业已经在杭州设立了研发中心。杭州外贸依存度不断提高。2006 年，外贸进出口总额达 389.1 亿美元，约占 GDP 的 80.0%；进出口结构进一步优化，高新技术产品和机电产品两项出口额占全市外贸出口总额比重由上年的 44.5% 提高到 86.4%，形势喜人。至 2006 年年底，杭州市累计实际利用外资超过 100 亿美元，

---

① 倪鹏飞等：《中国城市竞争力报告——2007 城市竞争力蓝皮书》，社会科学文献出版社 2007 年版。

② 杭州市发展和改革委员会：关于杭州市 2006 年国民经济和社会发展计划执行情况与 2007 年国民经济和社会发展计划草案的报告，2007 年 4 月 9 日公布。

③ 杭州统计信息网：杭州市 2006 年国民经济和社会发展统计公报，2007 年 4 月 20 日。

④ 国际上用恩格尔系数来衡量一个国家和地区人民生活水平的状况。根据联合国粮农组织提出的标准，恩格尔系数>60% 为贫困，（50%，60%）为温饱，（40%，50%）为小康，（30%，40%）为富裕，≤30% 为最富裕。

⑤ 杭州日报：解读王国平在"提高生活品质、推进和谐创业"研讨会上的报告，2006 年 9 月 25 日。

⑥ 赵弘等：《2007—2008 年：中国总部经济蓝皮书》，社会科学文献出版社 2007 年版。

累计批准外商投资企业近 8000 家，外商投资企业比重已经超过全市工业企业总数的 1/3。[①]

3. 城市规模结构国际化——人口吸引力逐步增强，城市空间结构日益优化。2001 年行政区划调整以后，杭州确立了多中心组团式城市空间发展结构，空间格局不断优化，中心城区要素集聚能力进一步增强。杭州市区面积不足全市 1/5，创造出近全市 4/5 的 GDP，集聚了全市 3/5 以上的人口。[②] 杭州市区人口已经超过 400 万，达到特大型城市规模；城市化率接近 65%，进入城市化加速阶段后期。以此为基础，杭州都市圈经济加快发展，基本形成了以杭州市区为核心，辐射 5 县（市），带动湖州、嘉兴、绍兴等近杭地区发展的城市群结构。

4. 城市建设水平国际化——地铁经济加快显现，城市设施现代化水平不断提高。杭州地铁综合交通工程于 2007 年 3 月开始一期建设，地铁运营对完善城市综合交通网络，缓解城市交通压力，提高市民出行质量起到了积极作用，有利于推进"大都市化"进程，进一步提升城市综合竞争力和城市国际化程度。凭借地铁利好，城市其他产业活力相应增强，促进杭州空间资源优化配置和高效利用。地铁站点周边地块将成长为杭州市中央商务区和房地产业发展新的增长极，全面优化杭州公共服务和社会服务布局。

5. 城市环境特色国际化——秀丽清雅的湖光山色和璀璨丰蕴的文化内涵享誉海内外。杭州是国家重点风景旅游城市和历史文化名城，自然景观资源和历史文化积淀浑然一体。"东南形胜、三吴都会、钱塘自古繁华"。作为我国六大古都之一，杭州不仅历史悠久、文化积淀深厚，而且山水旖旎、自然风光秀丽，被意大利人马可波罗称赞为"世界上最美丽华贵的天城"，素有"人间天堂""东南诗国""文物之邦""丝绸之府""茶叶之都"之美誉。丰富的文化内涵和秀美的山水风光极大促进了杭州的旅游、文化、休闲、会展等现代服务业发展，为进一步参与国际竞争提供坚实支撑。

6. 城市社会交流国际化——国际节庆活动广泛开展，旅游休闲产业长足发展。杭州的国际知名度不断加大，成为国际旅游的热点。2006 年，

---

① 杭州市对外贸易经济合作局外资管理处：杭州外资工作简报，2006 年第 12 期，2007 年 1 月 15 日。

② 杭州统计信息网：《2007 年杭州统计年鉴》，2007 年 12 月 11 日。

杭州被世界旅游组织和国家旅游局联合授予首届"中国最佳旅游城市"称号，被世界休闲组织授予"东方休闲之都"称号；成功举办了首届世界休闲博览会、第二届中国国际动漫节、第八届西博会、第十五届金鸡百花电影节等重大国际文化交流活动，以及一系列重大国际体育赛事。同年，杭州共接待入境旅游者180余万人次，同比增幅20.3%，高出国内游客增幅7.6个百分点。

7. 城市交通区位国际化——地理位置重要，对外综合交通网络化程度进一步提高。杭州地处长三角南缘，作为长三角重要的中心城市之一，长三角大都市圈在国际上的突出地位更加强化了杭州的区位优势。随着杭浦、申嘉杭、杭长、杭绍甬、杭新景、杭徽、临金等高速公路的相继建设，以及沪杭、杭宁城际轨道建设和京杭运河的延伸，杭州已形成到长三角各主要城市3小时公路交通圈。同时，下沙保税物流中心及萧山区公共保税仓库建设，为杭州国际空港与物流保税区实现"区港联动"发展创造有利条件。

（二）定量评价——杭州城市国际化已有一定水平

城市国际化水平是一个相对概念，通过城市之间横向比较才能做出比较科学的判断。笔者选取全国2006年市区GDP已逾2000亿元的12个城市作为比较对象，它们依次是上海、北京、深圳、广州、天津、佛山、杭州、东莞、南京、重庆、沈阳和武汉①，杭州排在第7位。

城市国际化又是一个涉及多层次、多目标的复杂体系，为了更好地量化评价杭州城市国际化水平，从整体把握杭州城市国际化程度，笔者结合前文阐述的城市国际化的主要标准，综合考虑数据可得性条件，把城市经济发展水平、城市居民生活水平、经济外向度、科技和教育发展水平、对外开放度等方面综合起来，组成指标体系，得出杭州在全国12个重要城市的国际化水平位次。

因为受到数据限制，选择比较对象和设定比较指标不能面面俱到。整体而言，这一评价体系具有以下几个特点。首先，这是一个较小范围的比较，比较对象限定在我国GDP最高的12个城市。其次，这是一个相对简单的评价体系，指标相对较少，从一个侧面反映各城市国际化高低情况。

---

① 新华社：上海领衔全国GDP超2000亿城市，重庆排名第10，2007年10月5日。

最后，这是一个地区间的比较，数据反映的是每个城市市区和市域的整体情况。

简易测评体系从 5 个方面选取了 14 项指标。为了消除各项指标量纲差异的干扰，对原数据进行极差标准化处理。采取完全平均的方法赋予权重，5 方面指标的权重均赋 3 分。通过加权平均方法，计算每个城市国际化指数，得到杭州城市国际化位次。具体公式如下：

$$X'_{ij} = \frac{x_{ij} - x_{jmin}}{x_{jmax} - x_{jmin}} \times 10 \tag{1}$$

$$V_i = \frac{1}{\sum_j a_j} \sum X'_{ij} \times a_j \tag{2}$$

公式（1）中，X_{ij}' 表示第 i 个城市第 j 项指标值经极差标准化变换后的值，X_{ij}' 的值在 0 到 10 之间。公式（2）中，V_i 表示第 i 个城市的国际化指数，a_j 表示第 j 项指标的权重。

图表 6-1　　　　评测城市国际化水平的简易指标体系

方面指标	单项指标	权重
经济发展水平（3）	地区 GDP	1
	市区 GDP	1
	人均 GDP	1
居民生活水平（3）	城市居民人均可支配性收入	1
	城市居民恩格尔系数	1
	人均社会消费品零售总额	1
科技和教育发展水平（3）	万人拥有高等学历在校生人数	1.5
	万人拥有授权专利件数	1.5
经济外向度（3）	外贸进出口总额	1
	实际利用外资额	1
	入驻世界 500 强企业个数	1
对外开放度（3）	境外旅游者人次	1
	旅游外汇收入	1
	国际学校个数	1

说明：国际学校个数以 2007 年 10 月 25 日，教育部批准的外籍人员子女学校为准。数据来源为中华人民共和国教育部网站，http：//www.jsj.edu.cn/mingdan/010.html，2007 年 10 月 25 日。

根据上述评价体系，杭州 2006 年城市国际化水平指数为 3.2，排在上海（7.5）、北京（7.0）、深圳（6.2）和广州（5.4）之后，名列国内12大城市第5位，见图表6-2。总体而言，上海、北京和广州是我国三大经济圈中心城市，国际化水平最高。此外，深圳因为与香港地理位置相邻，区位优势突出，深港一体化程度较高，所以城市国际化水平也相应较高。

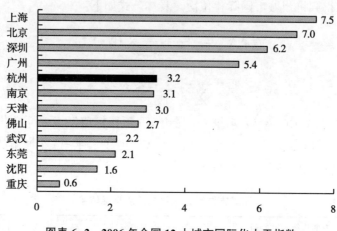

图表6-2　2006年全国12大城市国际化水平指数

1. 杭州城市国际化还有提升空间。杭州国际化指数为3.2，超过同为长三角中心城市的南京0.1，比直辖市天津高0.2，表明杭州城市国际化发展较快，且已经具有一定水平。但是，杭州与国际化列全国前4位的上海、北京、深圳和广州相比，差距分别为4.3、3.8、3.0和2.2之多，杭州城市国际化水平还有很大的提升空间。

2. 杭州城市国际化呈三个特点。科技教育发展水平及其两个分项指标、对外开放度及其两个国际旅游分项指标、人均GDP和城镇居民恩格尔系数等指标值均排在12市的前6位，见附表6-3。由此可见，杭州科技教育水平、对外开放度和居民生活水平相对较高，对杭州城市国际化贡献较大，杭州城市国际化呈现下列3个主要特点。

一是科技和教育产业发展提升城市国际化。科技教育发展水平方面两项指标对杭州城市国际化贡献最大，万人拥有高学历在校生人数和万人拥有授权专利件数两项指标均排在第4位。近年来，杭州积极打造"天堂硅谷"，着力营造"学在杭州"的良好氛围，促进了科技教育事业全面发展，为产业高科技化和城市国际化提供了科技支持和人才保障。

二是国际旅游产业发展推进城市国际化。对外开放度方面，境外旅游者人次和旅游外汇收入两项指标都排在第5位，表明杭州国际旅游产业发展对城市国际化亦有较大贡献。近年来，杭州通过深入挖掘城市自然生态和历史人文资源禀赋，切实推进"游在杭州"建设，杭州历史文化名城的国际美誉度不断提升，有效地促进了城市国际化进程。

三是居民生活水平提高支撑城市国际化。杭州人均 GDP 位次比 GDP总量位次前1位，排在第6，城镇居民恩格尔系数位列第5。表明杭州城镇居民生活水平相对较高，体现杭州"提高生活品质，推进和谐创业"已经初显成效，居民生活水平提高对提升国际化水平起到了一定作用。

二　杭州城市国际化存在的问题及原因分析

杭州城市国际化已初具水平，但也应认识到，杭州国际化程度与上海、北京等城市相比还存在较大差距，入驻杭城的世界 500 强企业数量仅排在 12 市第 9 位，杭州尚未真正成为国际城市。杭州国际化进程主要受以下几方面制约。

一是经济腹地制约。上海与杭州同为我国东南沿海特大城市、长三角中心城市，但两者距离不足 200 公里，杭州处在以上海为经济中心的长三角核心区，受上海辐射。通过断裂点公式①可以计算出，上海和杭州之间的断裂点在距杭州 51 公里的海宁市境内。杭州受上海影响，周边直接腹地不大，导致城市国际化进程受到较大影响。

二是对外交通制约。对外交通国际化程度不高制约杭州成为国际性交通枢纽。首先，杭州没有自己的国际深水港，远洋货物需通过上海和宁波的深水港运送，影响杭州出口，以及重化工业发展。其次，杭州缺少与境外直航的客源地，杭州萧山国际机场在 21 世纪初只开通来往日本和韩国的航线，而且班次较少。

三是空间制约。杭州地形地貌条件约束，以及农保地用地性质制约。今后一段时期，杭州可用于城市建设的土地资源十分有限，用地矛盾主要

---

①　$D = d_{ij} / (1 + \sqrt{P_i / P_j})$，式中 P_i、P_j 是城市的规模，d_{ij} 是两城市间的距离，D 即断裂点到规模较小城市的距离。断裂点（Breaking Point）理论最早由康弗斯（P. D. Converse）于 1949年提出，被广泛用来确定城市的空间影响范围和城市经济区的划分。

集中于工业用地。截至 2006 年，杭州市区 8 家开发区可供开发的用地不足 10 平方公里①，不少优秀企业因无法落地而流向其他城市，一定程度上阻碍了杭州提升产业结构、优化产业布局、推进产业集聚和用地集约的步伐，难以适应国际化产业发展要求。

四是社交制约。杭州城市语言环境的国际化程度不高，外籍人员生活工作的社交环境有待提升。与北京、上海、广州等城市相比，杭州普通市民和窗口行业工作人员中英语普及率较低，缺乏外语类广播电视栏目，缺少专门面向外籍人员的教育机构。21 世纪初，杭州仅有外籍小学 1 所，没有专门的外籍中学。

五是其他制约。适合外籍人员居住的房源不多，抑制外籍人员长期居住愿望。据调查，希望长期在杭居住的外籍人员占在杭工作外籍人员的65.5%②，其中相当一部分人的工作地点在杭州经济技术开发区、杭州高新技术产业开发区、萧山经济技术开发区等外围组团，而这些组团的生活设施配套水平、交通可达性都与市中心房源存在差距，更难以满足外籍人员对居住环境的较高要求。

外籍人员消费需求和杭州购物娱乐设施供给之间存在"剪刀差"。问卷调查显示，外籍人员大多认为杭州拥有的国际品牌数量不多、价格偏高、可供选择的余地不大。主要原因是，杭州不少商业、文娱设施没有找准国际化定位，例如国大百货地处核心商圈，但曾几度易主仍难以为继。

三　提高杭州城市国际化的对策举措

加快融入全球化、全面推进城市国际化，是杭州未来发展的必然趋势，也是杭州经济社会保持又好又快发展的强大动力，杭州必须加快采取措施积极提升城市国际化水平。

1. 建立城市国际化推动机制

一是建立城市产业导向目录。通过深入分析国内国际产业发展趋势，拟定既符合国际产业发展方向，又有效发挥杭州要素优势的产业导向目录，发挥政策在优化城市产业结构、加快产业升级上的积极作用。二是完

① 系 2006 年年底杭州开发区用地情况。数据来源为浙江省国土资源厅。
② 龚勤：《打造杭州城市的生活品质》，《浙江经济》2006 年第 15 期。

善人才战略和人才政策。加快建设开放的人才市场体系，引进国外猎头公司，形成市场化的选拔和淘汰机制。加强国际人才交流市场及国际高新技术产权交易市场建设，为优秀人才提供良好的学术交流和岗位流动环境。

2. 构建国际化基础设施

一是加快海港和空港建设，继续完善公路与铁路运输网。加快建设杭州萧山国际机场扩建工程，大力开辟境外航线，积极承接国际客货运业务。加快开展钱塘江出海口可行性研究，积极寻求合作伙伴发展远洋运输业务，拓展海运业务。二是高标准建设城市基础设施。进一步完善基础设施体系，建设大型涉外居住区及配套设施，创办一批国际学校和国际医院，建设高档的客商休闲文体设施和娱乐活动服务设施。

3. 强化国际化体制构架

一是进一步完善市场经济环境。重视市场规范建设和知识产权保护，营造公平竞争的市场经济环境，吸引世界500强企业入驻。二是建立与国际接轨的社会保障机制。实施外籍人员和本国居民同等待遇的社会保障机制，妥善解决外籍人员就学和就医问题。三是建立国际化社区管理和服务机制，推行国际通行的物业管理模式。

4. 打造国际化实施平台

一是构建国际化产业发展平台。加快对外经贸合作步伐，通过招商引资，增强开发区建设在优化城市产业结构，以及促进城市化方面的积极作用。二是建设国际化创新载体。推进国际研究机构和在杭企业、研究机构合作。三是打造国际化交流平台，积极开展国际会议、展览、节庆等交流活动，增强杭州城市文化载体功能。

5. 提升国际化的市民素质与人才环境亲和力

一是建立多元国际文化兼容环境。进一步完善公共场所双语标志，增加政府窗口部门和公共服务单位的外语服务内容，提升对外商务、信息、咨询、中介等服务功能。二是建立与国际接轨的办学方式。培养高水平的双语教育师资队伍，全面开展双语教育。三是加大以"靓山、亲水、增绿"为重点的城市环境建设力度，建立人与自然和谐共处的人居生态环境。

（发表于《浙江树人大学学报》第 8 卷第 4 期）

附表 6-1

国内 12 个城市 14 项国际化指标原始数据

序号	城市	经济发展水平			城市居民生活水平			经济外向度			科技和教育发展水平		对外开放度		
		地区GDP（亿元）	市区GDP（亿元）	人均GDP（元）	城市居民人均可支配性收入（元）	城市居民恩格尔系数（%）	人均社会消费品零售总额（元）	外贸进出口总额（亿美元）	实际利用外资（亿美元）	世界500强企业（个）	每万人拥有在校专科、本科和研究生人数（人）	每万人授权专利（件）	境外旅游者（万人次）	旅游外汇收入（亿美元）	国际学校个数（个）
1	上海	10297.0	8753.6	56732.8	20668.0	35.6	18514.7	2274.9	71.1	300*	256.7	9.15	605.7	39.6	18
2	北京	7720.3	6356.8	48831.8	19978.0	30.9	20716.0	1581.8	45.5	350*	463.6	6.96	390.3	40.3	20
3	深圳	5684.4	5633.2	67157.4	32009.4	33.0	19745.2	2374.1	32.7	141	60.5	13.58	712.7	22.7	2
4	广州	6068.4	5265.6	62210.6	19850.7	37.0	22376.8	637.7	29.2	151	681.3	6.56	564.2	28.0	8
5	天津	4337.7	2964.1	40351.0	14283.0	35.2	12621.3	645.7	41.3	121	360.9	3.87	88.1	6.3	6
6	佛山	2926.7	2926.4	49958.5	19315.4	35.0	13249.2	309.8	11.4	39	65.4	15.47	83.6	4.1	0
7	杭州	3441.5	2737.8	44509.0	19027.0	33.3	14388.4	389.1	22.6	53	483.2	7.40	182.0	9.0	1
8	东莞	2624.6	2624.1	38890.3	25320.2	30.5	8661.4	842.2	18.1	18	32.6	0.04	156.8	3.3	0
9	南京	2774.0	2355.7	38578.1	17537.7	32.9	16227.4	315.4	17.0	55	863.3	4.02	100.9	6.8	1
10	重庆	3486.2	2312.2	12415.2	11570.0	36.3	4998.5	54.7	7.0	69	133.9	0.09	60.3	3.1	1
11	沈阳	2482.5	2276.6	33547.3	11651.4	39.0	14171.6	52.9	30.3	46	441.7	3.40	40.0	2.3	0
12	武汉	2590.0	2188.9	30186.5	12360.0	38.8	15073.8	80.1	20.0	69	870.9	3.33	45.9	2.0	1

说明：数据来源为各城市 2006 年国民经济和社会发展统计公报。上海和北京两市 "世界 500 强企业个数" 为估计值，但使用估计值不影响最终评价结果。

附表6-2　　各城市国际化水平指标得分及位次

序号	城市	经济发展水平		城市居民生活水平		经济外向度		科技和教育发展水平		对外开放度		综合	
		得分	位次	得分	位次	得分	位次	得分	位次	得分	位次	得分	位次
1	上海	9.37	1	5.41	6	9.36	1	4.29	8	9.08	1	7.50	1
2	北京	6.57	2	7.56	2	7.53	2	4.81	6	8.40	2	6.98	2
3	深圳	6.45	3	8.51	1	5.90	3	4.55	7	5.47	4	6.18	3
4	广州	6.12	4	5.47	5	3.33	5	5.98	3	6.19	3	5.42	4
5	天津	2.89	5	3.39	9	3.67	4	3.20	10	1.61	5	2.95	7
6	佛山	2.85	6	4.41	8	0.81	11	5.20	4	0.40	9	2.73	8
7	杭州	2.64	7	5.25	7	1.64	7	5.07	5	1.48	6	3.22	5
8	东莞	1.89	8	6.28	3	1.71	6	0.00	12	0.69	8	2.12	10
9	南京	1.80	9	5.52	4	1.27	9	6.24	1	0.89	7	3.14	6
10	重庆	0.49	12	1.06	12	0.51	12	0.62	11	0.36	10	0.61	12
11	沈阳	1.33	10	1.77	11	1.49	8	3.53	9	0.03	12	1.63	11
12	武汉	1.13	11	2.14	10	1.23	10	6.07	2	0.19	11	2.15	9

附表 6-3   杭州城市国际化情况

方面指标	得分	排名	单项指标	得分	排名
经济发展水平	2.64	7	地区 GDP	1.23	7
			市区 GDP	0.83	7
			人均 GDP	5.86	6
城市居民生活水平	5.25	7	城市居民人均可支配性收入	3.65	7
			城市居民恩格尔系数	6.71	5
			人均社会消费品零售总额	5.40	7
经济外向度	1.64	7	外贸进出口总额	1.45	7
			实际利用外资额	2.43	7
			世界 500 强企业个数	1.05	9
科技和教育发展水平	5.07	5	每万人拥有高等学历在校生人数	5.38	4
			每万人授权专利件数	4.77	4
对外开放度	1.48	6	境外旅游者人次	2.11	5
			旅游外汇收入	1.83	5
			国际学校个数	0.50	6

第七章　后 G20 时代提升杭州城市核心竞争力研究

城市核心竞争力，是指在全球化语境下，一个城市在自由市场竞争环境中，相对于其他城市而言，特有的、短期内难以复制模仿的竞争优势及比较优势。

G20 峰会成功举办，成为杭州迈向世界一线城市的新起点。在这一背景下，提升杭州城市核心竞争力，既要充分立足本土，努力巩固和厚植历史积淀形成特色优势；更要参与区域竞合，加快融入全球化，力争在区域一体化、经济全球化大势中谋求机遇、抢占制高点。

杭州应积极应对后 G20 时代，创新、活力、联动、包容发展新要求、新机遇、新任务，努力增强杭州开放、知识、宜居三个领域的核心竞争力，大力实施全球化、智慧化、品质化战略，确保继续走在全国前列，加快迈向世界名城。

一　杭州城市核心竞争力的三维度分析

根据李小林、倪鹏飞等编著的《城市竞争力蓝皮书》2015 年版中国城市竞争力专题报告，2015 年杭州城市综合竞争力居全国 289 个城市第 7 位。其中，知识、开放和宜居 3 个分项城市竞争力，杭州列全国各城市前 10 位，竞争优势明显。通过对杭州在全球、全国及区域三维度竞争优势的分析研究，可进一步印证上述结论。

图表 7-1　　　　2015 年全国城市综合竞争力前 15 位城市①

城市	城市综合竞争力	知识城市竞争力	开放城市竞争力	宜居城市竞争力	宜商城市竞争力	全域城市竞争力	生态城市竞争力	和谐城市竞争力
香港	1	4	4	2	1	1	1	1

---

① 数据来源于李小林、倪鹏飞、李新玉、王海波编著的《中国城市竞争力专题报告（1973—2015）——开放的城市共赢的未来》。

城市	城市综合竞争力	知识城市竞争力	开放城市竞争力	宜居城市竞争力	宜商城市竞争力	全域城市竞争力	生态城市竞争力	和谐城市竞争力
上海	2	2	2	10	2	6	30	12
深圳	3	7	1	6	4	3	26	4
北京	4	1	5	41	3	5	92	8
澳门	5	51	16	12	34	2	3	2
广州	6	6	3	14	5	7	27	17
杭州	7	5	8	9	11	14	19	23
厦门	8	13	12	5	25	12	46	3
青岛	9	27	11	11	14	23	51	7
南京	10	3	6	27	9	15	123	58
东莞	11	23	10	89	53	4	75	62
宁波	12	20	7	29	24	18	144	6
无锡	13	19	14	8	23	13	63	20
大连	14	10	26	47	26	20	9	5
苏州	15	17	15	13	17	10	145	21

（一）全球维度：具有总体外向度较高的开放竞争力

积极应对经济全球化趋势，主动融入和服务全球产业链。近年来，杭州在国际旅游、服务外包和跨境电商等领域的国际地位不断凸显。一是国际旅游知名度美誉度加快提升。围绕建设现代化国际风景旅游城市目标，杭州深入推进"旅游西进""旅游国际化"两大战略，西湖、大运河成功申遗，2016 年 G20 峰会成功举办和 2022 年亚运会成功申办，杭州跻身中国最美丽城市首位。[①] 二是以软件为重点的服务外包快速崛起。杭州自 2006 年 12 月列入中国服务外包基地城市以来，大力实施以软件业为突破的服务外包优先发展战略，服务外包执行额、企业数、从业人员数等指标快速跃居全国前列，2013 年居中国服务外包城市投资吸引力榜首。[②] 2015 年，杭州服务外包执行额同比增长 25.4%，分别高出全国、全省和上海市 10.8 个、9.4 个和 13.2 个百分点。[③] 三是跨境电商推动外贸进出口积极

①　2015 中国城市分类优势排行榜。
②　2013 年中国服务外包城市投资吸引力评估。
③　根据 2015 年中国、浙江、杭州、上海统计公报相关数据整理获得。

转型。2015 年杭州跨境电商进出口总额达 215.1 亿元，贡献了全省总额的 65.2%，而浙江省跨境电商进出口总额超过全国 1/4 强，位居全国第 2 位。杭州对外贸易已走出一条出口平台虚拟化、出口商品基地外部化的转型道路。

（二）全国维度：具有信息经济领先发展的知识竞争力

杭州把握信息时代脉搏，大力发展创新经济，已在全国互联网、电子商务、信息产业等领域形成较大领先优势。一是信息产业集群优势明显。杭州软件业务总量位居全国各城市第 5 位，拥有国家软件产业基地、国家集成电路设计产业化基地、国家电子信息产业基地、国家动画产业基地。2015 年杭州 10 家软件企业入围中国软件业务收入百强企业，居全国各城市第 2 位。[1] 二是电子商务在全国率先发展。杭州是中国电子商务之都，集聚了全国超过 1/3 的电子商务网站。[2] 2015 年杭州实现电子商务交易额逾万亿元，居全国首位。三是创新创业平台能级提升。杭州依托高新区海创基地、青山湖科技城、未来科技城、梦想小镇、云栖小镇、山南基金小镇等一大批创新创业平台，以及全国首批小微企业创新创业基地示范城市的先行先试机遇，有力促进国内外创新资源集聚。2015 年，杭州列全国最适合创业城市第 3 位[3]，平均每天举办创业活动 4.5 场，仅次于北京、深圳，公开披露的创新项目 1364 个，比上年增长 32.4%，增速全国最快。杭州与北京、深圳一起被称为全国创新创业"三极"。

图表 7-2　　2014 年杭州市教科文卫主要指标及在全省占比（%）[4]

项目		全省	杭州	占比
高等教育	学校数（所）	108.0	39.0	36.1
	在校学生数（万人）	103.9	47.5	45.7
	在校研究生数（万人）	6.1	5.0	83.0

① 2015 年中国软件业务收入"百强"发展报告。

② 2014 年中国电子商务十大最具活力城市榜单。

③ 根据 2016 年《第一财经周刊》对中国 338 个地级以上城市 5 个维度的评价形成"中国最适合创业城市排行榜"。

④ 数据来源于 2015 年《浙江统计年鉴》和《杭州统计年鉴》。

续表

	项目	全省	杭州	占比
科技	专利授权量（万项）	18.9	3.4	17.8
	其中发明专利授权量（万项）	1.3	0.6	41.5
	国家扶持的高新技术企业（个）	7905.0	1986.0	25.1
	全社会研究和发展（R&D）经费支出（亿元）	1000.0	301.6	30.2
	地方财政科技支出（亿元）	208.0	52.4	25.2
文化	专业艺术表演团体（个）	57	21	36.8
	制作电视剧（集）	2906	1221	42.0
卫生	医院床位（万张）	23.8	6.3	26.5
	卫生技术人员（万人）	40.4	9.36	23.2
	三甲医院（家）	58	19	32.8

（三）区域维度：具有江南山水人文为支撑的宜居竞争力

山水相融，江南韵味。天堂杭州之美，不仅在于山明水秀的本色，更在于杭州各界共同努力绘就的城市与自然、经济与生态、个体与整体相生相容、协调发展的生动画卷。杭州是历史文化重镇和商贸中心，立足丰富的历史遗存和人文资源，大力推进西湖大运河遗产保护与活态传承、乡村旅游民宿经济、文化创意产业发展等工作，实现现代生活与历史人文的有机统一。杭州亦是生态文明之都，坚持保护、开发、改革并重，建成全球最大的"免费自行车"绿色出行系统，率先建立生态补偿机制、构建排污权交易体系、出台实施低碳新政，打造出美丽中国的杭州样本，实现现代生活与原生态环境的融合发展。杭州更是创新活力之城，特色小镇、众创空间编织创新梦想，跨境电商、大国工匠推进国际化进程，智慧交通、健康、教育、公共服务构建智慧生活。奔涌的创业创新热潮，撬动杭州经济增长新引擎，开启个人价值与城市整体价值两者互促共赢的城市发展新境界。基于生态、人文、创新全方位协调发展，杭州人居环境优越，城市幸福指数一直保持在全国前3位①。

---

① 根据支付宝、高德地图、知乎、IPE、墨迹天气、36氪、阿里旅行、陌陌8家互联网公司参与调查，由蚂蚁金服商学院出具的《蓝色幸福指数城市报告》。2016年，上海、深圳、杭州、广州包揽前4名，北京排在第7位。

近年来，杭州外来购房者数量增加、来源扩大的态势，最有力地印证了杭州城市核心竞争力的提升发展。根据杭州透明售房研究院监测，2016年以来，上海、南京和北京的在杭购房客户明显增加，4 月外地在杭购房者比重达 29.0%，上海比重达 5.9%。上海人已经取代温州人成为杭州外来购房市场的主体。

二　杭州城市核心竞争力的内在成因分析

应充分认识到，杭州的开放、知识、宜居竞争优势具有其内在必然性。长期以来的历史人文积淀、长三角的优质腹地、先行先试的改革红利等，奠定了杭州城市核心竞争力的坚实基础。

（一）杭州经历崛起嬗变的开放发展

岁月如水，沧海桑田。从 700 多年前马可·波罗初次踏上杭州就将其置于全球维度上进行考量，到 G20 峰会、2022 年亚运会开启杭州历史名城与世界接轨新阶段，杭州在中国历史上的开放时期曾扮演着重要角色，实现商业、外贸、旅游等领域的率先发展，成就了杭州的开放竞争优势。

京杭运河便利及文明古都地位助力杭州世界大都会的崛起。杭州从吴越到清朝半殖民地时期，依托京杭运河便利，以及发达的丝绸和粮食产业，与外界形成密切的商贸往来，成为我国东南沿海最重要的贸易港口。五代十国，吴越王钱镠定都杭州，杭州手工业日益兴盛、国内外商业和对外贸易相当繁荣，出现了"闽商海贾"的盛况。南宋定都临安（杭州），杭州的经济社会达到极盛时期，不仅是全国最大的城市，而且还是当时世界上最繁华的大都市之一，被意大利旅行家马可·波罗誉为"世界上最高贵华丽的天城"。杭城内外，集市商行遍布，运河樯橹相接、昼夜不歇；钱江两岸，各地商贾船舶云集、桅杆如林①。杭州府城所在的钱塘、仁和两县人口达 43 万之众。

开埠通商及西博会举办进一步打开杭州走向世界的大门。1896 年杭州开埠通商开启近代对外开放序幕。从 1896 年杭州开埠通商，到 1912 年民国建立，再到 20 世纪 30 年代，杭州大规模拆除城墙、城门，修建城市

---

① 李昉等编：《文苑英华》，中华书局 1966 年版，第 67—72 页。

内外交通、公园及新市场，极大提高客货流通能力。这一时期，杭州每年吸引各国游客达百万人，海内外知名度加快提升，成为颇具盛名的中外游览胜地。1929 年，杭州为"争促物产之改良，谋实业之发达"，举办了历时 137 天的首届西湖博览会，开创中国现代博览会先河，为开展国际交流搭建了广阔舞台。

国际化战略及国家"顶层支持"加快杭州迈向世界名城的步伐。从 2008 年杭州首次提出城市国际化战略，到 2016 年 6 月杭州市委《关于全面提升杭州城市国际化水平的若干意见》进一步明确把杭州建成世界名城的宏伟目标，杭州国际化已从破题开局一步步走向科学推进。特别是 2010 年以来，杭州先后获批国家自主创新示范区、中国跨境电子商务综合试验区等一系列国家级改革试点，为杭州迈向全球产业价值链高端提供不竭动力。国际化战略深入推进，政策红利持续释放，推动杭州朝着全球影响力的"互联网+"创新创业中心、国际会议目的地城市、国际重要的旅游休闲中心、东方文化国际交流重要城市迈进。

（二）杭州拥有浙江省及长三角的优质腹地

长三角地区块状经济发达、创业生态良好、投资环境优越，赋予杭州在互联网等多个领域率先发展的内在动力，成就了杭州的知识竞争优势。

独具特色的块状经济，即"消费品工业+小商品市场"。杭州地处浙江省及长三角地区，以轻工业为主的块状经济特色明显，小商品市场繁荣发展，为电子商务发展提供了近距离、丰富的网货资源和贸易基础。同时，电子商务又极大降低了浙江省传统市场模式下信息不对称和交易成本。当前，浙江省占据中国行业百强注册地的 40%、网络销售的 85%、跨境电商交易的 70%，企业间电商交易 60%依托浙江省电商平台完成。其中杭州大致占上述数据的 70%。

激发活力的创业生态，即"企业家精神+服务型政府"。浙江省大量第一代民营企业家通过草根创业积累了资本和人文财富，并借由第二代创业者知识结构的整体提升得到升华，由此构成创业创新的广泛群体基础。政府层面通过鼓励浙商回归，进一步简政放权，做好创业引导服务等一系列举措，最大限度发挥浙商血液中的商业文化和企业家精神，为互联网电商提供了良好的创业创新生态。助力杭州的蘑菇街、虾米网、同盾科技、快货运等诸多新锐企业脱颖而出。

整体最优的投资环境，即"双重物流体系+多级化格局"。长三角地区拥有以上海为中心和以宁波为中心的两个主要货运物流体系，作为这两个货运物流体系枢纽的上海港与宁波—舟山港，隔海相望，相距约 90 公里，形成全球少有的大型港口"双子星座"格局。更重要的是，这一双重货运物流体系通过长期竞合发展，形成全球最优的物流通道、最具竞争力的航班密度和运价体系。基于优越的区位条件和物流体系，长三角长期外部经济性和报酬递增，环杭州湾、温台沿海、苏南等地区，区域投资环境十分优越，杭州、宁波、南京、苏锡常、合肥等多个大都市圈嵌套式群雄并起，多极化发展趋势愈加明显。这种状况非常有利于杭州深度融入全球物流网、产业价值链，进一步激发杭州潜在竞争优势。

（三）杭州具有创业与生活有机统一的文化基因

精致和谐，开放大气。以提升生活品质发展理念为统领，杭州走出一条生活和创业有机统一、互相促进的发展道路，形成杭州独具特色的创业模式，成就了杭州的宜居宜业竞争优势。

传统文化铺就杭州人注重生活品质历史渊源。注重生活品质是杭州历史文化传统的鲜明特色。杭州地处浙北平原，北邻苏南、南毗温州，处于吴、越两大文化发源地，杭城湖光山色，人文美景，俯拾皆是。优越的区位条件和丰富的山水资源奠定了杭州兼容并蓄、精致和谐、开放创新的城市气质。南宋时期，杭州就已经形成了注重生活格调、追求舒适生活的文化氛围，在饮食、旅游、娱乐等方面的闲适文化繁荣发展。同时，杭州人优越、丰富、活跃、闲适的生活状态和生活环境亦得以形成并不断强化。

提升生活品质诉求，增强杭州创业创新内在动力。正是基于长期以来对生活品质的较高追求，杭州发展战略的顶层设计始终围绕"如何提升生活品质"这一命题展开。早在 20 世纪 90 年代，杭州就提出打造"住在杭州、游在杭州、学在杭州、创业在杭州"的城市品牌。把创业提到与居住、游憩、学习同等重要的位置，表明创业在杭州已与日常生活息息相关。2004 年杭州提出"和谐创业"，基本特征是人性化创业、协调创业、可持续创业和知识创业。换言之，创业既是增加生产，丰富供给，提高社会整体生活品质的有效举措；更是个人自我实现，提高生活品质的重要途径。2007 年以来杭州推进"生活品质之城"建设，创业创新相关内容历年都被列入"年度十大生活品质现象"，足见其发挥了不可或缺的重要作用。

生活和创业融合统一铸就"杭州模式"。以生活品质为主导的杭州发展过程，就是创业创新的过程。典型如杭州高新区，20多年的建区史就是一部创业创新史，目前高新区已成为全国知识创造和技术创新能力领跑者、最有影响力的科技创新基地、高新技术产业化基地，也成为杭州创业人在创业高地上享受品质生活的典范。城西科创大走廊、城东智造大走廊、临江国家高新区、特色小镇等融休闲生活、文化旅游和创业创新于一体的平台加快崛起。生活与创业融合的杭州模式，正在以星火燎原之势席卷杭城的每个角落。

三　实施三大战略放大杭州后峰会效应

G20杭州峰会通过了《二十国集团领导人杭州峰会公报》，制定《创新增长蓝图》等重要文件，发起多项重要倡议，为全球经济寻找新动力开出"创新"和"结构性改革"的标本兼治药方，开启创新、活力、联动、包容发展的全新篇章。

借峰会东风，切实发挥杭州开放、知识和宜居竞争优势，提升杭州对全省乃至长三角世界级城市群的引领作用，是杭州肩负的重要使命，亦是高质量发展的客观要求。

（一）实施经济全球化战略：提升总体外向度较高的开放竞争力，构筑开放型经济新高地

G20杭州峰会倡导构建开放型世界经济。《二十国集团领导人杭州峰会公报》承诺重振国际贸易和投资这两大引擎的作用，通过建立长效机制，引领世界经济迈向强劲、平衡且可持续的增长之路。制定《二十国集团全球贸易增长战略》，促进包容协调的全球价值链发展，继续支持多边贸易体制，释放全球经贸合作潜力，扭转全球贸易增长下滑趋势。

后G20时代，杭州应充分立足开放竞争力，更加主动融入全球化，致力于推动全球资源和要素整合，更好地促进世界经济增长，以便从更加开放的全球市场中受益。

1. 以"杭州资源"满足"世界需求"，培育外贸竞争新优势

发展"互联网+跨境贸易+中国制造"模式，扩大自有品牌、自主知

识产权和自主营销产品的出口比重。扩大服务贸易，推动文化服务、研发设计、技术与软件、国际物流等服务出口，推进服务贸易与货物贸易协调发展。争取开展市场采购贸易方式试点，完善外贸综合服务平台建设，促进全市外贸优进优出。

2. 以"全球资源"满足"中国需求"，提升"引进来"水平

培育一批高能级开放平台，提升外资利用承接能力。做好 G20 峰会后国际经贸交流活动和经贸合作，吸引汇聚跨国公司研发机构和区域总部、结算中心落户杭州，鼓励外资重点投向先进制造业、高新技术产业、现代服务业，优化利用外资结构。创新进口模式，积极引进先进技术、紧缺物资、高端装备及配套产品。

3. 以"我即世界""世界即我"的全球化理念，打造"走出去"升级版

支持企业从全球视野布局产业链和价值链，最大限度提升企业利用全球多样化优质资源的能力。以电子商务、物联网、云计算和大数据、高端装备制造等领域为重点，培育一批国际知名领军企业。以"一带一路"沿线国家为重点，依托国际电子商务中心和"网上丝绸之路"平台，扩大国际优势产能和装备制造合作。鼓励大企业、大集团建立海外生产、研发设计和营销网络，带动设备、技术、标准、服务走出去。

（二）实施产业智慧化战略：提升信息经济领先发展的知识竞争力，构建质效兼优产业新体系

G20 杭州峰会倡导创新驱动型增长。会议核准了 G20 创新增长蓝图及创新行动计划、新工业革命行动计划和数字经济发展与合作倡议。以科技创新为核心，带动发展理念、体制机制、商业模式等全方位、多层次、宽领域创新，推动创新成果交流共享；以新工业革命为先导，引领第四次工业革命浪潮；以数字经济为平台，开创物物相连新纪元。

杭州自 2010 年实施创新驱动战略以来，大众创业、万众创新走在全国前列，带动互联网、电子商务等新产业、新业态、新模式不断涌现。后 G20 时代，杭州应充分立足知识核心竞争力，全面提升信息经济先发优势和增强创业创新内在动力，推进信息技术产业化及大众化应用，构建高新技术产业、高端服务业、高融合性高成长性新兴产业为重点的产业新体系，再塑"杭州质量"。

1. 构建国际消费中心城市

发挥电子商务及其商品、网络商家集聚优势，支持发展从定制研发、产品生产，到海外采购、市场营销、物流配送等配套服务的完整产业链，创新实体商贸零售模式。促进商业与旅游融合发展，重塑国内外游客购物天堂新内涵，努力成为国际消费中心城市。其路径有以下几点。

——打造成为国内游客"购全球"的必选地。探索创新跨境电商涉及行邮税政策、贸易进口监管模式、地方税收支持及线下体验店政策等制度安排，引导品质消费，吸引国内游客境外消费向杭州回流集聚。比如，布局建设一批形式多样的"实体店+跨境电商+移动终端"平台，发展垂直型自营模式，加强与综合型平台电商之间的错位竞争。

——打造成为境外游客"购中国"的首选地。依托浙江消费品产地优势及便捷的物流服务，集聚省内品牌企业制造商直销店、物流仓型超市，形成价廉、质优、货品充足、业态融合的集中采购区，满足境外游客离境集中购物、境外采购商看样等需求。积极争取境外旅客离境退税试点，尽快实现购物退税一站式服务。

——培育形成独特的"购杭州"旅游购物品牌。发挥美术、设计、创意类人才集聚优势，支持杭州特色产品研发创新，培育集创意、展示、物流、参与等于一体的传统特色产品购物体验平台，加强杭州特色产品推广，提高杭州特产国内外知名度，以及在同类产品中的市场占有率。优化商贸业布局，建设钱江新城、钱江世纪城等国际化商业中心，推进名品进名店、名店进名街，营造既有国际品牌集聚，又有浓郁杭州特色的高品质购物体验环境。

——营造促进消费的"场景式"实体商业环境。充分挖掘利用移动互联网时代，购物场景对于触发购物欲的潜在较强作用，大力推行随时性、不相关性、多样性"场景式"营销。围绕消费者碎片化、高频低额、移动支付等消费习惯，规划建设一批集餐饮、超市、便利店、外卖、商圈、机场、美容美发、电影院、舞台走秀等多元业态于一体的实体商业平台。积极推行 UGC 等新模式新方案。

2. 构建世界级创新创业城市

超前布局创新基础设施，建设世界级科技创新载体，为国际创新资源落户提供全方位的支持。培育特色小镇等众创空间，完善"预孵化+孵化器+加速器+产业园"接力式孵化与培育体系，构建一批低成本、便利化、全要素、开放式的新型创业服务载体。招引世界 500 强中国总部或研发中心落户杭州，吸引集聚国际创新创业资源。

3. 积极培育经济发展新动力

鼓励发展新经济新业态新模式，大力发展分享经济、平台经济，推进产业组织、商业模式、供应链、物流链创新，积极推动众创、众包、众扶、众筹。积极创新产品和服务供给，加快传统核心商圈业态模式创新，拓展信息、绿色、时尚、品质和农村消费等新领域新热点，扩大服务消费，稳定住房消费，支持新能源汽车消费，深化拓展网络消费，推行"进口替代"，促进境外消费回流。

（三）实施城市品质化战略：提升以江南水乡人文为支撑的宜居竞争力，构建共建共享的城市新形态

G20 峰会召开使得世界目光聚焦杭州。历史人文积淀深厚、湖光山色秀美如画、钱江两岸功能融合、创业创新活力强劲的现代化城市形象充分展现在世人面前，成为杭州迈向国际著名宜居宜业城市的新起点。

后 G20 时代，杭州应立足城市宜居竞争力，推动杭州进一步向全域都市化、服务均等化、设施网络化、区域同城化方向发展，塑造杭州城市功能与城市结构统一、城市建设与城市服务管理统一、城市意象和物质形态统一的城市新形态。

1. 优化杭州大都市圈为导向的城市空间结构，加快从城市空间蔓延，迈向都市区为主体形态的网络化空间

加强杭州市域空间统筹，增强杭州市区要素配置、产业发展和文化提升对四县（市）的促进作用，优化市场经济下的空间竞合秩序。增强杭嘉湖绍之间的经济社会联系，提升城市综合服务功能在城镇间布局及相互合作，共建长三角及亚太国际门户"金南翼"。

2. 构建以市域大景区为亮点的城市形象，加快从历史人文传承及生态环境修复为主，迈向历史人文及生态环境重塑创新

注重融城市文脉传承于城市地理景观再造，融城市记忆塑造于城市有机更新，提升杭州城市内涵，增强价值再造潜能，塑造吴越文化与湖光山色相互交融、高端产业与高品质人居相得益彰的城市意向和城市形态，打响国际重要旅游休闲中心品牌。

3. 构建以人群全覆盖为要求的城市服务体系，加快从行政分隔、城乡二元结构，迈向包容开放、区域协调、城乡均衡发展

创新杭嘉湖绍都市圈协同发展体制机制，促进科教文卫资源共享，统筹就业和社会保障，完善同城化城市管理。高标准建设国际化的生活社区、商业街区、商务楼宇和交通设施，营造国际化语言环境，建立符合国际通行规则的政务环境和接轨国际的市场规则，为要素跨国集聚流动提供保障，促进人力资本引进、开发和积累，增强全体居民的幸福感和获得感，让广大市民共享人生出彩的机会。

（发表于《浙江树人大学学报》2016 年第 5 期，原题为"实施国际化、智慧化和品质化战略——'十三五'时期杭州城市核心竞争力提升策略"）

第八章 新常态下台州在全省发展战略中的定位研究

台州是浙江绵长海岸带中部的重要行政区域，地处宁波和温州两大都市区之间。在国家"一带一路"、长江经济带和海洋经济重大发展战略下，正确审视台州在全省发展战略中的定位，有利于优化全省空间格局，培育浙江省经济新增长极。

一 重新研判台州在省域空间格局中的重要地位

台州山海兼利，是浙江省极具发展潜力的一片热土。随着国家重大战略实施及区域交通体系优化完善，台州海洋资源、海洋产业、港口物流等独特优势有望充分发挥，战略地位更加凸显。

（一）台州是浙江省对接国家战略的重要支撑

1. 台州四大优势助力浙江省对接"一带一路"

一是台州拥有中美合作开发的最大能源项目三门核电基地，具备全球最先进的核电技术，规划至 2020 年实现总装机容量 750 万千瓦，将占据全国规划核电总容量的 13%①。三门核电基地的建设和运营，将大幅提升浙江省在国内核电的占比，为广泛参与国际核电站建设、技术支持、人员培训和后期维护领域奠定坚实基础。二是台州汽车及配件产业较为成熟，以吉利为代表的汽车制造企业积极开展海外收购合作，推动台州成为全省唯一国家级汽车零部件出口基地，有利于带动浙江省汽车产业加快走出去参与国际合作。三是台州海上原油开发扎实推进，炼化一体化、东海油气登陆等重大项目的实施，有望与宁波—舟山港共建东南亚"海上油都"。

---

① 根据《中国核电中长期发展规划》。

四是台州宗教文化源远流长，天台山是中国佛教和道教的发祥地之一，目前拥有日韩及东南亚等地的信徒约 300 余万，为台州发展国际宗教文化旅游奠定广阔的市场前景。

2. 台州海洋产业基础及潜力助推浙江省海洋经济加快发展

台州具有发展海洋新兴产业的巨大潜力。海洋养殖优势明显，有望在推动远洋渔业、商船补给，以及参与其他地区渔港建设方面取得突破。港口物流正在加快发展，将带动港口联盟、港航综合服务等方面探索创新。海洋新能源和海洋矿物资源勘探具有较大开发空间，风能、潮汐能等资源产业化应用前景广阔。此外，海上环保、海上救援、海洋生物医药、海水综合利用等发展潜力较大，加之临港产业平台形成的坚实支撑，台州有望成为浙江省蓝色引擎及抢占海洋经济的制高点。

3. 台州港建设为浙江省拓展长江经济带腹地开辟新出口

台州通过建设头门港为核心的"一港六区"，强化与金衢丽及赣皖等中西部省份之间以港航物流为纽带的合作互动，促进台州腹地向长江经济带沿线中西部省份拓展延伸。同时也有利于进一步优化全省以宁波—舟山港和温州港为主要港航枢纽的格局，进而增强浙江省对长江经济带的辐射带动作用，强化浙江省对上述地区对外开放重要门户和对外贸易重要出海口的地位。

（二）　台州是浙江省顺应重心向沿海转移的重要节点

1. 人口向沿海地区高度集聚是一个普遍规律

世界发达国家一直没有停止向沿海地区的集聚。美国沿海地区人口占全美比重，从 1900 年的 29.5% 上升至 2013 年的 61.0%，上升了 31.5 个百分点。东京都市圈人口占全国比重，从 1955 年的 17.3% 上升至 2012 年的 28.0%。特别是上述地区的纽约湾区、旧金山湾区、东京湾区等，已成为带动全球经济发展重要增长极。中国沿海地区虽然 2004 年以来 GDP 集聚终止，但人口集聚继续推进。沿海地区人口占全国比重，从 1982 年的 38.6% 上升至 2013 年的 43.2%。浙江省沿海地区①常住人口占全省比

---

① 根据国务院批复的《浙江海洋经济发展示范区规划》，浙江沿海地区包括杭州、宁波、温州、嘉兴、绍兴、舟山、台州等市的市区及沿海县（市）的陆域（含舟山群岛、台州列岛、洞头列岛等岛群）。

重从 1982 年的 52.6% 提高至 2010 年的 61.4%。

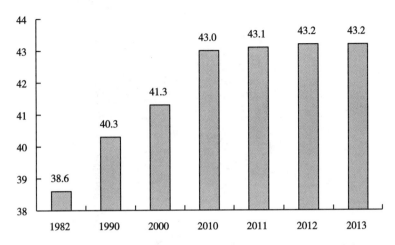

图表 8-1　1982—2013 年中国沿海地区常住人口占全国比重（单位:%）

说明:1982—2010 年系历次人口普查数据,沿海地区包括天津、河北、辽宁、上海、江苏、浙江、福建、山东、广东、广西和海南。

2. 优化浙江省空间格局提升台州的省域空间等级

虽然"四区七核"的省域空间结构①,符合过去一段时期浙江省发展实际,对于加快推进浙江省新型城市化发挥了积极作用;但是在向沿海转移集聚的重大趋势下,浙江省沿海中部空间等级较低形成沿海城市带薄弱环节的问题逐步显露。台州地处浙江省沿海地区中部,位于宁波和温州两大都市区中间,与金—义都市区相呼应,是浙江省海洋经济发展示范区的重要组成部分,曾在上一轮全省城镇体系规划②中与金华并列省一级经济亚区中心城市。受自然地形阻隔,台州具有相对独立地理空间,较少受到周边都市区的辐射带动。未来一段时期,随着国家战略的深入实施,台州独特优势进一步释放,完全有可能加快台州发展,成为浙江省应对沿海加快发展的关键一着棋,为优化省域空间格局做出更大贡献。

---

①　依据《浙江省深入推进新型城市化纲要》《浙江省新型城市化发展"十二五"规划》,以及现行《浙江省城镇体系规划（2008—2020 年）》的规划部署。

②　依据《浙江省城镇体系规划（1996—2010 年）》。

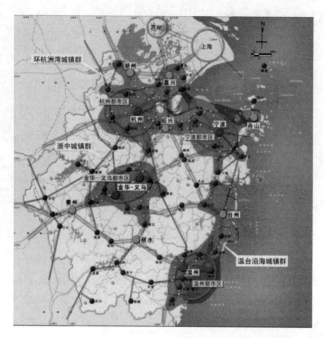

图表 8-2　浙江省城镇空间"四区七核"规划结构

3. 培育台州成为都市区的基础初步形成

台州市区组合城市一体化、"三区两市"同城化，以及市域城市群网络化发展。台州正在经历从省域中心城市向都市区的蝶变。自 1994 年撤地设市以来，市区椒黄路环绿心组合大城市冉冉升起，市区建成区面积从 22.9 平方公里拓展到 116.2 平方公里，常住人口翻两番，从 40.6 万人增长至 157.8 万人，城市化率实现翻番，达到 67%。温黄平原城镇连绵带加快成长，市区、临海和温岭"一主两副"同城化效应加快显现。以海湾城市群为主体形态的"12459"① 网络型城镇体系初具雏形，市域城镇化水平从 20.8%提高至 58.1%。

————————————

① 1 即台州市区 1 个核心；2 即临海市区和温岭市区 2 个副中心城市；4 即玉环县城、天台县城、三门县城和仙居县城 4 个县域中心；5 即三门沿海工业城、临海东部新城、金清河滨海新城、温岭东部新城和玉环漩门新城 5 个新兴增长极；9 即临海市白水洋镇和东塍镇、温岭市箬横镇、天台县平桥镇、坦头镇和白鹤镇、仙居县横溪镇和白塔镇，以及三门县健跳—六敖镇，共 9 个次级区域中心镇。

（三）台州是浙江省转型升级的重要动力来源

1. 滩涂可围面积和丰富的水资源强化发展支撑

台州可开发利用滩涂资源丰富、潜在建设用地储备充足，凸显其在浙江省用地供需矛盾下的空间优势。全市拥有滩涂面积约 100 万亩，居 11 市之首，占全省总量近 1/3。其中 2011—2020 年全市规划新增围垦面积 17.9 万亩，超过全省 1/4，见图表 8-3。全市基于围垦之上的重大平台可新增建设用地面积亦全省领先，台州循环经济产业集聚区规划总面积 562.2 平方公里，其中核心区面积 27.7 平方公里全部由滩涂围垦而成。台州降水充沛，水资源丰富，多年平均水资源总量 91.2 亿立方米。目前开发利用程度达 27.5%，仍有进一步开发利用的较大潜力。

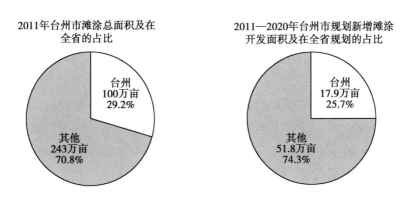

图表 8-3　台州市滩涂资源及规划开发状况（单位:%）

2. 民营经济长期发展奠定基础活力和资本实力

台州是全国民营经济发源地，通过长期发展已经形成雄厚的民间资本积累和较强的创业创新活力。台州民间投资增速持续快于全省平均，2013 年民间投资占固定资产投资比重达 72.2%，高于全省平均 11.3 个百分点。台州金融生态环境良好，存贷款增幅全国领先，已成为全国小微企业金融服务改革先行区。近 10 年来，台商作为浙商走出去的典型代表，积极参与到区域、全国乃至国外资本崛起的浪潮中，在外创办企业已达 7.2 万家，形成创业创新重大战略机遇期[1]的积极应对。

---

[1]　中央审议通过《关于在部分区域系统推进全面创新改革试验的总体方案》，将在部分地区设立全面创新改革试验的试点，赋予创新改革先行先试的权限。

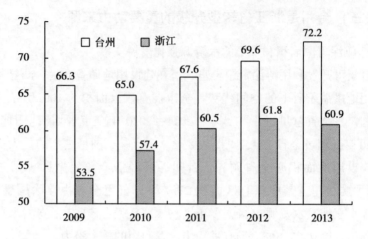

图表8-4　台州及全省民间投资占固定资产投资比重（单位:%）

3. 坚实的工业基础形成先进制造业先发优势

台州是全国重要的制造业基地，已形成汽摩及配件、医药化工、家用电器、塑料模具等主导行业，其中，汽车、医药化工、塑料模具、船舶制造和电力工业居全省乃至全国领先地位。全市拥有49个国家级产业基地，20多个规模上百亿的块状经济，78个工业品市场占有率居全国同行业第一。全市共有上市企业33家，其中中小板上市企业居全国地级市第2位。台州制造业向高端化、智能化发展，为全省积极应对新常态、加快经济转型和产业升级，起到了引领示范和带动效应。

图表8-5　　　　五大先进制造业居全省乃至全国领先地位

优势产业	核心竞争力
汽车及配件	吉利集团开创全国民营企业轿车生产之先河。全市拥有整车生产企业5家，已成为全国最大的汽车摩托车及配件生产基地、国家级汽车零部件出口基地
医药化工	台州拥有中国最大的医药化学原料药生产出口基地及全国唯一国家级化学原料药出口基地。原料药销售收入、出口额、获美国FDA认证的医化企业数均超过全国1/10强
塑料模具	台州是国内最大的塑料模具生产基地，产业集群规模、生产工艺和技术水平、质量管理均居全国同行业前列，国家重点骨干模具企业占全国1/10，其中汽车塑模、包装、挤出模具达到国际水平
船舶制造	台州是国内重要的中小型船舶生产基地，有船舶修造企业近百家，造船能力600万载重吨。船舶运力、船舶平均吨位、船舶年轻化分列全省第3、第2和首位

续表

优势产业	核心竞争力
电力工业	台州是华东地区最大电力能源基地，拥有清洁火电、核电、抽水蓄能、风电、光伏及潮汐发电等能源生产平台。华能玉环电厂是全球规模最大的单个电厂，技术水平领先；三门核电站是全国第二座自行设计建造的核电站，拥有全球最先进的第三代压水堆核电技术

4. 重大项目落地增强经济增长潜力

当前的投资项目，就是未来发展的支撑。台州紧紧抓住重大项目谋划和实施，扩大有效投资的势头持续向好。2014 年，全市列入省"411"重大项目计划数居全省首位，固定资产投资同比增速居全省第 2 位。吉利 V 汽车、广汽吉奥、巨科铝轮毂、海正海诺尔项目等一批重大产业项目已开工建设，中国北车产业园项目已签约。炼化一体化、东海油气登陆、新机场、三门核电二期等重大基础设施项目，正在开展前期工作和积极酝酿之中。

5. 独特山海资源助力"两美"建设和生态旅游开发

台州拥有 9 个国家 4A 级旅游景区、3 处国家重点风景名胜区和 1 个世界地质公园，以及临海国家级历史文化名城等著名旅游景区景点。其中，神仙居和天台山 2 个景区已经进入国家 5A 级旅游景区预备名单。台州兼具山海地形之利，海域面积、岸线、岛礁、低丘缓坡等资源在全省占比较大，为山海旅游开发提供绝佳条件。

6. "四气"人文精神提升台州软实力

台州人勇于创新，敢为人先，先后形成了和合文化、垦荒精神、四千精神、抗台精神等为典型代表的地域文化和人文精神。进入新的发展阶段，台州人文精神内涵进一步丰富发展，概括为山的硬气、水的灵气、海的大气和人的和气"四气"，为凝聚台州人民齐心协力建设新台州提供不竭动力。

二　确立台州在浙江省经济新增长极定位

努力站在优化和拓展全省发展空间、着力培育全省战略增长点的高度，切实发挥台州空间、资本、产业、生态、人文、城市化和重大项目优势，着力开发新空间，优化拓展新港区，培育发展新产业，积极挖掘新动力，打造"两区一基地"战略支撑，即长三角现代化港湾都市区、长三角先进制造业基地和全国民营经济创新示范区，努力成为浙江省经济新增长极。

（一）打造长三角南翼现代化港湾都市区

台州四届四次党代会提出建设"一都三城"，即现代化港湾都市区，以及国际智造名城、海上丝路港城和山海宜居美城的总体构想，既符合台州拥湾、临港双重资源优势，又顺应台州从省域中心城市向都市区蝶变的现实趋势。未来一段时期，努力建设繁荣富裕、秀美宜居、人文荟萃的长三角南翼现代化港湾都市区，走出一条具有山海港湾特色和传统地域文化内涵的新型城市化道路。至2020年，全市城市化率将超过全省平均水平。

1. 加快建设台州湾两岸和温黄平原的现代化港湾都市区核心区

以三区两市为依托，推进城镇空间组团布局、精明增长，优化形成由椒黄路三城区、临海城区、温岭城区、市区东部新城、头门港新城、温岭东部新城，以及杜桥、泽国、金清、大溪等镇区共同组成的组团式的都市区核心区。

2. 努力提升乐清湾和三门湾城市化水平

一是积极推进玉环全岛城市化，争取撤县设市，构建玉环城市新区为核心的环漩门湾滨海城市，加强乐清湾区域合作，增强与乐清、永嘉互动发展。二是着力三门特色集聚，加快"三港三城"三大产业平台建设，努力打造长三角新兴能源基地。

3. 优化布局和加快构建"一港六区"

培育以头门港为引领的"一港六区"，成为台州及浙中西部海洋经济崛起和融入海上丝路的"火车头"。一是继续做好头门港后续建设和二期开发，建成一批公用码头和大型深水码头。二是加快构建以头门港为核心，海门港区、大麦屿港区、健跳龙门港区整体联动的台州港"一港六区"格局，健全"三位一体"港航物流服务体系，提升现代港航物流业。三是结合干线交通及内河航道建设工程，对接周边母港及金衢丽等地散杂货航运需求市场，努力开辟新航线和新业务，助推台州进一步扩大对外开放和加快发展对外贸易。

（二）打造长三角先进制造业基地

充分立足传统产业基础和海洋资源优势，加强工业化与信息化深度融合，加快构建以临港产业为支撑、先进制造业为重点、新兴产业为突破的台州现代制造业体系，抢占长三角先进制造业制高点，打造国际制造名城。

1. 重点促进优势产业加快提升

充分利用台州在机械加工领域的优势，发挥汽车、船舶等行业龙头企业的带动作用，加快培育民族品牌，拓展全球营销网络，构建具有综合优势的高端装备产业体系。推动医药产业开展的国际商务和技术合作，提升原料药产业，拓展原研药领域。

2. 优化提升临港基础产业

重点发展低污染、深加工项目，构建以炼化一体化项目为核心的沿海石化基地。积极稳妥发展远洋渔业、海水养殖业，以及以水产品为主要原料的加工业和生物医药工业，建设以渔港为依托的水产品加工示范园区，建立集生产、运输、加工、贸易于一体的远洋渔业产业化格局。

3. 大力支持发展新兴产业

突出新能源、新能源汽车、新一代信息技术、生物、新材料、海洋新兴产业等重点领域。大力引进培育，着力择优扶强，努力培育一批重点企业和重点产品。主攻自主创新，加强引进吸收再创新，力争掌握核心生产技术，不断增强新兴产业的竞争力。

（三）打造全国民营经济创新示范区

围绕创新驱动，以推动市场主体创新为核心，以破除体制机制障碍为主攻方向，以加快民间投资和小微企业金融服务改革创新为突破口，开展系统性、整体性、协同性改革先行先试，统筹推进科技、管理、品牌、组织、商业模式创新，统筹推进"引进来"和"走出去"合作创新，提升劳动、信息、知识、技术、管理、资本的效率和效益。

1. 进一步消除制约民间资本发展的体制机制障碍

放宽准入限制，鼓励民营企业在参与国企改革中发展非公有资本控股的混合所有制企业，加快垄断行业和公共领域管理"去行政化"、补贴"去隐形化"、利益"去地方化"，确保民间资本既能平等进入，也能公平竞争。

2. 推进民营企业产权制度改革

鼓励有条件的民营企业通过相互参股、嫁接外资和参与国有企业改革等形式，改变投资主体单一的格局。鼓励民营企业按照现代企业制度要求，逐步实现所有权和经营权的分离，进一步完善法人治理结构，形成科学的决策机制。

3. 真正爱护民营企业和民营企业家

高度重视民营企业家这一台州最宝贵的财富，弘扬企业家精神。贯彻依法治国精神，坚持依法行政，对任何私人财产的征收都要有法可依，对任何私人财产的征收都必须给予合理补偿，给民营企业家以情感支撑和稳定预期。

三　加大对台州市多元支持

建议省委、省政府专题听取台州重大规划、重大问题汇报，进一步明确台州在全省的战略定位，统一各方思想认识和具体部署，赋予台州更多先行先试和深化改革的权限，以及创新发展的扶持政策，更好地发挥台州在全省改革发展中的地位和作用。

一是支持台州建设长三角南翼现代化港湾都市区，并纳入全省"十三五"规划，适时开展省域城镇体系规划修编。支持"三区两市"同城化发展的都市区共建共享体制机制创新，全面深化三区两市融合互动。

二是支持台州建设民营经济创新示范区，争创国家民间投资改革创新示范区和全国小微企业金融服务改革创新试验区；支持台州争取设立国家全面创新改革试验区；支持台州制造业转型升级，创建"中国制造2025"试点示范城市；争取将一批改革创新事项纳入国家"十三五"规划重大改革事项。

三是支持台州重大项目建设，将头门港开发开放、杭（绍）台温城际铁路、台州炼化一体化项目、东海油气田登陆、台州新机场等一批重大项目列入省"十三五"规划，促进项目顺利在台州落地。在七大新兴产业培育以及海涂围垦、土地报批、地方政府债券发行等方面给予台州更多的政策和专项支持。同时，建议省财政在台州教育、文化等各项社会事业和生态文明建设领域予以重点资金扶持。

山区转型篇

第九章 浙江省区域发展的
新均衡战略研究

长期以来，关于区域经济发展存在着一个困惑。政府出于照顾各地发展情绪的需要，虽然会强调集聚，但通常也会提出全覆盖、无重点的思路。然而无论是现状还是未来，欠发达地区总是发展较慢，发达地区总是发展较快，区域经济不均衡是一个长期客观存在。

针对这一状况，并根据浙江省新一届政府提出的基本公共服务均等化行动计划，我们提出区域发展的新均衡战略。这就是以科学发展观为指导，尊重客观规律，明确提出实施区域经济非均衡发展战略；积极按照以人为本的理念，着力推进基本公共服务均等化，明确提出实施区域社会均衡发展战略。

提出这一新均衡战略的指导思想在于，区域经济发展充分按照客观条件，努力提升要素效率；区域社会发展充分体现以人为本，着力追求公平公正。实施这一新均衡战略的目的在于，着力以区域经济的非均衡发展，加快实现区域社会的均衡发展，进而实现全省整体协调快速发展。需要指出的是，经济非均衡是指经济地理发展水平、发展模式的非均衡，社会均衡则是指人均水平的均衡。

一 从均衡走向新均衡

早期关于区域发展通常局限于经济领域，经历了均衡向非均衡的演变，但都不可避免地具有局限性。2008 年年初，浙江省新一届政府明确提出实施基本公共服务均等化行动计划，从而一定程度地在区域发展上引入了社会均衡发展的重大概念，是浙江省区域发展思路的重大突破。

1. 区域经济理论从均衡向非均衡转变

区域经济非均衡发展理论是针对新古典主义区域均衡发展理论①提出的。新古典主义区域均衡发展理论在研究假设上，忽视了区域的空间距离，具有较大局限。区域经济非均衡发展理论打破了静态均衡分析的新古典主义传统，把区域之间的空间距离和区域条件差别考虑在内，更具指导意义。

区域非均衡理论有三个主要分支。一是弗朗索斯·佩鲁（Francois Perrous，1950）的"增长极"理论，即经济空间中在一定时期起支配和推动作用的经济部门，通过外部经济和产业之间关联乘数效应推动其他产业增长。二是缪尔达尔（G. Myrdal，1957）的"二元经济结构"理论，提出区域经济发展可分为较快和较慢两类地区，这两类地区经济增长速度在"累积性因果循环"作用下逐渐扩大，形成地区性二元结构。三是赫希曼（A. Hirschman，1958）与约翰·弗里德曼（JohnFriedmann，1966）的"核心区—边缘区"理论，即区域经济发展可分为收入水平较高的核心区和周围较落后的边缘区，市场力使核心区"极化效应"大于"扩散效应"，从而区域差距扩大。这种区域非均衡理论，后来成为区域经济梯度推进、增长极、点轴开发和网络开发等发展模式的理论依据。

2. 浙江省区域经济发展思路从均衡向不彻底的非均衡演变

改革开放以来，浙江省经济社会发展不断跃上新的台阶，区域经济发展取得重大成果，创造了"浙江奇迹"，并在这一发展过程中呈现从平均主义向不彻底的非均衡发展思路的演变。

——"两片四区"和五个中心城市空间发展战略。这一思路最早形成于1983年制定的经济发展战略，后来在"七五"计划中得到明确。"两片"，即较发达的浙东南和相对欠发达的浙西北，"四区"即浙北、浙东、浙南和浙西四个城乡协调发展经济区②，五个中心城市指杭州、宁波、温州、金华为四个经济区主中心城市、衢州为浙西经济区次中心城市。

——————

① 新古典主义区域均衡发展理论主要代表是罗森斯坦-罗丹（P N Posenstein-Rodan，1943）的大推进理论，诺斯（North，1955）出口基地理论，以及 R. 纳克斯（R Nurkse，1953）的贫困恶性循环理论。

② 浙江省经济研究中心编：《浙江省情 1949—1984》，浙江人民出版社 1986 年版。

这一战略显然具有较大的均衡主义色彩，但也一定程度地照顾了集中化的要求。这里的"两片四区"是一个全覆盖、无重点的提法，但由于确定了五个中心城市，因而具有一定的集中化指向。

——三大中心城市和"三区三带"空间发展战略。"九五"时期，浙江省根据当时市场经济发展规律和区域经济内在联系，提出以杭州、宁波和温州三大中心城市和沿海港口为依托，以交通运输大通道为主轴线的集约开发格局，并提出要相应形成沪杭甬和杭宁高速公路沿线地区、温台沿海地区和金衢丽地区"三区"，以及沪杭甬和杭宁高速公路沿线、温台沿海、浙赣和金温铁路沿线"三带"的区域经济布局。"十五"时期进一步明确为"三极辐射、三带集聚、两域拓展"的发展战略。

这一战略思路更符合浙江省实际。"五个中心城市"演变为"三个中心城市"，"两片四区"演变为"三区三带"，均充分体现了浙江省空间集中化的特点，但显然还没有摆脱全覆盖、无重点的局限。

——四类主体功能区差别化发展战略。"十一五"计划提出率先发展"优化开发"和"重点开发"区域，即培育杭、宁、温三大都市经济圈，建设分工合理、优势互补、特色鲜明的环杭州湾、温台沿海、金衢丽高速公路沿线三大产业带。

这一战略思路明确提出培育杭宁温三大都市经济圈，符合城市化要求，有利于进一步优化浙江省区域经济的空间布局。但这一战略还是反映了政府在区域经济布局上的困惑，后面"三大产业带"提法，在表述形式上仍不可避免地具有全覆盖、无重点色彩，是一种不彻底的区域经济非均衡战略。

3. 区域社会均衡发展思路的提出

2008年年初召开的省十一届人大一次会议，明确提出实施基本公共服务均等化行动计划，实际上也就是提出了区域社会均衡发展的要求，是浙江省区域发展思路的重大突破。因考虑到区域经济事实上不可能均衡发展，区域社会则必须均衡发展，至此，浙江省区域发展新均衡战略呼之欲出。

二　新均衡战略的现实基础分析

浙江省区域经济发展存在着人口、GDP 及投资向"V 二"区域集聚的趋势，区域社会发展则呈现一定程度的均衡趋势，这是我们实施区域发展新均衡战略的现实基础。

1. 浙江省区域发展可划分为"Ｖ二"和非"Ｖ二"区域

集中化是浙江省区域经济发展的实际趋势和主要特征。为了确定浙江省集聚发展的重点地区，以全省包括设区市市区在内、69 个县（市、区）为研究对象，以经济贡献度①为衡量指标，得到 69 个县（市、区）的经济贡献度排序。结果表明，居前 25 位的行政区划，均位于环杭州湾、温台沿海，以及浙赣铁路沿线。这三大区域均在浙江省交通干线周边，行政区划内以平原地形为主，在未来的区域发展中具有重要战略地位。考虑到区域集中、空间优化等因素，暂且确定浙江省经济贡献度前 25 位的行政区划为重点区域②。这 25 个行政区划在浙江省行政区划图上，呈集中分布的"Ｖ二"状，以下简称"Ｖ二"区域。

图表 9-1　　1980—2006 年浙江省贡献度最大的 25 个行政区划排序

地区	2006 年 GDP	2006 年 GDP 占全省比重	1980—2006 年人均 GDP 名义增长率	区域经济贡献度	区域经济贡献度排序
杭州市区	2738	17.4	17.3	301.9	1
宁波市区	1598	10.2	17.5	177.9	2
温州市区	779	5.0	19.0	94.4	3
台州市区	547	3.5	19.0	66.2	4
绍兴县	452	2.9	22.3	64.1	5
慈溪市	450	2.9	18.9	54.2	6
义乌市	353	2.2	21.3	47.8	7
诸暨市	377	2.4	19.0	46.6	8
温岭市	351	2.2	20.1	45.0	9
余姚市	359	2.3	18.4	42.0	10
湖州市区	355	2.3	16.3	36.7	11
嘉兴市区	341	2.2	16.4	35.7	12

---

① 经济贡献度计算公式：经济贡献度=区域 GDP 占比×区域人均 GDP 名义增长速度。这一指标是将县市当前 GDP 规模和它在一个时期的人均 GDP 增长率结合起来进行分析，综合反映一个地区当前经济发展水平与未来增长能力。

② 实际工作中，建议进一步参照其他因素，适当增加重点发展区域。

地区	2006 年 GDP	2006 年 GDP 占全省比重	1980—2006 年人均 GDP 名义增长率	区域经济贡献度	区域经济贡献度排序
乐清市	302	1.9	18.4	35.3	13
瑞安市	279	1.8	18.3	32.5	14
上虞市	264	1.7	18.4	30.8	15
绍兴市区	299	1.9	15.4	29.3	16
富阳市	238	1.5	19.0	28.9	17
海宁市	256	1.6	17.2	28.1	18
舟山市区	241	1.5	16.8	25.8	19
桐乡市	228	1.5	17.3	25.1	20
平湖市	205	1.3	18.8	24.4	21
玉环县	180	1.1	20.0	22.9	22
永康市	179	1.1	19.4	21.9	23
金华市区	240	1.5	13.8	21.2	24
临海市	192	1.2	17.0	20.8	25

综上所述，本文"V 二"区域范围界定如下。

"V"形区域即环杭州湾地区，共有 15 个县（市、区）。包括杭州市区、富阳市、绍兴市区、绍兴县、诸暨市、上虞市、宁波市区、余姚市、慈溪市、嘉兴市区、海宁市、桐乡市、平湖市、湖州市区、舟山市区。

"二"形区域即温台沿海地区和浙赣沿线地区，共有 10 个行政区划。其中温台沿海地区包括台州市区、临海市、温岭市、玉环县、温州市区、乐清市、瑞安市 7 个县（市、区）；浙赣沿线地区包括金华市区、义乌市、永康市 3 个市（区）。

2. 区域经济呈现非均衡发展格局

"V 二"区域是浙江省发展最快、人口和经济集聚度较高、城镇密集的区域，具有重要战略地位。

——领跑全省经济。改革开放以来，"V 二"区域在全省经济增长最快的 10 个县（市、区）中占 9 个，在 10—20 位行政区划中占 7 个，"V 二"区域 25 个县（市、区）中有 22 个位于全省中位数之前。1978—2006 年，"V 二"区域对于全省 GDP 增长的贡献份额高达 75.2%。

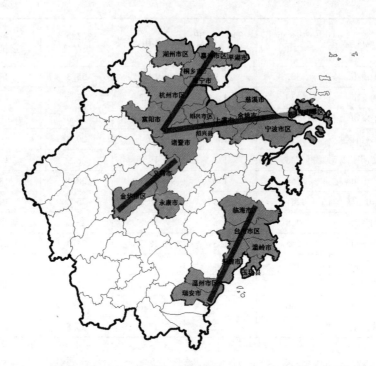

图表 9-2　浙江省贡献度最大的 25 个县（市、区）在空间上形成 "V 二" 格局

图表 9-3　　　1980—2006 年 "V 二" 区域 25 个县（市、区）

增长评价指数排序

地区	增长评价指数	增长评价指数排序	地区	增长评价指数	增长评价指数排序
绍兴县	69.0	1	余姚市	67.5	15
义乌市	68.9	2	上虞市	66.4	19
玉环县	68.8	3	绍兴市区	66.0	20
杭州市区	68.7	4	海宁市	64.7	24
温州市区	68.7	5	嘉兴市区	64.3	25
宁波市区	68.6	7	乐清市	64.3	26
温岭市	68.4	8	桐乡市	63.6	28
慈溪市	68.2	9	瑞安市	63.1	29
诸暨市	68.2	10	舟山市区	63.0	31
永康市	68.1	11	湖州市区	60.1	36
平湖市	67.9	12	临海市	53.7	46

续表

地区	增长评价指数	增长评价指数排序	地区	增长评价指数	增长评价指数排序
富阳市	67.8	13	金华市区	49.8	49
台州市区	67.6	14			

图表 9-4　　　　1978—2006 年"Ｖ二"与非"Ｖ二"
区域 GDP（当年价）比较

年份	"Ｖ二"区域 GDP（亿元）	非"Ｖ二"区域 GDP（亿元）	"Ｖ二"区域占全省比重（%）
1978	86.3	43.0	66.7
1988	481.1	231.7	67.5
1998	3963.1	1579.7	71.5
1999	4270.3	1684.6	71.7
2000	4815.2	1875.5	72.0
2001	5508.7	1965.1	73.7
2002	6295.0	2208.0	74.0
2003	7417.5	2617.4	73.9
2004	8915.9	3095.8	74.2
2005	10112.7	3358.7	75.1
2006	11803.5	3907.8	75.1

——集聚全省 3/4 经济。"Ｖ二"区域国土面积占全省 32.3%，人口占 63.2%[①]，GDP 占 75.1%，全社会固定资产投资占 74.0%，财政总收入占 82.2%。也就是说，"Ｖ二"区域以占全省不到 1/3 的国土面积，居住了近 2/3 的人口，创造了 3/4 的 GDP 和 4/5 的财政收入。2006 年与 1978 年相比，"Ｖ二"区域占全省 GDP 的比重，由 66.7% 上升到 75.1%，提高了 8.4 个百分点。2006 年，"Ｖ二"区域按经过修正后的常住人口计算，人均 GDP 为 44608 元，比全省平均高 31.4%，是全国平均水平的 2.8 倍，是非"Ｖ二"区域的 2.3 倍。值得一提的是，"Ｖ二"区域专业技术人员占全省 71.9%，大大高于人口比重。

---

① 为了得到更符合实际的结论，我们对人口口径进行了修正，修正后人口＝常住人口+暂住人口-农村外出劳动人口。

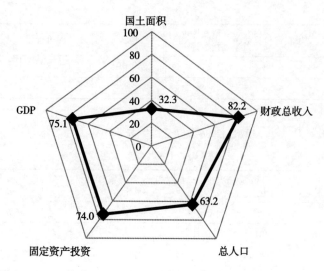

图表 9-5　2006 年"Ⅴ二"区域主要指标占全省比重（单位:%）

图表 9-6　　　2006 年"Ⅴ二"区域主要经济指标及其占全省比重

指标	全省	"Ⅴ二"区域	占全省比重（%）
国土面积（km²）	103663.1	33434.5	32.3
总人口（万人）	5337.0	3370.5	63.2
国内生产总值（亿元）	15711.4	11803.5	75.1
工业总产值（亿元）	29111.0	23722.6	81.5
农业总产值（亿元）	712.4	383.6	53.8
城乡居民储蓄存款年末余额（亿元）	10424.0	8307.0	79.7
耕地面积（万公顷）	159.4	85.2	53.5
全社会固定资产投资（亿元）	7500.0	5552.3	74.0
财政总收入（亿元）	2313.6	1900.7	82.2
地方财政收入（亿元）	1153.5	934.6	81.0
地方财政支出（亿元）	1287.7	937.5	72.8

　　——空间地理条件优势造就"Ⅴ二"区域率先发展。浙江的平原主要集中于"Ⅴ二"区域，形成这一带较好的开发建设条件，凸显"Ⅴ二"区域在浙江"人多地少"基本省情下的空间优势。对省域空间按照适宜建设区进行换算，平原和盆地面积按 100% 计，山地和丘陵计按 20% 计。

"V二"区域适建区总面积 21373 平方公里，占其总面积的 63.4%；非"V二"区域适建区 26885 平方公里，仅占其总面积的 38.2%。正是基于相对较好的地理条件，"V二"区域人口、产业集聚效应不断增强，经济增长加速，技术水平跃升。"V二"区域拥有城镇人口超过万人的镇和街道 498 个，相当于每 40 平方公里适建区就有 1 个城镇。"V二"区域每平方公里人口达 1694.3 人，相当于非"V二"区域的 2.5 倍。同时"V二"区域的投入与产出密度等均成倍于非"V二"区域。

图表 9-7　　　　2010 年"V二"区域主要经济指标是非"V二"区域的倍数

指标	单位	"V二"区域	非"V二"区域	"V二"是非"V二"的倍数
GDP 密度	万元/平方公里	9467.2	2519.1	3.8
投资密度	万元/平方公里	4150.0	1262.9	3.3
人口密度	人/平方公里	1694.3	677.5	2.5
城镇密度	个/100 平方公里	2.3	0.9	2.7

3. 区域社会发展呈现相对均衡格局

与区域经济非均衡发展相对应的是，区域社会出现了相对均衡的状况。全省不同区域和不同市、县的人均收入、若干人均社会发展指标等的差距，均大大低于人均 GDP 差距。2006 年，"V二"区域与非"V二"区域，11 项社会发展指标的差距均大大小于人均 GDP 差距。全省状况亦如此，全省 2006 年 69 个行政区划，这 11 项社会发展指标的离散系数分别在 0.18 到 0.50 之间，均小于人均 GDP 0.53 的离散系数。

——人均收入差距小于人均 GDP 差距。2006 年，全省城镇居民人均可支配收入最高地区是最低地区的 2.4 倍，农村居民人均纯收入最高地区是最低地区的 3.2 倍，但同期全省人均 GDP 最高地区与最低地区的差距高达 10 倍。据此而言，各地城乡居民人均收入差距相对较小。进一步比较全省 69 个行政区划上述 3 项数据的离散系数，也得到同样的结论。2006 年，全省 69 个县（市、区）人均 GDP 离散系数为 0.53，大大高于城镇居民人均可支配收入离散系数 0.18 和农村人均纯收入离散系数 0.30。

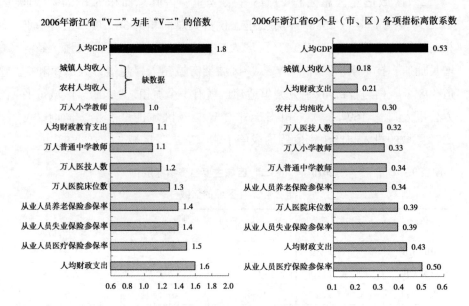

图表 9-8　2006 年浙江省各地各区域社会发展领域 11 项
指标差距与其人均 GDP 差距比较

图表 9-9　　　2006 年全省各市、县人均 GDP 和城乡居民

人均收入情况　　　　　　　　　　　　（单位：元）

指标	最高市、县	最低市、县	最高为最低倍数	69 行政区划离散系数
人均 GDP	66476	6320	10.5↑	0.53↑
城镇居民人均可支配收入	24021	9901	2.4↓	0.18↓
农村居民人均纯收入	10438	3267	3.2↓	0.30↓

——人均地方财政支出差距亦较小。2006 年，"Ⅴ二"和非"Ⅴ二"区域人均地方财政支出为 2781.6 元和 1780.5 元，前者只有后者的 1.6 倍，小于两个区域人均 GDP 的差距。人均财政教育费用支出，"Ⅴ二"和非"Ⅴ二"分别为 459.2 元和 420.5 元，两者差距不大。同期，"Ⅴ二"和非"Ⅴ二"的人均财政总收入差距为 2.7 倍，大于人均 GDP 和人均财政支出差距。这些数据充分表明财政转移支付大大"熨平"了区域间的人均财政支出差距。由于人均财政支出可以直接理解为政府提供的人均公共服务，因此这也表明，浙江省的区域公共服务差距相对较小。

图表 9-10　　　　　2006 年人均财政收支情况区域比较　　　（单位：元/人）

指标	全省	"V二"	非"V二"	"V二"为非 "V二"倍数	69个县（市、区）离散系数
人均 GDP	33937.9	44608.2	19702.7	2.3	0.53
人均财政总收入	4335.0	5639.2	2099.8	2.7	0.68
人均地方财政收入	2161.4	2772.9	1113.3	2.5	0.63
人均地方财政支出	2412.8	2781.6	1780.5	1.6	0.43
人均财政教育费用支出	444.9	459.2	420.5	1.1	0.21

　　——社会服务资源区域分配趋于均等。浙江省教育和医疗资源地区分配比较均等，长期以来，非"V二"与"V二"区域万人拥有教师、医生和病床数差距逐渐缩小。2005 年，"V二"区域和非"V二"区域万人小学专任教师数分别为 35.7 人和 35.2 人、万人普通中学专任教师数分别为 38.4 人和 34.4 人、万人医务技术人员数分别为 19.2 人和 15.6 人、万人医院卫生院床位数分别为 29.8 张和 22.4 张，差距均不大。如果考虑到跨区域就学、求医，则社会发展差距更小。例如，与 1998 年"V二"区域以占全省 56.7% 的人口拥有占全省 65.4% 的医务人员相比，2006 年"V二"区域医务技术人员数的比重为 67.9%，同期人口比重达到 63.2%，区域医疗卫生事业发展均衡水平大大提高。

图表 9-11　　　2005 年、2006 年万人教师、医生和病床数量区域比较

指标		全省	"V二"	非"V二"	"V二"为非 "V二"倍数	69个县（市、区）离散系数
万人专任教师数（人/万人）	小学	35.5	35.7	35.2	1.0	0.33
	普通中学	36.6	38.4	34.4	1.1	0.34
万人床位数（张/万人）		27.1	29.8	22.4	1.3	0.39
万人医技人数（人/万人）		17.9	19.2	15.6	1.2	0.32

　　说明：表中"万人专任教师数"系 2005 年数据。因台州无分市、县统计数据，故区域整体数据中未把台州三市四县统计在内，但对统计结果影响不大。

　　——城乡建设事业加快向非"V二"区域推进。伴随全省城乡建设全面推进，非"V二"区域城乡建设步伐快于"V二"区域。城市建设方面，2006 年，非"V二"区域城区人均道路用地面积 12.6 平方米，人均绿地用地面积 9.0 平方米，分别高于"V二"区域城区同类用地人均

面积指标。农村基础设施建设方面，自来水、公路和通信设施加快向更多非"Ｖ二"的农村地区延伸。与2003年比较，2006年非"Ｖ二"区域自来水受益村的比重提高2.8个百分点，通汽车村比重提高3.5个百分点，通电话村比重提高1.3个百分点，高于同期"Ｖ二"区域三项指标上提高幅度0.3—1.9个百分点。当然非"Ｖ二"若干社会发展指标仍较低，特别是基础设施建设任重而道远。

图表9-12　　**2006年"Ｖ二"和非"Ｖ二"城区人均各类用地面积比较**　　（单位：平方米）

区域	建成区	居住用地	道路用地	绿地	城镇居民人均住房使用面积
"Ｖ二"	89.1	24.4	12.2	8.9	26.6
非"Ｖ二"	92.6	27.0	12.6	9.0	31.4
非"Ｖ二"高出"Ｖ二"百分点数	3.5	2.6	0.4	0.1	4.8

说明：城镇居民人均住房使用面积数据来源于2006年温州统计年鉴，其中缺少14个行政区划，由于这一数据总体比较均衡，因此缺少数据尚不至于影响结论。

图表9-13　　**2003—2006年"Ｖ二"和非"Ｖ二"农村基本建设覆盖情况比较**　　（单位：%）

年份	区域	自来水受益村占比	通汽车村占比	通电话村占比
2003	"Ｖ二"	88.4	97.1	99.8
	非"Ｖ二"	76.8	91.6	97.4
2006	"Ｖ二"	90.8	98.7	99.8
	非"Ｖ二"	79.6	95.1	98.7
2003—2006提高百分点	"Ｖ二"	2.5	1.6	0.1
	非"Ｖ二"	2.8	3.5	1.3

三　积极实施区域发展的新均衡战略

当前必须继续加大"Ｖ二"区域的要素集聚，同时积极采取多种手段，加快全省特别是非"Ｖ二"区域的社会发展，整体提升全省经济社会发展水平。

1. 实施区域经济非均衡与区域社会均衡的新均衡战略

实施区域发展的新均衡战略，促进区域经济社会全面协调发展。明确实施区域经济非均衡发展战略，积极推进要素集聚，强化"V二"区域对于全省的带动作用；明确实施区域社会均衡发展战略，积极推进基本公共服务均等化，更加注重非"V二"区域社会发展，强化非"V二"区域对于全省的生态和要素支撑。

实施这一战略必须进一步正确处理经济非均衡和社会均衡之间的关系。

——经济非均衡和社会均衡发展是有机整体。经济非均衡发展和社会均衡发展是辩证统一的，两者都是区域协调发展必不可少的内容。经济非均衡发展是手段，是区域经济发展在资源要素制约等情况下，实现全省整体快速发展的最优途径；社会均衡发展是目的，是贯彻落实科学发展观、积极构建和谐社会的必然要求，是实现广大人民群众共享发展成果的重要保障。

——"V二"区域和非"V二"区域互为支撑。"V二"区域的区位条件较好，地形以平原为主，具有发展经济的较好条件；非"V二"区域多半位于"V二"区域上游，山区面积较大，具有对"V二"区域的生态支持、劳动力及其他资源支持的重要功能。实施"V二"和非"V二"错位发展、优势互补，有利于形成全省经济社会发展的最佳布局。

——效率与公平公正并重。区域发展既要提升效率，也要追求公平公正，二者缺一不可。缺少效率就不可能实现较快的发展，缺少公平公正就会破坏社会正义，二者都将影响最广大人民群众根本利益的实现，都将降低整体效率。实施区域发展的新均衡战略，有利于实现效率和公平公正的最佳结合。

2. 明确实施区域经济非均衡战略

全省经济发展以"V二"区域为重点，强化规划引导和市场推动，积极优化多层次空间结构，着力促进多层次要素集聚。

——积极构建多层次空间结构。稳步推进点、线、面相结合的空间布局，优化形成"V二"区域整体面状集聚、非"V二"区域重点集聚的要素布局。一是优化"两域"，即科学处理"V二"区域和非"V二"区域之间的经济布局关系，实现区域发展的优势互补和互利共赢。二是强化"四圈"，即做强杭州、宁波、温州、浙中四大城市经济圈，发挥中心城

市辐射带动作用。三是整合"多区",即加快整合国家级和省级开发区
(园区)、临港工业区、港口物流区等建设,优化高速公路沿线、沿海、
沿岸产业布局。四是统筹城乡,强化城乡建设用地集约利用,优化全省城
市形态和农居布局。

——大力吸引多层次高级要素集聚。强化市场化配置功能,全方位利
用省外生产要素和境外生产要素,做到省内、省外和境外三个层次生产要
素的并重集聚。一是充分利用非"V二"区域的生态和要素等支撑功能,
进一步推进省内人口等要素向"V二"区域集聚。二是发挥"近沪邻苏"
优势,强化与上海接轨,加强长三角区域合作,推动沪苏浙三省市的交通
互联、产业互补、要素共享、环境共保,同时着力加强与中西部及东北地
区资源富集省份的战略合作。三是着力推进国际金融、物流、贸易、旅
游、咨询、教育、科技等服务领域的深入合作。

3. 明确实施区域社会均衡战略

整体推进全省社会发展,着力强化对于非"V二"区域的财政转移
支付和民间资金投入,在促进非"V二"区域经济重点集聚的同时,更
加注重社会发展。

——着力推进基本公共服务均等化。立足公平正义,统筹推进"V
二"和非"V二"区域以及城乡的基本公共服务。明确基本公共服务供
给重点,分阶段按步骤推进。坚持从经济发展水平出发,尽力而为、量力
而行。明确职能分工,提高公共服务供给效率。着力加快非"V二"区
域部分山区和边远市、县社会发展,考虑到这些市、县社会设施的规模经
济性较低,人均财政支出应适当高于全省平均水平。

——着力保护生态环境。强化森林覆盖地区、江河水系源头地区、重
要湿地生态系统等生态环境脆弱地区生态环境保护与整治。加强海洋生态
修复,恢复海洋生物多样性。着力实施非"V二"区域的"绿色"战略,
一是强化"V二"区域对于非"V二"区域的生态补偿机制,二是以良
好的生态环境促进非"V二"区域旅游业等特色产业发展,三是成为全
省生态环境的有力支撑。

——着力优化人口布局。积极实施非"V二"区域人口内聚外迁战
略,优化全省人口布局结构,提高劳动力资源利用率,促进城乡协调发
展。通过内聚,优化欠发达地区的人口分布,促进区内人口向重点城镇、
部分河谷盆地等优先发展地区集聚。通过外迁,减少欠发达地区的人口总

量，增强欠发达地区生态屏障功能，提升欠发达地区居民生活质量。

四　加快非"Ｖ二"区域发展的若干思路

实施新均衡战略的关键，是加快非"Ｖ二"区域的发展，其中主要是加快若干山区边远市、县①发展的问题。这就需要跳出传统的偏重于工业发展的思路，以生态环境为支撑，以社会发展为中心，积极推进生态、产业和社会互动发展。

1. 跨越工业化

总体而言，浙江省山区边远市、县不宜大规模发展工业。即使在交通方便的今天，这些地区的交通成本也较高。同时，这些地区可用于工业建设的平原十分稀缺，而且生态屏障功能十分突出。面对山区边远市、县政府要增加财政收入、老百姓要增加个人收入等急迫要求，除了发展一部分工业外，主要还得通过其他途径实现。

——发展生态经济。这里有三个"卖"点。首先是把生态环境"卖"给自己，即本地人充分享受生态环境，增加个人和家庭的福利指数。其次是把生态环境卖给下游，即通过生态补偿机制，取得生态保护的货币化收入，这里可以建立一些具体的机制，如水资源跨时空调配机制、断面水质控制机制、大范围空气质量优化机制等。最后是把生态环境卖给游客，大力加快以旅游为主的服务业的发展，这是最有前景的一个卖点，但会有一个逐渐发展过程。所以山区边远市、县的生态环境，不仅是全省的重要支撑，也是自身发展的基本支撑。

——发展特色产业。积极发展绿色、高效和加工农业，实施品牌农产品战略。充分利用本地人文历史资源，生产具有深厚文化内涵的各种特色产品，如龙泉青瓷、缙云土面、东阳木雕等，以及其他环保绿色工业。同时还要积极利用良好的生态环境，吸引高新技术产业，有规划地发展房地产业。

——强化财政转移支付和民间投入。一是建立省财政对于山区边远市、县一般转移支付的自动增拨机制，省财政在每年新增收入部分，在山

---

① 随着各地连岛工程的建设，浙江多数海岛将和大陆相连，所以没有单独提出海岛发展问题。

区各地达到生态环境综合指标考核前提下，自动按一定比例拨付。二是建立省财政对于山区边远市、县公职人员收入的"兜底"机制，生态保护任务特别重和区位偏僻的若干市、县，在正常情况下，如不能确保公职人员正常工资支付，则省财政自动拨款。三是制定实施团体和个人向山区边远市、县投资的优惠政策。

2. 加快城市化

山区边远市、县具有更强的发展城市化的迫切要求。与平原地区空间均质化不同的是，山区边远市、县具有很大的空间差异，村落分散，交通不便，生活生产条件较差，城市化对于加快这些市、县经济社会发展，具有更大的促进作用。

——积极实施重点集聚。山区县城和镇具有更强的集聚人口和产业的功能，如云和县形成了"小县大城"格局，全县户籍人口11.3万，县城户籍人口已达5.5万，如加上外来人口，县城已有近9万人，城市化水平大大高于全省。减少自然村，撤并行政村，加快建设县城和中心村镇，应是山区边远市、县推进城市化的重要举措。

——稳步推进下山脱贫。以劳动力转移带动人口迁移，积极引导偏远山区、海岛人口下山和离岛脱贫，促进人口向城镇集聚。人口转移将较快地提高山区边远市、县人均资源和人均GDP，同时外出人口汇款也将加快提高山区边远市、县人均收入水平。

3. 同步现代化

这是实施新均衡战略的一个基本目标。山区边远市、县的现代化，与发达市、县相比，存在着途径、结构、形式、评价指标等差异。

——途径差异。山区边远市、县主要不是通过工业化来实现现代化，而是通过切合其区域特点的多种路子实现，所以必须采取一县一策的做法，加快这些市、县的现代化进程。

——结构差异。山区边远市、县的物质生产比重较低，服务业比重较高，因此以旅游业为主体加快服务业发展，是山区边远市、县现代化的一个重要战略。在人口结构上，老龄人口和受教育程度较低的人口比重较高，因此必须采取与发达地区不同的人口政策。

——形式差异。支撑发达地区现代化的是高度发达的物质生产体系，支撑山区现代化的是高度优异的生态环境。所以在山区，环境消费、闲暇消费是一种重要的现代化表现形式。

　　——评价指标差异。山区边远市、县现代化的人均 GDP、人均财政收入均大大低于发达地区，但通过财政转移支付、生态补偿、外地汇款、产业收入等多种途径，人均购买力也可以达到一定水平，其他人均社会发展指标也能相对较高。

（发表于《浙江树人大学学报》第 9 卷第 2 期）

第十章　创新山区发展模式研究

　　浙江是经济强省，也是山区大省，山地丘陵面积占陆域面积 70% 左右。山区养育了一半多的浙江儿女，维系着全省的生态安全，承担着全省区域协调、科学发展的历史重任。加快山区发展，决不是一个局部发展问题，而是全局性的战略问题，更是一个重大的政治问题。"十三五"时期，山区发展挑战与机遇并存，必须适应和引领新常态做出新作为。

一　山区发展是浙江区域协调发展的重要组成部分

1. 山区创新发展是贯彻实施科学发展的命脉

　　人与自然协调发展是科学发展观的核心内容，也是山区创新发展的最基本要求。一方面，山区经济社会发展愿望十分迫切。山区的经济发展、民生等多项指标均落后于全省平均水平，加快山区发展，是尊重和保护山区发展权利、提高山区人民生活水平的必然选择，也是缩小城乡差距的根本出路。另一方面，山区生态支撑是全省实现可持续发展的关键。山区是浙江省的"绿肺""大水缸"和"大氧吧"，是华东地区重要的生态屏障，有着丰富的生态旅游、生态经济和非金属矿资源，具有创新发展特色优势经济的潜力和条件。因此，山区发展必须与生态保护和生态发展紧密联系。

2. 山区创新发展是实现区域协调发展的关键

　　浙江省加快全面、协调、可持续发展的难点在山区，重点也在山区。山区是实现区域生产力优化布局的重要区域。伴随海洋经济上升至国家战略、长三角范围扩大到两省一市、海西区建设加快推进，山区作为沿海地区经济腹地、生态屏障、空间拓展的重要作用进一步增强。山区是加快推进城乡统筹的关键区域。2010 年浙江省城乡统筹发展水平综合评价得分 82.0 分，作为山区的金衢丽湖 4 市平均得分 76.7 分，处于未达全面融合的发展阶段，加快山区发展的迫切性进一步凸显。山区是推进主体功能区划战略的重点区域。主体功能区划禁止、限制开发区多在山区，做好山区发展工作，是实施和落实主体功能区划的关键。

3. 山区创新发展是后危机时代发展的迫切要求

后危机时代山区转型发展必须正视外需回落的客观趋势，更加注重结构调整，更加注重扩大内需，推动向内需主导型增长模式转变。山区是优化产业结构的亮点所在。山区具有发展以生态休闲度假为主的服务经济的巨大优势，旅游经济也将促进特色农业、手工艺品发展，提升传统产业价值。山区是扩大内需的潜在市场。山区县城镇和农村居民消费性支出分别仅为其他地区城镇和农村消费性支出的 60% 和 50%，若这一比率能达到 80%，则至少能增加消费 1000 亿元。山区也是制造业转型升级的重点区域。当前山区仍以传统制造业为主，且承接了发达地区部分高能耗、高污染产业的转移，亟须提高山区产业准入门槛，推进产业转型升级。

4. 山区创新发展是高水平全面建成小康社会的重要使命

山区基础设施水准、基本公共服务水平相对滞后，与全面建设惠及全省人民的小康社会的要求仍有距离。山区医疗教育资源数量紧缺，水平有待提升。2010 年山区本科以上医务人员占比为 22.7%，低于全省平均 17.3 个百分点，拥有高级职称的医务人员占比低于全省平均 3.7 个百分点。山区是提高中等收入人群的重点区域。山区群众长期以来收入偏低，中等收入阶层扩张缓慢，加快扩大山区中等收入人群数量，对稳定全省经济社会发展、促进社会公平正义具有重大意义。随着大量旅游、养生等人口来到山区，山区与外界交流不断加强，与沿海地区基础设施、公共服务高品质一体化发展的要求呼之欲出。

二 山区转型发展新态势

(一) 山区 GDP 重要性下降，生态重要性趋于上升

山区多项经济指标在全省的比重逐步下降，同时山区生态功能趋于强化。一是为全省乃至华东地区创造巨大生态价值。山区是全省森林资源的主体，具有举足轻重的地位。根据有关预测，全省森林资源的生态服务功能年均价值约 3500 亿元，包括水土净化、水土涵养、保护生物

多样性、净化空气等方面创造的价值。二是为长三角居民提供休闲养生好去处。随着人们生活水平提高，外出度假旅游已成为一种重要的生活方式，2000—2010年，丽水市旅游接待人次和旅游总收入年均增速双双超过30%。

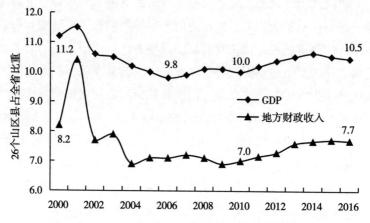

图表10-1　2000—2016年26个山区县主要经济指标占全省比重（单位:%）

（二）山区实物经济比重下降，服务经济比重趋于上升

山区物质生产无论是在全省还是就其自身，所占比重均趋于下降，服务经济在山区经济中的比重持续较快上升，对于促进山区乃至全省经济转型的作用凸显。一是服务业比重不断提高。2000—2016年，26个山区县第三产业比重从33.7%提高至49.0%。二是服务业对山区县发展贡献度上升。2016年26个山区县服务业从业人员比重32.2%，比2005年提高3.3个百分点，财税收入比重相应提升。三是特色服务经济带动效应增强。以农家乐、生态旅游等为特色的服务经济有效促进了农村发展和农民增收，加快了山区品牌建设，提升了山区知名度。

（三）山区与平原经济差距上升，社会发展差距趋于下降

山区与平原的发展差距仍较大，且今后这一差距仍将继续增大，然而随着转移和补偿支付力度的增强，山区社会发展水平与平原地区的均衡度将趋于提高。一是纵向比较，与2000年相比，2010年山区与平原的若干综合指标差距大幅缩小。二是横向比较，2010年山区与平原的人均收入

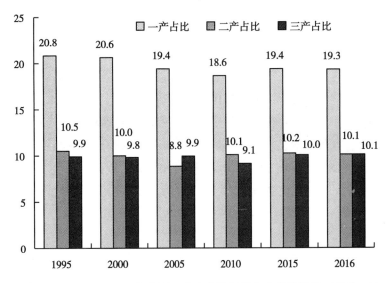

图表 10-2 2000—2016 年山区三次产业增加值占全省的比重（单位:%）

等若干人均社会发展指标的差距，均明显低于山区与平原人均 GDP 差距。三是社会发展比较，山区社会发展多项人均指标已高于平原地区。当然山区人均指标值高于平原，并不表明山区这些领域的社会发展已超过平原，更多的是与山区人口外出打工转移、山区居住分散、规模效率较低等因素有关。

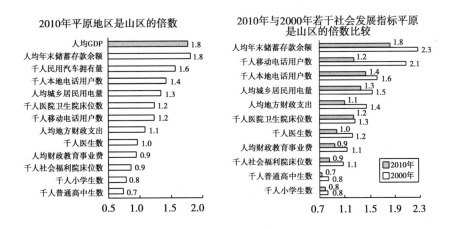

图表 10-3 山区社会发展水平相对提高

（四）山区常住人口下降，旅游暂住人口趋于上升

随着山区人口内聚外迁加快推进，山区人口向外转移、外出就业将继续增加，常住人口、年轻人口数量趋于减少。26个山区县常住人口从2000年占全省的20.5%降至2010年占全省的17.2%，下降3.3个百分点。与此同时，山区游客数量加快增长，停留时间逐步延长，外地来山区打工人数也将有所增长。2010年，衢州和丽水国内旅游人数分别同比增长34.1%和28.9%，而全省平均增速为20.9%。值得一提的是，衢丽两地国内旅游人数合计已占全省的12.6%，大大高于两地常住人口占全省7.8%的比重。遂昌县高坪乡桃源村，2011年夏季居住了600多位避暑养生的"长住客"，经营性收入达15万元。

三　践行"两山"理论下的发展模式创新

在经济全球化趋势及国内经济新常态背景下，发挥特色优势，创新发展模式，重构发展动力，重塑发展势能，是浙江省山区未来发展的内在要求和必然选择。

紧扣创新、协调、绿色、开放、共享五大发展理念，着力大山、大绿、大水、大风优势再造，大力实施空间创聚、旅游创名、制造创优、社会创均和体制创活五创联动，走出一条具有浙江省山区特色的发展模式转型道路，努力与全省同步高水平全面建成小康社会。

——丰富和发展山区创新发展理念。更加注重化后发优势、生态优势为竞争优势，深入推进供给侧结构性改革，优化服务、激发活力，更大限度推动大众创业、万众创新，不断增强经济转型内生动力。

——创新山区协调发展理念。更加注重推进城区、园区和景区联动发展，促进人口产业集聚布局、资源优化配置，全面统筹县城、小城市、中心镇、村统筹发展。

——创新山区绿色发展理念。更加注重丰富和发展"两山"重要思想，创新生态保护开发模式，演绎"两美"浙江的山区样本，切实增强生态对于全省经济社会发展的支撑作用。

——创新山区开放发展理念。更加注重主动对接融入杭宁温和金—义都市区，积极参与长三角一体化发展和"一带一路"战略，广泛开展浙

闽赣皖旅游经济圈等区域战略合作，谋求互利共赢新格局。

　　——创新山区共享发展理念。更加注重政府主导和社会参与相结合、本地政府和上级政府相结合，建立健全人口城市化成本分摊机制，确保与全省同步高水平全面建成小康社会。

四　发挥"四大"优势推进绿色发展

　　浙江省山区拥有独特的大山、大绿、大水、大风等生态自然资源，形成山区创新发展的优势所在、希望所在和潜力所在。未来一段时期，充分依托四大生态资源，努力谋求"生态保护"和"加快发展"两个方面协调共进，寻求独具山区特色的最优发展之路。

（一）大绿生机

　　大绿是山区的本色。较高的绿色覆盖面积造就浙江省较高生态环境质量，更激发绿色发展迫切诉求。全省森林覆盖率高达60.5%，仅次于福建居全国第2位。特别是浙西南山区，境内茂林修竹、溪流纵横，宛若绵延展开的影视长景和山水画卷；空气清新通透、甜润怡人，仿佛世外桃源和人间仙境。目前，全省已有开化等9个县（市）的空气环境质量优于国家二级标准，安吉县等5个县（市、区）列入全国"深呼吸"小城百佳。

　　浙江省基于较高生态环境质量的绿色发展呼之欲出。当前生态环境及资源压力不断加大，积极发挥生态环境优势，大力推进生态制造、生态服务、生态农业发展，是绿色发展内涵在浙江省的科学解读和实践。未来一段时期，遵循以人为本的发展理念，注重建设低消耗、高产出、少排放、能循环、可持续的经济体系，注重培养绿色生产方式和消费方式，注重生态建设和改善人居环境，寻求绿色发展，是浙江省山区转型发展的题中之义。

（二）大山创美

　　大山是山区空间和生态支撑。大山既曾经使得经济发展和人民生活相对滞后，又形成新常态下的美丽浙江建设的独特优势。浙江省地形以山区和丘陵地形为主，两类地形占据全省总面积的70.4%，而浙江省人均耕地面积不到全国平均水平的一半。这种基本省情催生浙江省山区创造美好生活和彰显秀美风貌的双重要求。

　　加快基于广阔山地丘陵之上的避暑度假等生态休闲养生产业发展，是浙江省山区加快发展的必然选择和战略抉择。浙江省海拔 500 米以上山地有 2.5 万平方公里，占全省面积的 1/4，平均气温比平原地区低 3 摄氏度以上，具有绝好的避暑养生条件。未来一段时期，浙江可依托高山台地，结合山水特色资源，开发避暑度假、极限运动、主题公园、农耕体验等多元产品，打造长三角生态休闲养生和避暑度假目的地。

（三）大水无疆

　　送出一江清水，是山区的骄傲和责任。一方面，浙江省地域水资源特色鲜明。全省拥有八大水系，每平方公里陆地面积有地表水 140 万立方米，是全国的 4.7 倍。特别是浙江省境内七成是山，如此多的水汇聚到少量的平原上，单位国土面积的水资源拥有量相当高，江南水乡的美誉由此形成。

　　另一方面，浙江省的发展史可谓治水史，从史前社会的滔滔洪水，到当前全面推进的"五水共治"，一条水脉贯穿浙江省发展始终。未来一段时期，全省将深入推进"五水共治"战略，确保水资源开发保护继续走在前列；同时，着力以治水为突破口打好转型升级"组合拳"，助力打造浙江省经济升级版。

（四）大风创新

　　"大风"不仅体现为具象的风力资源，更富有充满时代气息的抽象内涵。一方面，浙江省风力资源开发潜力较大。全省拥有海拔 1000 米以上的名山 50 余座，为风电场选址提供较大空间。目前磐安廿四尖、庆元双苗尖、缙云大洋山、东阳东白山等山峰已先后引进风力发电项目，不仅为加强全省能源保障、节能减排提供重要支撑，也为生态休闲养生发展增添一道亮丽的风景线。

　　另一方面，浙江省得市场化先行之风的创业创新迈出坚实步伐，未来进一步紧跟全球经济发展新潮流新风尚更是大势所趋。浙江省过去创造了全国第一张个体户营业执照、第一家股份合作制企业等，现在又创造了全球最大的电子商务网站，走出了独具特色的创业创新道路，奠定了大众创业、万众创新的现实基础和广阔前景。未来一段时期，浙江省完全有可能紧跟世界经济发展的新潮流，适应引领新常态，孕育发展新产业、新技术、新业态、新主体等，形成新的增长动力，创造更多财富。

五　山区"五创联动"发展战略构想

研究制定和积极实施符合山区实际的"五创联动"战略，探索山区发展新模式，培育经济增长新动力。

（一）空间创聚：构建"绿谷纵横"为本底的空间特色集聚

以全境"大绿谷"为基本空间支撑和总体形象定位，探索创新生态及基本农田保护空间管制下的科学开发模式。充分结合浙江省特色小镇培育工作部署和认定标准，精心培育建设一系列面向生产、服务生活和彰显生态的特色小镇，努力打造成为镶嵌于绿谷之中的智谷、欢谷和慢谷。

——智谷，即生态产业集聚区。推广江山光谷小镇、永嘉玩具智造小镇、遂昌农村电商创业小镇等发展模式。依托战略产业、龙头企业、重点创业创新平台等载体，提升服务和设施；发挥生态休闲养生等特色优势，强化要素集聚，打造面向未来的高端化、智能化和生态化产业集聚区。

——欢谷，即休闲养生大本营。推广古堰画乡小镇、神仙氧吧小镇等建设发展经验，依托现有和潜在休闲养生资源，创新休闲养生开发模式，努力创造既高度现代化又高度原生态的全新体验，打造面向多层次目标市场的聚游空间。

——慢谷，即充满乡愁的山城。推广千岛湖县城、文成县城、景宁县城、开化县城等小城市培育试点镇经验，张扬历史人文底蕴，复原清丽秀美风貌；提升城市功能和设施，营造慢生活高品质环境，打造富有吸引力和承载力的聚居空间。

（二）旅游创名：共建高度竞合的华东生态旅游经济圈

抓住浙闽赣皖生态旅游实验区建设战略机遇，发挥浙江省与江西、安徽、福建交界地带山水相依、资源富集、生态优良等优势，积极开展竞争合作，努力实现共赢发展，共同打造华东生态旅游经济圈。

——应对竞争，从同质化向特色化转型。引导各地旅游业与农业、工业、文化、会展等自身特色优势产业融合，培育避暑度假、康体养生、乡村休闲、历史文化、工业创意等各具特色的生态旅游产品体系。浙西南山区主要针对省内和长三角短途市场，发展养生养老和避暑度假游。浙北山区主要面向沪杭宁中心城市游客，大力发展湖山休闲和乡村休闲游。浙中山区借力国际贸易开拓国际旅游市场，重点发展以温泉度假为主的康体养生游。

——深入合作，从景区景点物质串联为主向多层次多领域扩展。推进跨区域"山水林田湖草"等要素统一规划建设，加强景区线路贯通，形成步步即景、处处风光的浙闽赣皖大景区。更重要的是，推动旅游合作方式由景区景点物质串联为主，向设施共建、信息共享、资源开发等多领域拓展。在此基础上，进一步开展人才交流、技术合作以及金融、产权交易等领域的合作。

——实现共赢，从强调互利互惠向共同提升区域竞争力转变。随着浙闽赣皖生态旅游实验区建设推向深入，这一带生态旅游在相互促进、相互替代以及各自独立发展并重的进程中，快速发展形成"多核引擎""百花齐放"格局。以此为基础，全面提升浙闽赣皖生态旅游的整体发展水平以及国内国际影响力、竞争力，树立华东生态旅游经济圈品牌。

（三）制造创优：构建富有竞争力的生态制造体系

当前山区制造业发展的一个关键，是处理好与生态保护之间的关系。山区具有自然资源、生态环境、历史文化等排他性资源，完全能够成为制造业发展的宝贵财富。"十三五"时期，积极发挥山区制造业基础优势，支持发展环境友好、技术先进、资源排他的生态型行业，努力建成浙江省生态制造业高地。

——特色发展资源排他型产业。充分发挥山区生态及文化资源丰富、旅游市场前景广阔优势，着重发展历史经典产业衍生的特色制造业，如龙泉宝剑和青瓷、青田石雕、云和车木玩具等。注重运用新技术、新营销模式等，开发新产品，拓展新市场。

——借力发展技术先进型产业。山区应积极发挥生态优良、历史悠久、生活闲适、休闲资源丰富等优势，集聚或柔性引进高端人才，促进科技研发、文化创意等生产服务业加快发展，提升对高端技术密集型制造业的服务。

——集聚发展环境友好型产业。应对山区工业发展空间局限相对较大、环境敏感性相对较高、分散发展成本相对较高等制约因素，鼓励引导资源节约、环境友好等生态型产业向开发区（园区）、特色小镇等平台集聚集约发展。

（四）社会创优：构建"双层次均衡"的优质普惠社会民生

山区社会均衡发展，重点解决两个问题。一是推动山区与沿海地区在经济发展非均衡的状况下的社会均衡发展。二是推动山区城乡之间、人群之间的社会民生均衡发展。

——第一层次：推动山区与沿海地区在经济发展非均衡的状况下的社会均衡发展。一是通过财政向山区的转移支付和生态补偿、公共服务向山区的延伸覆盖，提高山区公共资源供给。二是通过引导山区人口集聚，促进公共资源合理分布、高效利用。三是通过加快山区人口向发达地区转移，提高山区人均享有公共资源的水平。四是通过提高山区生存质量、放慢生活节奏、延长人均寿命等多种形式，形成与沿海地区差异化社会发展方式。

——第二层次：推动山区内部，城乡间、人群间的社会民生均衡发展。推动社会事业、社会保障、社会治理、社会产业和社会改革全面发展，加快城乡设施共建共享、要素自由流动、公共资源优化配置，确保经济社会发展成果惠及全民，让每个人都有人生出彩的机会。

（五）体制创活：构建促进山区要素资本化的体制机制

根据国内省内全面深化改革新要求，立足山区经济社会发展实际，以人口内聚外引、产业转型升级和生态保护利用为重点，深化改革，大胆创新，努力增强山区发展内生动力。

——围绕促进山区劳动力合理流动，深入推进"三权到人（户）、权随人（户）走"改革，探索农民财产权益合理变现的各种途径，健全本地农民市民化户籍管理制度，实行高层次人才准入便利、优待重用和来去自由的政策，畅通人才柔性流动渠道。

——围绕促进山区土地资源优化配置，深入推进低丘缓坡综合开发，深化农村土地制度改革，建立健全落后产能退出机制，建立众创空间培育发展机制，探索"飞地"经济发展模式。

——围绕促进山区生态资源保护利用，健全生态文明制度体系，建立差异化绩效考核评价体系，完善山海合作机制，建立健全生态补偿机制，推进扶贫开发等。

（节选发表。其中第四部分发表于《浙江日报》2015 年 7 月 7 日第 9 版，题为"探索浙江特色的绿色化发展"；第三和第五部分发表于《浙江经济》2016 年第 8 期，题为"新常态下的山区转型之路"）

第十一章　推进欠发达地区①工业化探讨

欠发达地区工业化，向来具有争议。当前的一个关键，是要处理好工业发展与生态保护之间的关系，形成科学推进欠发达地区工业化的格局。

世界发展经验表明，人均 GDP 超过 6000 美元之后，服务业发展加快，然而工业发展仍具有相当空间。研究欠发达地区工业化问题，对推动区域协调发展，推进"两个高水平"建设，具有积极意义。

本文通过阐明欠发达地区工业化比较落后的现实状况，针对欠发达地区工业化的迫切要求与主要制约，提出未来一个时期，浙江省欠发达地区推进特色工业化的总体构想及对策措施。通过有限度地加快推进欠发达地区特色工业发展，提升全省区域发展均衡水平，实现欠发达地区和发达地区同步现代化的目标。

一　欠发达地区工业化水平较低

近年来经过各方努力，欠发达地区经济实现平稳较快发展，综合实力日趋增强。但是相对全省其他地区而言，欠发达地区工业化进程滞后，极大阻碍了欠发达地区自身发展和全省经济全面发展。

欠发达地区工业化水平仍然较低。2007 年，欠发达地区第二产业比重为 49.8%，其中工业为 42.1%，分别低于全省 4.2 个和 6.3 个百分点。从事第二产业的人员占全社会从业人员比重为 31.3%，其中制造业从业人员仅占单位从业人员总数的 27.8%，两项指标分别低于全省平均水平 15.5 个和 15.9 个百分点。规模以上工业企业 4422 家，完成工业总产值 2177.1 亿元，分别仅占到全省的 8.6% 和 6.0%，平均每家工业企业创造产值为 4923.4 万元，比全省平均水平低 3 成。

---

① 与绪言中提到的山区 26 个欠发达县（市）一致。

2016 年，欠发达地区除武义县以外，其他地区的人均工业总产值均低于全省平均水平。在这些地区中，13 个县的人均工业总产值不及全省平均的一半，见图表 11-1。从总量水平看，有 15 个县的全社会工业总产值在 300 亿元以下，其中有 6 个县低于 100 亿元。

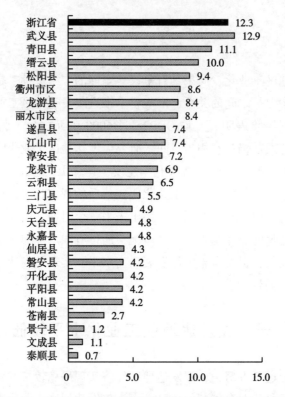

浙江省	12.3
武义县	12.9
青田县	11.1
缙云县	10.0
松阳县	9.4
衢州市区	8.6
龙游县	8.4
丽水市区	8.4
遂昌县	7.4
江山市	7.4
淳安县	7.2
龙泉市	6.9
云和县	6.5
三门县	5.5
庆元县	4.9
天台县	4.8
永嘉县	4.8
仙居县	4.3
磐安县	4.2
开化县	4.2
平阳县	4.2
常山县	4.2
苍南县	2.7
景宁县	1.2
文成县	1.1
泰顺县	0.7

图表 11-1 2016 年 26 个加快发展地区（原欠发达县）人均工业
总产值与全省比较（单位：万元/人）

说明：数据来源于《2017 浙江省统计年鉴》。

二 正确处理客观制约与主观要求的矛盾

欠发达地区加快经济社会发展，推进工业化进程具有双重挑战。一方面，欠发达地区面临工业发展的较大制约；另一方面，欠发达地区出于增加收入等实际要求，又具有发展工业的较强愿望。在这种情况下，唯有正确处理主客观矛盾，积极把握机遇，着力创新模式，才能突破"瓶颈"，实现经济社会又好又快发展。

(一) 客观分析制约因素

欠发达地区具有地理条件、经济基础和资金人才等多方面制约，提高工业化水平面临诸多挑战。

1. 地理条件制约

首先，欠发达地区多位于海拔 500 米以上，缺少工业开发所需的开阔建设用地资源。如常山县，位于高山和丘陵之间，县域内只有少量的盆地、河谷平原和台地，大部分土地都不宜实施工业开发。全县总面积 1099 平方公里，其中山地面积占 74.6%，坡度 3—6 度的侵蚀堆积岗地占 9.7%，水土流失比较严重的平畈占 10.0%。其次，欠发达地区较高的生态环境保护要求进一步加大工业开发压力。欠发达地区以山谷、盆地为主的地形不利于工业废气扩散，而山区的植被、水体独特环境使整个地区具有较强的生态敏感性。欠发达地区位于全省多条重要水系上游担负生态环境保护的首要责任，因此生态环境保护成为其实施工业开发的难点。最后，交通通达状况有所改善，但仍然是制约工业发展的一个因素。欠发达地区的多数村落，远离中心城镇，远离交通干线，相当一部分县（市）位于交通干线末端，多数不通铁路。

2. 经济基础制约

欠发达地区多为边远地区、老区和少数民族聚集地，地区经济发展基础薄弱，经济主要指标占全省的比重低。欠发达地区总面积近 4.5 万平方公里，占全省的 43.1%。2007 年年底，欠发达地区总人口为 1036.6 万人，地区生产总值 1711.2 亿元，分别仅占全省的 20.5% 和 9.1%。也就是说，欠发达地区以全省 2/5 以上的土地面积和 1/5 以上的人口数量，产生尚不足全省 10% 的 GDP，生产力水平明显较低。其中，衢州 5 县（市）GDP 合计 473.0 亿元，丽水 9 县（市）GDP 合计 430.0 亿元，均远远低于浙江省经济发达县（市、区），仅相当于一个一般的经济强县。如 2007 年绍兴县和慈溪市的 GDP 分别为 541.6 亿元和 531.5 亿元，均远远超过衢州和丽水全市水平；又如诸暨、义乌、温岭和余姚的 GDP 也都大于 400 亿元。长期经济发展落后造成了思想观念滞后，从而又束缚了这些地区经济社会的进一步发展。

图表 11-2　　　　　　　　2007 年欠发达地区若干主要经济指标与
全省平均水平的差距

指标	欠发达地区	欠发达地区占全省的比重（%）
人均 GDP（元）	16507	44.1
人均农业产值（元）	1766	90.6
人均工业产值（元）	6942	38.6
人均第三产业产值（元）	6524	43.2
人均全社会固定资产投资（元）	8717	52.4
人均财政总收入（元）	1893	29.6
人均财政支出（元）	21240	59.5
万人拥有专业技术人员数（人）	19.0	31.9

说明：数据来源于《2008 浙江省统计年鉴》。

3. 资金人才制约

当前欠发达地区仍处于原始积累阶段，资金和人才比较短缺。一是地方财政收入较低。2007 年，欠发达地区地方财政收入 111.5 亿元，仅占全省的 7.6%，且这些地区财政收入全部"收不抵支"，欠发达地区地方财政总支出中几乎一半来自转移支付。二是各项投资规模均偏小，在全省占比大多低于 10%。2007 年，欠发达地区完成第二产业限额以上固定资产投资总额为 384.7 亿元，占全省的 10.7%；房地产投资146.8 亿元，占全省的 8.1%；金融机构年末存款余额 1829.0 亿元，为全省的 6.4%；实际使用外资金额为 24528.0 万美元，相对占比最小，仅为 2.3%。三是人才资源缺乏，本地人才外流和外部人才引进难并存。2007 年，欠发达地区每万人拥有各类科技人员数仅为 19 人，不到全省平均水平的 1/3；拥有高等院校 3 所，在校大学生 42794 人，仅占全省的 5.3%。

（二）辩证对待工业化要求

纵观各发达国家、地区的发展历程，经济社会的较快发展，无不以工业化作为重要引擎。工业化是促进地区经济发展、社会进步、人民生活富足的主要路径。对于欠发达地区加快工业发展的强烈要求，也应该辩证、积极地进行分析。

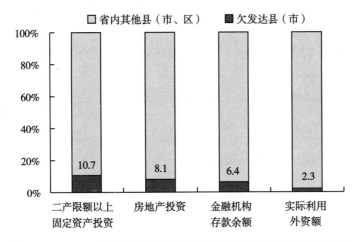

图表 11-3　2007 年欠发达地区各项投资规模占全省比重（单位：%）

说明：数据来源于《2008 浙江省统计年鉴》。

1. 增加收入的迫切要求

一是增加地方财政收入的要求。工业和服务业企业是创造财政收入的主体。欠发达地区凭借上级财政转移支付，难以从根本上解决财力弱小问题。地方财政实力强弱取决于其工业化程度。因此，提升地方财力，还需要依靠工业的适度发展。二是提高当地就业的要求。在工业化不充分情况下，欠发达地区富余劳动力主要通过异地转移实现就业，而促进当地就业，发展工业仍是一条比较主要的路子。

2. 改变城乡面貌的迫切要求

欠发达地区城乡建设水平相对落后。在目前地方财力较为拮据的状况下，欠发达地区无法对城乡基础设施、市政设施建设给予大力支持，进而难以提升城乡面貌，改善城乡居民生活环境。2007 年，欠发达地区用于城市和县城维护建设的本地财政性收入为 45.2 亿元，仅为全省的 10.3%，人均仅为全省平均水平的 53.1%。欠发达地区自来水普及率仅为 25%，与全省平均的 43.4% 还有很大差距；这些地区中仅衢州市区和武义县城开通了天然气，使用人口仅为 4.1 万，还不到全省 334.7 万使用总人口的一个零头。

3. 推进社会进步的迫切要求

工业化是实现产业转型升级、结构优化提升的必经之路。许多国家和地区的发展经验证明，加快工业化能有效带动高新技术产业和现代服务业发展。工业化是实现农业经济向服务业经济的转变不可逾越的阶段。同时，工业化也是政府强化社会事业投入的重要支撑。当前，浙江省基本公共服务还存在着明显的地区差异，欠发达地区社会事业发展滞后、公共需求得不到满足的状况仍然普遍存在。欠发达地区的人均拥有教育、医疗、文化等社会设施水平普遍低于全省水平。欠发达地区加快经济发展，推进社会进步，亟须适度发展工业。

（三）积极把握发展机遇

顺应长三角两省一市统筹协调发展需要，积极承接国际国内产业转移，进一步发挥地区农业和服务业优势，欠发达地区面临加快工业化的重大机遇期。

1. 区域产业转移逐渐加快

根据全球性金融危机对长三角制造业形成冲击的现实状况，浙江省东部沿海地区发展制造业的土地、能源、资源、环境等要素制约将进一步加大，这些地区实施跨区域产业转移刻不容缓。欠发达地区周边的杭州、宁波、温州、金华等地区工业项目流动加快，呈现较强的跨地区投资趋势，为推进欠发达地区工业化创造了有利条件。欠发达地区与东部沿海地区地理区位紧密相连，更容易接受发达地区的辐射和资源外溢带来的意外收获，成为承接国际国内，尤其是东部沿海地区产业转移的热点和首选地带。

促进区域产业转移还有一个欠发达地区的区位劣势逐步弱化的因素。随着省内公路交通的发展完善，相对于出口商品的远洋运输，欠发达地区相对较长距离的公路和铁路运输，并不会较大幅度地提高物流成本。因此在浙江省制造业出口比重较高的情况下，欠发达地区承担生产制造的能力逐步增强。

2. 农业综合实力强

欠发达地区可以依托较强的农业综合实力发展农副产品加工业。当前，欠发达地区业已形成突出的农副产品生产优势。一是农业生产总值占据全省较高比重。2008 年合计农业产值占全省的 18.6%。二是拥有特色优势农业和知名农产品品牌。目前，欠发达地区中有 6 个县列入全省 21 个农业特色优势产业综合强县；分别有 9 个县和 5 个县当选全省食用菌和茶叶等 10 强县。"开化龙顶""常山胡柚""庆元香菇""江山白菇"等多个产品获得了国家原产地域标记保护。三是新型农业经营主体不断发育，产业化水平明显上升。2007 年年底，欠发达地区农业产业化组织达3510 个，占全省的 26.5%；农业龙头企业数达 1180 家，占全省的21.7%；专业市场138 家，占全省的23.8%。松阳的浙南茶叶市场、磐安的特产城（食用菌市场）等一些专业市场，其规模和交易额均位居全国同类市场前茅。一些产业的产业化经营水平超过平原地区，如蚕桑产业西进工程涉及的 8 县现已成立蚕农合作社 42 家，入社 4.1 万户，占养蚕农户的 38.0%，是全省平均水平的 4.2 倍。

3. 旅游业正在蓬勃兴起

欠发达地区可以发挥旅游等服务业优势做大做强特色产品制造业。按照全省"三带十区"旅游规划，欠发达地区主要被列入浙西南生态休闲旅游板块和温州山水风情旅游板块，具有山水休闲、农业观光、古村镇、历史文化，以及温泉、康体休闲度假等优势旅游资源。近年来欠发达地区国内外游客数量稳步增加，特色工业品生产销售市场前景广阔。例如龙泉市借助旅游市场发挥地方文化优势，2006—2008 年青瓷与宝剑产值加快增长，增速逐年攀升，与汽车零部件制造业、竹木加工业并列为当地主导产业。积极实施品牌化战略，特色产品知名度逐步扩大。龙泉自主创建的"蒋氏刀剑"品牌申请获得"中国驰名商标"。

综上所述，当前应该正确认识欠发达地区工业化的客观制约，辩证对待欠发达地区工业化的要求，抓住机遇，扬长避短，因地制宜，在着力保护好生态环境的前提下，积极探索和实践新型工业化发展模式，取得生态保护和工业化的双赢。

三　积极推进工业特色化发展

科学、全面认识浙江省经济社会发展阶段和欠发达地区的基本特征，从优化全省经济布局、促进全省人民共享现代化成果的高度，明确欠发达地区总体发展思路和工业化路径。

欠发达地区工业化发展，关键是积极发挥特色资源优势，针对开发建设程度不高、引资能力较弱、空间布局有待进一步集中的特点，着力采取"特色发展、差距发展、借力发展、集聚发展"的做法，积极稳妥地推进欠发达地区工业的特色化发展。

（一）特色发展：利用区域优势发展当地工业

欠发达地区拥有弥足珍贵的生态、水源、山地、林木、绿色产品、森林旅游、古文化和矿产资源，显现出经济发展的比较优势和潜在优势，这些优势资源完全能够成为工业化的一笔宝贵财富。

——自然资源优势。丽水市和衢州市是浙江省重点林区，森林覆盖率分别达79.1%和70.9%。这一带可以考虑适度发展竹木制品加工工业，如竹炭、竹编等产品。欠发达地区的部分地区拥有较为丰富的建筑凝灰岩等非金属矿产，可考虑适度发展生态采矿业。建议在常山发展新型干法水泥，替代原有落后生产工艺。此外，欠发达地区还可以发展其他环保绿色工业，如家具、矿产品等，也可以考虑发展壮大汽车、日用小商品、五金机械、氟硅高科技产业、食品加工、建材等重点产业集群。

——生态环境优势。欠发达地区多数县（市）位于钱塘江、瓯江、曹娥江、飞云江、椒江等浙江省主要水系的源头，拥有富含矿物质的优质水资源，适合发展矿泉水等各类饮料业。可以充分利用山地资源优势和气候温差明显的特征，在欠发达地区高山气候条件下生产蔬菜并进行精深加工。如天台果木基地、磐安高山蔬菜和野生蔬菜。还可以加快林业产业化发展，突出发挥茶叶、油茶、银杏、板栗、香榧、山核桃等经济林木、珍贵用材林以及菇业、药材业、山区畜牧业、高山蔬菜等的优势，提升规模化、产业化经营水平，加强林产品精深加工和综合利用。

——历史文化优势。随着当代社会加速现代化，那些"土里土气"的东西，会让现代人产生返璞归真的感受。欠发达地区可以充分利用本地人文历史、饮食文化等特有资源，生产具有深厚文化内涵的各种特色产品，重点发展在旅游市场销量较好的特色产品。例如历史悠久、工艺精湛的龙泉剑瓷、青田石雕、云和木制玩具、景宁畲药、开化根雕等特色产品，能够体现强烈的本土特色，具有其他地区不可替代的生产制造优势。欠发达地区也可以根据市场需求，改良和创新生产工艺，进一步发展和挖掘新的特色产品门类，促进特色产品多样化、个性化和品牌化发展。

（二）差距发展：利用后发优势发展当地工业

欠发达地区的劳动工资、城乡开发强度和人才资源拥有量都远不及发达地区。在一定意义上，这些差距正构成了欠发达地区工业化的有利条件。

　　——劳动力成本较低优势。欠发达地区劳动力成本较低主要有两方面
支撑。一是欠发达地区生活成本较低，因此劳动力平均工资相应低于其他
地区；二是外来务工人员消费支出甚少，也在相当程度上降低了平均工资
水平。2007 年，磐安县制造业职工平均工资为 13155 元，丽水全市平均
水平也仅有 16395 元，大大低于全省制造业职工工资 20570 元的平均水
平。可见，在欠发达地区发展劳动密集型产业能为企业节省一大笔人员经
费开支，形成工业发展的比较优势。

　　——土地成本较低优势。工业开发需投入土地征用、拆迁、基建等费
用。一方面，欠发达地区由于整体开发程度不高，建设量相对较少，因
此，总体上欠发达地区实施工业开发比其他地区省去了改造现有建成环境
的这部分开支。另一方面，欠发达地区土地征用价格普遍低于其他地区，
又为工业开发降低了总成本。丽水市和衢州市两地农用地占总用地比重居
全省 11 市前两位，通过农用地转建设用地实施工业开发的空间较大。

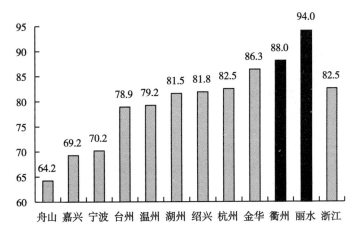

图表 11-4　2007 年全省和 11 市农用地占总用地面积比重（单位：%）

说明：数据来源于浙江省 2007 年国土资源统计资料。

　　——吸引高级人才优势。多数欠发达地区不但具有优良的生态环境基
础，如清新的空气、苍翠的山林、清澈的溪水、碧蓝的天空等；还具有丰
富的自然休闲场所，如淳安县的千岛湖、常山县的三衢山、天台县的石梁
飞瀑等。置身于这些远离尘嚣的自然山水之中，能够令长期从事脑力劳动
的工作者得到身心放松，对于快节奏工作和生活的都市人具有相当的吸引

力。同时，在漫长的历史进程中，欠发达地区形成了具有当地特征的文化传统和人文景观，如文成县的刘伯温、遂昌县的汤显祖、景宁县的畲族文化等，这些要素是发展文化创意产业活的灵魂。因此，欠发达地区可以利用良好的自然生态环境、历史文化资源，适当投资完善工作和生活配套设施，营造宜居宜业的城市环境，吸引各类人才安家落户，或者投资第二居所和临时性住房，为培育和壮大软件研发类、信息服务类、文化创意类等企业入驻提供人才支撑。

（三）借力发展：利用多元资本发展当地工业

欠发达地区地方财力十分有限，发展工业化不仅要依靠各级财政支持，还需要发挥社会各界力量。积极引进在外的民间资本，着力强化金融机构支持，合力发展地方工业。

——各级财政转移支付。欠发达地区比其他地区更易获得较多的省级财政支持。2007 年，欠发达地区地方财政总支出 220.2 亿元，几乎为这些地区地方财政总收入的 2 倍。2007 年全省地方财政收入低于支出幅度最大的 10 县（市），均属于欠发达地区。省财政专项性转移支付主要向欠发达地区倾斜。2003—2007 年全省财政共安排了"欠发达乡镇奔小康工程"专项扶贫项目资金 10.5 亿元，实施扶贫项目 0.65 万个。

——积极引进外地资金。一是加大招商选资力度，着力吸引国内外知名企业、跨国公司到欠发达地区投资或设立分支机构。积极参与长三角区域合作，加强区域协调，逐步建立与上海、南京、杭州等长三角主要城市工业互补关系，不断提升招商引资的区域竞争力。二是通过制定实施团体和个人投资的优惠政策，吸引各种民间资本。三是通过民间借贷组织募集资金。建立促进民间借贷的优惠政策，营造民间借贷规范发展的法律环境。

——在外企业和人员反哺。欠发达地区利用本地在外创业企业家的资本发展本地经济，部分地区已获得较好效果。截至 2005 年，永嘉县在外的经商者达到 20 多万人，已经在外创办了 3000 余家企业，创造年产值近 200 亿元。永嘉县政府通过建立在外企业家联合会，搭建起在外企业家之间、企业家与政府之间、内外企业家之间，互通信息、相互交流的平台，极大地促进了企业家回家乡投资的热情。2008 年，永嘉县沙头镇罗坑村在外企业家及村民共同筹集资金 300 多万元，兴建完成"楠溪第一坝"

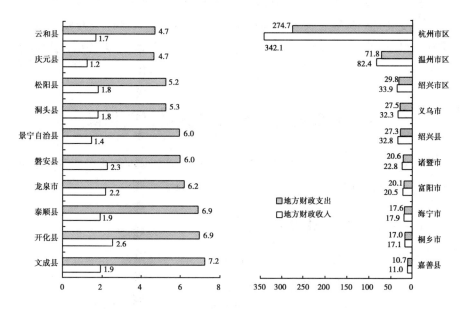

图表 11-5　2007 年全省地方财政收入与支出差距最大的
20 个县（市、区）（单位：亿元）

说明：左侧为地方财政支出高出地方财政收入比重最高 10 县（市、区）的收支状况，右侧为地方财政收入高于地方财政支出比重最高 10 市县的收支状况。数据来源于《2008 浙江省统计年鉴》。

防洪工程。

（四）集聚发展：利用地形特点强化工业集聚

与平原地区空间均质化不同，欠发达地区具有更强的生产力集聚布局的客观要求、现实基础和发展趋势。

——更高集聚水平下的工业集中格局。欠发达地区较高的城镇化率是促进工业集中布局的有利因素。云和县目前已经形成了"小县大城"的格局，全县户籍人口 11.3 万，县城户籍人口为 5.5 万，若加上外来人口，县城总人口接近 9 万，城镇化水平近达 80%。人口集中加快产业集聚，欠发达地区工业空间布局必然比平原地区相对集中。

——更少工业开发空间下的工业集中格局。欠发达地区工业分散发展成本较高，倒逼企业集中布局，形成设施和服务共建共享的规模经济效应。以欠发达地区目前的经济实力和产业发展水平，一般一个县（市）

集中精力能办好一个开发区（园区）。目前欠发达地区现实状况表明，工业集聚发展基础较好，欠发达地区拥有全省 118 家省级以上开发区（园区）中的 26 家。至 2005 年年末已建成投产面积为 44 平方公里，占全省的 11.0%。

四　完善欠发达地区工业化相关保障

落实特色工业化发展战略，从长远出发，制定促进政策，创新体制机制，强化欠发达地区工业特色化发展的有力支撑。

（一）进一步完善规划编制工作

根据全省和各地国民经济发展规划、土地利用规划、主体功能区划、生产力布局和产业带发展规划等，加快编制欠发达地区重要区域、重点领域相关规划。统筹欠发达地区人口和生产力布局。立足于现有块状产业特色，科学确定产业发展重点，将县城和中心镇作为工业开发的重点区域，优化欠发达地区生产力布局，严格控制开发区（园区）数量，提高发展质量。科学制定欠发达地区产业发展导向目录。积极发挥导向目录在引导社会投资、鼓励和支持发展特色产业及先进生产能力、限制和淘汰落后生产能力等方面的重要作用。

（二）加快建立发展特色工业的促进政策

加快研究制定特色工业的促进政策，从财税、金融、价格、土地等方面进一步加大特色工业支持力度。一是加大财政投入。用足用好现有各类产业发展引导资金，着重向目录内产业倾斜。二是强化用地支持。结合特色工业用地需求调整城市用地结构。有序推进低丘缓坡地形改造，稳步扩大建设用地储备，主要向规划内开发区（园区）倾斜。适度放宽特色工业企业的土地投资强度、产出效率等进入园（区）门槛。三是多渠道培养人才。有计划地在高等院校和中职学校相关专业增设特色工业课程。利用各类教育培训机构，开展专业技术人员的继续教育。四是实施税费优惠。在国家税收允许范围内，实行特色工业企业树立自主品牌、技术创新，以及其他工业重点领域的税收扶持政策。

（三）探索构建跨区域工业开发合作机制

探索实施多种模式的区域合作开发模式。推行重要流域上下游生态补偿机制，完善区域间生态补偿核算，促进区域间生态环境共保、经济发展成果共享。鼓励欠发达地区和其他地区以土地、环境容量为纽带，进行跨行政区工业开发，明确管理、开发、收益等权益主体，以及安全生产、环境保护等责任主体；鼓励工业企业以商标、专利等知识产权为纽带，通过知识产权质押融资，进行跨地区、跨行业兼并和重组。

（四）探索构建财政转移支付长效机制

以人均 GDP、人均财政收入等为依据，进一步规范省财政对欠发达地区一般性财政转移支付制度；逐步提高一般性转移支付占比，探索建立省财政对欠发达地区一般转移支付的自动增拨机制、行政人员工资的"兜底"机制，消除欠发达地区因环境第一性可能降低财政收入的问题。加大省财政对欠发达地区城市基础设施、公共服务设施和市政设施的专项拨款，缓解欠发达地区公共产品供求矛盾；加大社会保障资金转移支付力度，进一步缩小欠发达地区社保资金缺口；支持欠发达地区完善城市污水、生活垃圾集中处理等环保设施，并适当补助其日常运转经费。

（五）探索构建区域差别化考评体系

依据主体功能区划推行分类考核。对有发展潜力和空间的县（市、区）、乡（镇）仍以经济指标、社会发展指标等为主进行考核；对缺乏产业开发潜力，由于生态环境特殊不适宜产业开发的县（市、区）、乡（镇），其主要任务应从发展经济为主向引导居民外迁，加强生态环境建设为主。政府官员政绩考核应以社会、生态指标为主，加快推进有条件的地区率先进行分类考核试点。

第十二章　浙江省避暑度假产业发展研究

　　发展避暑度假产业是浙江省当前的一大战略。随着浙江省人均 GDP 向 10000 美元以上跨越，避暑度假对于提升生活品质，促进经济转型升级，加快欠发达地区发展，具有越来越重要的战略意义。预期一二十年内，避暑度假将成为长三角一带人们生活的重要组成部分。

　　"让浙江人夏天有好去处"，是我们做这个课题的出发点；打造若干个"浙江的庐山"，则是我们的一个具体设想。本文基于对避暑度假产业发展现状和趋势的客观分析，提出浙江省发展的应对思路和具体路径。

一　避暑度假产业快速崛起

　　加快发展避暑度假产业，是应对消费转型提升的战略举措，也是浙江省旅游业乃至服务业发展的一个战略重点。

(一) 浙江省旅游总收入已居全国第 3 位

　　2005—2010 年，浙江省旅游总收入从 1379 亿元增长到 3312.6 亿元，年均增长 19.2%，高于全国同期 3.9 个百分点；接待国内外旅客数量从 1.3 亿人次增长到 3.0 亿人次，年均增长 18.2%，高于全国 7.3 个百分点。

　　虽然自 2004 年以来浙江工业增加值增速等多项指标在全国位次下降，旅游业则一花独放。2000—2010 年，浙江省旅游业各相关指标在全国的占比基本实现倍增，在全国位次上升了 2—3 位，主要指标进入全国前 3 位。2010 年，浙江省旅游总收入占全国 1/5 强，位居全国第 3。其中，国内旅游收入 3045.5 亿元，接近全国的 1/4，位居全国第 2。入境旅游人数为 685 万人次，位居全国第 2；国内游客人数占全国的 14%，位居全国第 4。

图表 12-1　　　　浙江省旅游相关指标在全国的占比和位次比较

	单位	2000 年			2010 年		
		总计	占比（%）	位次	规模	占比（%）	位次
旅游总收入	亿元	472.6	10.5	5	3312.6	21.1	3
国内旅游收入	亿元	430.0	13.5	5	3045.5	24.2	2
旅游外汇收入	亿美元	5.1	3.2	7	39.3	8.6	5
国内旅游人次	万人次	5870.0	7.9	6	29500	14.0	4
入境旅游人数	万人次	64.8※	6.4	7	685	5.1	2

说明：标※的数据单位为万人。

（二）旅游增长明显快于经济增长

2005—2010 年，浙江省旅游收入年均增速，比 GDP 增速高出 4.0 个百分点。按此计算，浙江省旅游对于 GDP 的增长弹性为 1.26，也就是 GDP 每增长 1 个百分点，旅游增长 1.26 个百分点。

居民旅游支出具有较大增长弹性，我们且以统计部门公布的文化娱乐数据近似地替代旅游支出数据进行分析，见图表 12-2。2009 年，以浙江省城镇最低收入家庭的收入为 1，低收入家庭的人均文化娱乐服务支出的增长弹性为 1.087，中等收入家庭支出增长弹性为 1.987，最高收入家庭的支出弹性则高达 2.490。举例来说，当一个家庭的人均收入从 1 万元增长到 3 万元，文化娱乐服务支出则从 100 元增长到 683 元。进一步从 3 万元增长到 7 万元，文化娱乐服务支出则从 683 元增长到 1700 元，呈典型的乘方增长规律。

（三）度假旅游正在崛起

旅游主要有两个层次：一个是观光为主，另一个是度假为主。世界发达国家发展经验表明，人均 GDP 达到 6000 美元，度假占据旅游业"半壁江山"，与观光平分秋色。目前浙江省人均 GDP 达 7690 美元，进入度假产业发展的黄金时期。浙江省休闲度假游客占旅游总人数的比重，从 2002 年的 17.8% 提高到 2009 年的 29.1%，提高了 11.3 个百分点；同期，观光游览游客比重从 40.3% 下降至 38.5%，下降了 1.8 个百分点。

临安、安吉等地气候宜人、农家乐经济实惠，受到上海、南京、杭

图表 12-2　2009 年浙江省城镇居民文化娱乐服务支出
增长弹性（相对于最低收入家庭）

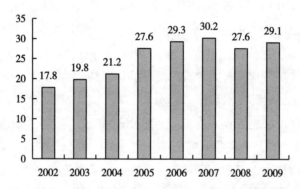

图表 12-3　2002—2009 年浙江省以休闲度假为目的的
游客占游客总量的比重（单位：%）

说明：数据来源于 2002—2009 年《浙江省旅游概览》。

州、苏州等都市老年人的追捧，已成为长三角地区的避暑度假胜地和养老旅游首选地。至 2010 年，天目山景区周边天目、西游、九狮、武山、一都和东关 6 个村已开办了 200 多家农家乐，床位超过 1 万张；安吉全县共有农家乐 635 家，床位达 1.2 万张，年接待游客 195 万人次，占全县游客总数的 30% 左右。

（四）避暑度假加快进入寻常百姓家

收入增长、老龄社会到来、消费观念转变，对于健康的关注等因素，使得避暑度假正逐步成为浙江省城镇居民的必需品。

一是有钱了，浙江省人民具有更高的消费能力。2010 年，浙江省城镇居民人均可支配收入 27359 元，连续 10 年保持全国各省（区）第 1。2005—2009 年，浙江省城镇居民人均可支配收入 2 万元以上家庭比重从 26.4% 上升到 54.2%。

二是有闲了，浙江省人民有更多的闲暇时间。2009 年，全省 65 岁及以上老年人已达到 595 万人，到 2020 年估计将近 900 万人。日趋庞大的老年人群体，更加追求安逸从容的晚年生活。

三是有品了，浙江省人民追求更高的生活品质。浙江省居民消费结构从物质消费为主逐步向文化娱乐、休闲旅游等服务消费拓展。2009 年，浙江省人均教育文化娱乐服务支出 2295 元，占消费支出的 13.8%，是居民的第三大消费。2009 年浙江省城镇居民人均团体旅游支出 469 元，增长 17.8%。外出旅游和健身活动已成为人们工作、学习之余放松身心的一种生活方式。

四是更热了，浙江省人民避暑度假需求更加迫切。近年来长三角地区夏季极端高温的频率和范围有扩大趋势，都市人也越来越厌恶长时间待在空调房的度夏方式。找一方清凉世界度夏，日益成为人们的强烈诉求。

二　让浙江人夏天有好去处

按照当前发展势头和国外发展经验来估算，至 2020 年，长三角一带避暑度假产业市场规模有可能高达上千亿元。

1. 发展避暑度假具有重大战略意义

发展避暑度假将促进经济发展方式转变。避暑度假具有较好的消费放大效应，度假游客平均每消费 1 元，能带动当地 8—10 元的相关消费。20 世纪 80 年代初，淳安开始逐步开发千岛湖度假旅游资源，开启消费市场，2009 年全县接待中外游客 300 万人，实现旅游总收入 38.1 亿元。观光、度假等大旅游产业也带动商贸物流、房地产业加快发展，经济转型步伐加快，服务业逐步成为全县经济的重要支撑。

发展避暑度假将促进国土开发模式优化。避暑度假以生态环境和自然资源为重要支撑，绿水青山成为最好的"摇钱树"。这一状况有利于强化各界对自然环境保护和山水治理的重视。遂昌县以发展农家乐避暑度假为契机，大力实施浙江省最大的森林保护计划，同步推进"中国洁净乡村"建设，出境水质长年保持在Ⅱ类以上，全县生态村达到212个，县域生态环境质量连续多年稳居全省前列。

发展避暑度假将推动欠发达地区加快发展。避暑度假是投入较少、风险较低、见效较快的新兴产业，比较适合具有资源优势的山区、海岛等欠发达地区发展，增收作用非常明显。磐安县尖山镇管头村从2005年发展农家乐以来，全村度假旅游相关经营性收入实现连年翻番，到2009年达到500万元。遂昌大柘镇大田村发展农家乐度假游已经让当地农民得到了实惠，2009年全村人均收入比2008年增加了800多元。

发展避暑度假将促进生活方式革命。避暑度假以环境消费、闲暇消费，取代纯粹的物质消费；以低消耗、低支出的生活，取代高消耗、高支出的生活。因此，避暑度假不仅是一种现代化的低碳生活方式，也是消费时光的艺术，更体现了一种追求高品质的生活态度。在欧洲，60%以上的家庭会在七八月出游度假。夏季休假是他们一年中相当美好的时光，选择一个度假地然后舒舒服服地待上一段时间，是他们生活的重要组成部分，已经完全融入他们的生活方式之中。

发展避暑度假将促进文化创新。避暑度假和度假文化相互促进，有利于充实创新浙江省特色文化，推进多元文化繁荣发展。例如，法国全民避暑度假的习俗，推动其度假文化的兴起与发展。从20世纪60年代一系列"新浪潮"度假电影问世，到2002年《度假营1、2》风靡全球，无不显示出法国度假文化的国际影响力。

2. 国内外避暑度假发展轨迹提供有益借鉴

避暑度假产业对于一个地区经济社会的全面繁荣具有较强的推动力。国内外的成功案例为浙江省发展避暑度假产业提供借鉴。

庐山海拔1000米以上，一直到鸦片战争爆发以前，山中人口极少。1886年，英国传教士李德立在庐山东谷发现了气候清凉、景致秀丽的牯岭，率先实施商业化避暑别墅开发。此后20余年间，英、俄、美、法四国前后8次向清政府租借山地扩大开发规模。至1917年，避暑开发区域达1.5平方公里，避暑别墅达560栋，在山区居住的外籍居民达1746人、国内居民达2693人，庐山逐步成为享誉中外的避暑胜地。

日本著名避暑胜地轻井泽，位于日本长野县东南部海拔约1000米的高原地带，夏季气候凉爽。1886年，英国传教士亚历山大夏天偶然来到轻井泽，发现与他的家乡苏格兰具有同样宜人的气候，揭开了轻井泽作为现代日本避暑度假胜地的开发史。1888 年轻井泽过境铁路和轻井泽站点通车，此后不到 10 年，轻井泽便发展成为日本最有名的豪华别墅区和上流社会聚居地。

井冈山市位于江西省西南部，地处湘赣两省交界的罗霄山脉中段，解放前是一个"人口不满两千，产谷不满万担"的小山村。自 20 世纪 50 年代建区以来，依托深厚的历史底蕴，优美的自然风光，宜人的气候条件，以及不断优化完善的交通条件，积极推进以避暑度假为特色的旅游业发展。至今，井冈山已成为国内外避暑度假胜地，城市人口超过 15 万。

当然也应清楚看到，浙江省发展避暑度假产业面临许多挑战。

一是避暑度假市场竞争十分激烈。海外度假旅游市场发展对浙江省发展避暑度假威胁较大。1996—2009 年，长三角地区出境游客占全国出境游客比重从 3.4%上升至 15.0%。春节期间，浙江省出境游价格普遍提高50%。与此同时，周边安徽、江西等省避暑度假产业发展将会抢占浙江省的市场份额。2011 年春节，三清山景区来自江浙沪的游客已占五成。浙江省如不加快培育壮大自己的避暑度假产业，很可能会丧失发展机遇。

二是避暑度假是一个相对脆弱的行业。避暑度假与旅游业一样，易受经济政治局势、自然灾害、疾病疫情等因素影响，具有较大的不确定性。如我国旅游业受 2003 年"非典"和 2008 年国际经济危机影响，增长速度曾出现较大波动。日本大地震的次日，其旅游类股票跌幅较大。

三是避暑度假对生态环境造成影响。避暑度假资源多集中在山区，开发不慎易造成水土流失、滑坡等地质灾害和生态环境破坏。

3. 浙江省避暑度假需求十分旺盛

鉴于浙江省避暑度假资源在长三角具有突出的比较优势，而这一范围内有闲且有钱的人数正在快速增加，预计在未来一二十年，避暑度假市场具有非常广阔的前景。

一是以长三角为主要市场。2009 年，来自上海和江苏的游客占浙江省游客总量的 25%，如果再加上省内游客，则占到了浙江省游客数的63.6%。小长假、2.5 天休假等新的假期制度的执行将增强长三角居民来浙江短途旅游的意愿。根据杭州市 2010 年"五一节"市民家庭出游意向调查，省内市外游意向的占比最高，达到 46.2%。

由此可以预测，浙江省避暑度假将形成以浙江省、上海和苏锡常地区为重点，辐射泰州以南、宜兴以东、宁德以北的 10 万平方公里区域。目前这一市场规模约为 1 亿人，至 2020 年将超过 1.1 亿人。

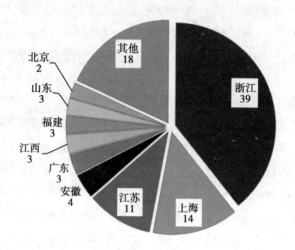

图表 12-4 2009 年浙江省游客来源构成（单位:%）

说明：数据来源于 2009 年《浙江省旅游概览》。

二是以老年人为主体客源。2002—2009 年，来浙江省旅游的 65 岁以上老年人占国内游客的比重从 4.1% 提高到 9.5%，提高了 5.4 个百分点。而老年人在度假市场的占比更大，相关部门估测这一比重大约为 20%，特别是在旅游淡季，老年度假者已超过度假市场一半。伴随老年人收入增长，度假意愿和度假消费能力将进一步提高。2010 年，浙江省城镇居民的人均离退休金或养老金为 5417 元，比上年增长 20.0%，比 2005 年增长 1.1 倍，年均增长 15.9%。

到 2020 年，65 岁以上老年人占总人口的比重将从现在的 12% 上升至 14%—15%，届时老年人总规模将达 1700 万人，结合老年人出游和度假意愿提高的发展趋势，预计届时旅游和度假人次接近翻一番，达 1600 万人次。

图表 12-5　　2009 年和 2020 年中短途老人度假市场规模

	总人口（万人）	65 岁以上（万人）	实际旅游人次（万人次）
2009 年	10000	1200	890
2020 年	11500	1700	1600

说明：2020 年是估算数据，相关数据来源于《2010 中国统计年鉴》。

三是机构团体举办的各种活动。各类机构团体组织到浙江省的游客占比，从 2002 年的 23.5% 提高至 2009 年的 42.1%，上升了 18.6 个百分点，已成为占比最大的客源。各类机构团体的董事会、洽谈会、研讨会、年会、培训班，对于避暑度假具有很大的需求。机构团体往往避开旅游旺季和节假日高峰安排各类活动，有利于稳定避暑度假客流。

三 打造若干个"浙江省的庐山"

浙江省具有丰富的台地、山区、峡谷、海岛、湖泊等资源，构成了避暑度假产业良好的自然条件支撑。根据气候、地形、空间、区位、自然承载力等条件进行综合评价衡量，发展避暑度假的区域，应该具备这些条件：(1) 夏季凉爽，生态良好，环境优美；(2) 地形平缓，平均坡度小于 15 度，集中连片可开发用地大于 2 平方公里；(3) 交通方便，距城镇较近。根据长期以来的实地考察，下列资源具有较大开发前景。

1. 台地资源

浙江省 500 米以上的山地有 2.5 万平方公里，占总面积的 1/4。其中，1000 米以上的山地有 3345 平方公里。按照海拔每升高 100 米，气温下降 0.6 摄氏度计算，山区气温起码比平原低 3.5 摄氏度，是绝好的避暑条件。

■ 庆元县荷地镇—百山祖

地理和气候。荷地镇是华东地区面积最大的中山台地，境内平均海拔 980 米，距离庆元县城 43 公里，平地面积约有 10 多平方公里。夏季最热月平均气温为 22.2℃。现在从杭州去荷地的交通，应该好于当年上海南京去庐山的条件，庐山能发展成为世界著名的避暑胜地，荷地也应该具有发展成为区域性避暑度假胜地的潜力。

资源和周边景区。荷地自然风光稍逊，不过可以用百山祖来助推发展。百山祖距荷地镇 40 公里，是江浙地区第 2 高峰，森林覆盖率 95% 以上，保存着大面积自然原生状态的森林生态系统，适合观赏云海日出等自然风光，探寻浙南民俗风情。

■ 景宁县大漈乡

地理和气候。大漈乡海拔 1030 米，是高而平坦的中山台地，距景宁县城 48 公里。境内拥有千米以上山峰 50 余座，其中县境内第一高峰上山头海拔 1689 米，高山台地面积近 10 平方公里。最热月七月平均气温 22.6—27.7℃，最冷月一月平均气温 2.8—6.6℃，是非常理想的避暑避寒区域。

资源和周边景区。境内有"云中大漈"省级风景名胜区，时思寺国家级重点文物保护单位，亚洲最大的柳杉王，雪花飞瀑等浙江省绿谷十佳景点，还有明代建筑护关桥、胡桥等古廊桥，明朝银矿遗址银坑洞等资源可供联合开发。

■ 磐安县东北台地

地理和气候。距县城 55 公里，平均海拔 500 米以上，地势平坦，区域内集中了磐安县大部分可供开发利用的农、林、园地，拥有可开发的低丘缓坡地 120 平方公里，其中尖山、玉山、尚湖三大集镇拥有 40 平方公里连片用地可供开发。

资源和周边景区。境内有浙中大峡谷、高山台地资源，以及茶场庙庙会、龙虎大旗、大凉伞、叠罗汉、迎龙灯等民俗资源，观赏体验性较强。盛产茭白、甜玉米、小尖椒、香榧、土鸡、山羊等土特产。

2. 峡谷资源

浙江省的峡谷以群山环抱、瀑布飞泻、悬崖耸立、山川相得益彰而著称。浙江省峡谷以 500—1000 米的低山峡谷为主。目前，临安浙西大峡谷已经建成省内最负盛名的避暑度假胜地，宁波宁海松溪峡谷、温州雁荡山的铁成嶂和游丝嶂等地也已经具有相当开发规模。

■ 遂昌大柘—石练谷地

地理和气候。位于遂昌县中部，峡谷长 20 公里，最宽处 5 公里，从县城至石练海拔 200—330 米，可开发利用的台地面积在 20 平方公里以上。夏季凉爽，七月平均气温 26.8℃。境内负氧离子含量地面测试平均值为 9100 个/立方厘米，超过世界卫生组织界定的宜居标准 6 倍以上。

资源和周边景区。全县 1000 米以上的山体 703 座，其中，白马山林场海拔 1250 米，面积 8.3 平方公里，有大、小平殿可供开发；湖山乡海拔 240 米，具有低山缓坡、水库、温泉等可供开发。另保存有遂昌金矿、好川文化等遗存和各类革命旧址。

■ 常山县芙蓉峡谷

地理和气候。峡谷位于常山县芙蓉乡，距县城 20 多公里，峡谷长约 10 公里。海拔 300—500 米，夏季气候凉爽舒适。

资源和周边景区。境内植被面积95%以上，峡谷尽头建有芙蓉水库，生态环境为常山境内最佳。临近的桃花源景区依山傍水、绿树成荫，素有"天然氧吧"和"天然浴场"之称，农家乐发展已具一定规模。全县境内还有三衢山景区、地质公园等可供游客参观游玩。

3. 城镇邻近山区资源

浙江省80%以上的市县周边均有一定数量的山地资源，在这些区域发展避暑度假产业，既可以依托临近城镇现有的基础设施和公共服务，又可以比较方便地享受到山区自然生态环境。

■ 绍兴柯桥区平水镇

地理和气候。距绍兴越城区仅12公里，是绍兴市区南部副城和省级中心镇，连接绍兴市区与南部山区的枢纽。境内以山地为主，山区海拔500米左右，年平均气温16℃。

资源和周边景区。境内自然风光秀丽、生态环境优美、文化底蕴深厚，有会稽山天池、云门禅寺、秦望山、平阳寺、若耶溪、官山越窑、上中下三灶遗址、平水埠头等旅游资源，盛产平水珠茶、日铸茶等名茶，以及竹席、箬篢竹等手工制品。

■ 余姚市四明山镇

地理和气候。距余姚市区和奉化市区均为40公里，位于余姚市南端四明山脉之巅，平均海拔700米，夏可避暑，冬可狩猎，被誉为"夏天是凉风习习的莫干山，冬天是白雪皑皑的长白山"。最高的商量岗主峰海拔915米，当地称之为"第二庐山"。

资源和周边景区。境内有四明山省级森林公园、仰天湖、地质公园、白龙潭等名胜，以及李白、孟郊、皮日休、黄宗羲等历代名人留下的著名诗篇。周边区域有溪口雪窦山、丹山赤水、五龙潭、百家庙等风景名胜区，可进行联合开发。

4. 海岸和岛屿资源

浙江省是全国海岸线最长的省份，总长度约2200公里，海岸线曲折，港湾众多，形成了大量伸入海中的半岛，较大的有象山半岛和穿山半岛。浙江省也是全国岛屿最多的省份，共有2100多个。其中舟山岛屿占到半数以上，如普陀山、朱家尖、桃花岛等，已经开辟为避暑度假胜地，而全省仍有不少岛屿有待开发。

■ 舟山市岱山县

地理和气候。位于长江口南端，本岛距上海47海里、宁波35海里、舟山本岛7海里、普陀山17海里，距上海国际航运中心洋山港11.8海里。夏无酷暑，冬无严寒。

资源和周边景区。全县森林覆盖率达42%，空气中负氧离子浓度明显高于城市。奇山、潮声、古洞与宗教特色和人文景观融为一体，是集疗养、旅游、避暑、海上运动于一体的海岛旅游度假胜地，自古被誉为"蓬莱仙岛"。

5. 湖泊江河资源

浙江省河流和湖泊占到总面积的6.4%。其中，1000亩以上湖荡约70个，5000亩以上的自然湖荡有鄞县东钱湖、嘉兴梅家荡和连泗荡、嘉善的上白荡等，最大的千岛湖人工湖约580平方公里，八大水系及其支流遍布全省，形成避暑度假开发的重要资源。

■ 千岛湖汾口镇

地理和气候。位于千岛湖风景区上游，到千岛湖镇约一小时路程，地形以山地丘陵为主，湖面和山体对气温形成较好的调节作用，冬暖夏凉，气候宜人，年平均气温17℃。

资源和周边景区。千岛湖沿岸青山绿水、风光秀美，可游湖、垂钓、爬山、品尝地道湖鲜和农家菜。周边芹川历史文化名村、瀛山书院遗址、狮古山原始森林、连岭古道、茶山会议旧址等资源丰富，未开发的山区保留了很多古旧韵味。

事实上，浙江避暑度假资源远不止上述内容，而量大面广的优质资源尚未引起大家关注。科学推进避暑度假产业发展，将提高大众对这部分资源的认知，让大家知道这些是浙江的绿色资源、高等资源，是世世代代可以传承和升值的资源。

四　创新理念引领避暑度假建设发展

浙江省避暑度假产业刚刚起步，尚未形成整体发展态势，如果不加以重视，就有可能错失发展良机；如果没有新的理念引领，就难以创造市场需求；如果不进行整体规划，就有可能造成无序发展；如果没有切实有力的基础设施支撑，就有可能让安徽、江西占据有利竞争地位。当前亟须抢占先机，加快把避暑度假产业上升到全省重大发展战略层面，在全省范围内科学规划布局，特色化开发资源，分层推进实施。

(一) 创新发展理念

紧抓避暑度假产业发展重大契机，确立既切合实际又高度具有前瞻性的发展理念，积极开发新产品，努力创造新需求，打造一批全国避暑度假生态养生胜地，优化提升旅游供给。

一是树立"远"亦卖点的理念。避暑度假资源多位于山区海岛，地处偏远。正如王安石《游褒禅山记》中描写的"世之奇伟、瑰怪、非常之观，常在于险远，而人之所罕见焉，故非有志者不能至也"。因此，舟山的岱山、嵊泗，丽水的庆元、景宁，以及温州的泰顺、洞头等地避暑度假的发展，完全可以抓住都市人**猎奇心理**，渲染"远离喧嚣、远离压力、远离尘世"的世外桃源般的独特魅力，宣传营销生活节奏舒缓、生存质量较高、适于休养生息等优势，增强避暑度假竞争力。

二是张扬"高"即优势的理念。抓住都市人**攀高心理**，宣传营销庆元神奇高峰百山祖、景宁县大漈乡上山头等地的险峻和秀美；迎合登山探险户外活动人士渴望征服高山的强烈愿望，增强游客揭开这一神秘面纱的冲动。

三是确立"大景区"开发"大市场"的理念。抓住都市人**喜大心理**，加强避暑度假地所在县（市、区）全域旅游开发，切实把全境打造成为步步景点、处处风光的大景区，促进游客从短期观光为主向中长期养生定居为主转变，从短途为主扩展到长三角及周边区域，从低消费为主转向多个消费层次相结合。

四是明确以"中高档"为主体的理念。抓住都市人**享受心理**，确立较高的设施和服务标准定位，切实提高服务质量，形成以中高档消费者为主的客户群体，注重开发符合中高档需求的高端避暑度假及休闲养生产品。

五是建立以创新供给开发潜在需求的理念。抓住都市人**尝新心理**，挖掘特色资源优势，千方百计引进战略投资者，打造让人耳目一新的避暑度假产品，开发引导潜在需求，形成传统产品和创新产品相结合的销售增长趋势。

（二）优化开发布局

积极制定避暑度假规划，增强全省上下发展共识，引导各地各部门采取共同行动，统筹协调资源开发、平台建设等各项工作。

一是加快资源分层开发。认真做好全省避暑度假资源勘查和研究工作，根据各地自然条件、开发状况和未来开发潜力等因素，将全省避暑度假资源划分为已开发资源和战略性资源两大类。制定全省中长期避暑度假布局建设规划，重点安排好战略性资源开发时序，有效激发避暑度假需求，加快做大做强避暑度假产业。

二是推进服务多元拓展。创新避暑度假发展模式，推进由单纯避暑向商务会展、康体健身、文化体验等相结合的特色度假发展。健全度假配套服务，形成集吃、行、游、购、娱等多位一体的度假服务格局。完善适合高、中、低档消费和长、中、短期度假的接待设施，满足多层次消费需求。

三是推进产业和经济社会联动发展。避暑度假产业发展要与"三农"建设和小城市、中心镇发展联动推进，以避暑度假产业发展带动乡村振兴，带动欠发达地区发展；要与生态环境质量互动提升，带动城乡生态环境整治，复原山水自然风貌；要与观光、休闲旅游融合发展，缓解避暑度假产业季节性客源不均衡问题，利用观光、休闲旅游元素丰富避暑度假生活。

四是建立浙江省避暑度假区域品牌。浙江省避暑度假除了临安天目山、德清莫干山等地已经形成一定知名度，多数区域尚未被大众所熟识。未来需加快树立全省避暑度假整体品牌形象，在此基础上各避暑度假地策划构建分主题，形成政府推动城市形象宣传，企业开展产品促销宣传，社会各界共同推介避暑度假的浓厚氛围和整体格局，打造具有全国影响力的若干个避暑度假胜地。

（三）提升区域可达性

浙江省整体交通环境良好，但仍然存在区域不平衡，特别是战略性避暑度假资源所在地，交通状况普遍有待提高。应不断推进这些区域交通网络化建设，构建便捷的游客集散系统。

一是提升避暑度假地在浙闽赣皖四省的交通条件。加快建成龙庆高速公路，消除高速公路的盲点。争取衢丽铁路、衢宁铁路、佛渡至梅山跨海连接线等规划建设，提升山区、海岛县（市）可达性，实现从全省交通末梢向长三角和海西区交通枢纽的转变。

二是布局建设集散中心—中转站点双层次的客运零换乘系统。结合现有客运站点，建立区域度假集散中心，完善交通、信息、中介、维权等综合服务功能。在主要客流方向建设中转站点，中转站点可以是游船码头、小型机场等。

三是加强集散中心、中转站点与度假地点的交通联系。通往度假区的支线道路，要结合县乡公路、农村联网公路、村级康庄道路、山区林道等统筹规划建设。同时，加强公路安保工程建设，为度假者提供一个方便安全的出行条件。

（四）推进设施建设

避暑度假相对于观光旅游而言，对各类配套服务需求量更大，需求层次也更趋多元化。针对浙江省战略性避暑度假区域基础设施和社会服务普遍比较薄弱的现实状况，应密切结合市场需求，从当地实际出发，加快完善相关服务设施。

一是建立多元化的住宿接待设施。针对避暑度假者更偏爱价格便宜、亲近自然、远离喧嚣的居住取向，多模式发展住宿接待设施，科学开发一批农居长期出租或出售给度假者使用的使用权物业，发展一批普通公寓或酒店提供给度假者一定时间居住权的时权物业，适度发展各类创意民宿、汽车旅馆、青年旅社、度假综合体等。

二是健全医疗卫生服务设施。避暑度假区域应充分考虑到夏季多发病、老年人和女性多发病、职业病、户外受伤等医治需求，加强中医院、疗养院、养老院、美容中心、康复中心等专业化医疗建设，进一步提升医疗卫生服务专业化水平。

三是提升商业服务设施。结合避暑度假区域相对较低的消费，重点发展适合当地消费层次的商业服务，引进高档商业，形成商业层级丰富、地域特色鲜明的商贸环境，满足不同消费群体的需求。

四是创新建设方式。避暑度假区域既可以由地方政府或有政府背景的投资开发公司负责，开展规划编制、建设投资、招商引资等工作。更多的情况下，应该鼓励和吸引民间资本投资建设，引入外部战略性资本参与开发。

（五）创新营销手段

顺应信息化社会发展趋势，充分利用网络媒体，全面调动当地人、驴友、摄友、作家、编剧、导演等力量，通过口口相传、网络评价、影视剧作品、专栏文章等媒介，为避暑度假树立口碑、赢得市场。

一是智慧推广。构建智慧旅游平台，开发适用于便携终端的旅游在线服务、网络营销、网络预订及支付、网上导航等应用层，完善智慧旅游基础设施，为游客提供主动感知避暑度假品牌、平台、要素等信息服务。

二是自我张扬。增强地方发展避暑度假产业的共识，强化"人人参与、人人支持、人人奉献、人人受益"，树立"人人都是宣传员，个个都是监督者"的理念，形成诚邀四海宾朋、广迎八方游客的人文风貌，构建规范有序的发展氛围，提升地区避暑度假"口碑效应"。

三是时尚传播。吸引驴友、摄友、环保人士开展运动探险、摄影采风、考察交流等活动。借助驴友、摄友、环保人士在媒体上发表的照片、评论、游记、攻略等，最大限度面向目标群体进行营销。开展摄影、绘画、游记作品竞赛，提高在旅游、养生、时尚、美食、摄影媒体的"上镜率"和"点击率"。

四是影视宣传。借鉴杭州西溪湿地公园以《非诚勿扰》扩大宣传、安吉竹乡品牌以《夜宴》提升知名度等做法，积极寻求影视剧拍摄合作机会，通过影片、宣传片等形式来宣传推销避暑度假。在此基础上，大力发展影视剧相关的线路和产品，让影视剧带着目标客户来避暑度假。

五是采风拓展。以独有生态美感、历史沧桑感、文化忧郁感等地域气质，吸引书画家、诗人、作曲家、作家等文人墨客挥毫泼墨、吟诗作赋、体验生活，创作一批有价值的艺术作品，不断丰富发展避暑度假的内涵。

六是专著深化。开展各类学术研究，结合某一特定地域历史人物、地名起源、地质构造、物种构成等特色资源进行深入解析，让更多的人了解、记住该地，也让更多的人萌生研究该地、去该地避暑度假的兴趣和想法。

七是机构营销。结合浙江省度假客源以中短途市场为主体的实际，建立以杭宁温等中心城市为重点，以长三角上海、苏南、闽北为内层，以华东地区为中层，全国和国际部分地区为外层的多层次营销网络。吸引国内外知名旅行社到浙江省设立分支机构，走出去与其他地区、国家开展旅游合作，并设立合作机构。

（六）缓解季节性不均衡

季节性不均衡会造成避暑度假设施利用率低、服务接待水平下降，影响避暑地吸引力等问题。针对这一状况，浙江省山区和海岛可以利用5个方面的资源优势，开发适合不同季节的度假产品，平复季节性不均衡。

一是做"山珍海味"文章，发展食文化度假。让度假者冬季在山区围着火炉，烹土菜、喝土酒、吃野味，是一个很好的卖点。山区和海岛可以品尝到原汁原味、地地道道的野味海鲜，因此在市场上已形成非常好的口碑效应，庆元土猪肉、遂昌野兔肉等，吸引了许多慕名而去的游客，具有非常好的开发前景。

二是做"山间地头"文章，发展体验式度假。春季和秋季，在山林里采摘、狩猎、野战，或是在田园里耕种、收获，对于久居都市的人们而言，亦是休养生息的绝佳选择。近年来，农事体验类的休闲度假活动内容和形式更加丰富多彩。例如挖笋，打锥栗、山核桃、香榧，摘橘子、猕猴桃，等等，越来越受到市场热捧。

三是做"山形水势"文章，发展康体养生度假。利用地势、地形和地质资源，开发滑雪、温泉、游艇、攀岩、登山、垂钓、自驾、自行车骑行、野外拓展训练、采矿工业科普探秘、主题摄影等度假项目，也可以成为淡季度假的一个亮点，吸引体育运动爱好者、三口之家、年轻夫妇、老年疗休养群体、学生等前来消费。

四是做"山里货"文章，发展购物度假。山区和海岛拥有丰富的特色产品。例如丽水地区的竹木制品、青瓷、宝剑、石雕、彩带、手工陶器、名贵药材，东阳木雕，舟山沙雕等，具有其他地区不可替代的特性，完全能够吸引购物者在淡季来购物度假。

五是做"山风民情"文章，发展历史人文度假。当地丰富的传统节庆活动，例如庆元的月山春晚、景宁畲乡三月三日对山歌和秋季"抢猪节"等传统节庆活动，以及遂昌昆曲、绍兴越剧等文化曲艺表演，都会让淡季度假增光添色。

此外，科学定位淡季目标市场，加大针对老人、大学生等时间相对宽裕人群的产品开发及市场营销。同时，充分利用价格杠杆，加强淡季宣传促销，加强与周边不同类型旅游资源合作，对避暑度假区域的淡季旅游业发展也尤为关键。

（节选发表于《浙江经济》2011 年第 18 期）

第十三章　全面实施丽水市生态引领的山区现代化战略

　　作为欠发达地区，丽水市如何加快发展，缩小与发达地区差距，努力与全省在实现物质富裕、精神富有的社会主义现代化征程中保持同步，是摆在丽水面前一项重要而紧迫的战略任务。

　　生态优势突出、经济滞后明显——市情两重性决定了丽水必将走一条与发达地区截然不同的现代化道路。张扬生态这个最大优势、正视欠发达这个最大实际、立足山区这个最大特点，坚定不移地走超越传统工业化、生态引领、特色发展的现代化之路，是丽水与全省同步实现基本现代化的最优选择。

一　初步形成生态引领的发展路径

（一）建立现代化评价体系

1. 基本实现现代化目标的提出

　　从 1987 年邓小平同志在中共十三大提出分三步走实现现代化的战略部署以来，我国已经顺利实现前两步目标，正在向第三步目标坚实迈进。站在新的历史起点，现代化建设战略目标和部署进一步展开。2012 年，贯彻落实中共十八大提出鼓励有条件的地方在现代化建设中继续走在前列的要求，中共浙江省委十三届二次全会提出了实现"四翻番"、推进"两富"现代化浙江省建设的目标，开启了浙江省率先基本实现现代化的新征程。与此同时，中共丽水市委三届四次全会明确提出，努力与全省在实现物质富裕、精神富有的社会主义现代化征程中保持同步，确立了与全省同步基本实现现代化的目标。

图表 13-1　　　　　中央和浙江省关于现代化建设的主要会议

时间	名称	具体内容
1987 年 10 月 25 日	中国共产党第十三次全国代表大会	第三步：到 21 世纪中叶，人均国民生产总值达到中等发达国家水平，人民生活比较富裕，基本实现现代化
1997 年 9 月 12 日	中国共产党第十五次全国代表大会	到 21 世纪中叶新中国成立一百年时，基本实现现代化，建成富强民主文明的社会主义国家
1998 年 12 月 21 日	中共浙江省第十次代表大会	到 2020 年提前基本实现现代化
2002 年 11 月 8 日	中国共产党第十六次全国代表大会	到 21 世纪中叶基本实现现代化，把我国建成富强民主文明的社会主义国家
2012 年 11 月 8 日	中国共产党第十八次全国代表大会	鼓励有条件的地方在现代化建设中继续走在前列，为全国改革发展作出更大贡献
2012 年 12 月 5 日	中共浙江省委十三届二次全会	贯彻落实中共十八大关于有条件的地方在现代化建设中继续走在前列的要求，实现"四翻番"目标，推进"两富"现代化浙江省建设
2012 年 12 月 31 日	中共丽水市委三届四次全会	努力与全省在实现物质富裕、精神富有的社会主义现代化征程中保持同步

2. 现代化的界定

现代化作为一个动态发展过程，在不同发展阶段、不同发展条件的不同地区，内涵不尽相同。伴随经济发展水平提高，社会生活和文化价值变迁，各界对现代化的认识从注重经济增长向注重以人为本和可持续发展转变。经济发达、社会和谐、生态美好、城乡居民幸福感等已成为现代化的重要内涵。

3. 构建现代化评价体系

鉴于现代化尚未形成权威定性定量标准，且存在动态性、系统性和相对性等特点，本研究在构建现代化指标体系基础上，对丽水开展现代化评价，以期做出科学判断。

按照科学性、全面性、可操作性原则，参照联合国、我国江苏省和无锡市的现代化评价体系①，结合浙江省与丽水实际，制定现代化评价体系。评价体系包含经济现代化、社会现代化、生态现代化和人的现代化4个领域共24个指标。

开展现代化水平评价。第一步，参照相关现代化目标设定，确定24项指标的目标值；第二步，分别计算24项指标的目标完成情况，得到目标实现度；第三步，对24项指标的目标实现度加权求和，得出丽水市现代化水平。其中，这一评估按照各指标权重相等计算（关于现代化指标选取及其目标设定说明见附件）。

根据现代化水平评价体系计算，2012年，丽水市现代化水平为74.1%，处于基本小康阶段，接近全面小康。而根据浙江省全面建成小康社会综合评价指标体系计算，2012年丽水市小康社会建成实现度为89.4%，亦接近全面小康②。两者评价结果一致，表明这一现代化水平评价体系总体合理。

图表13-2　　　　　　　　　　　丽水市现代化水平评价

领域	序号	指标		单位	目标值	2012年丽水	目标实现度（%）
经济现代化	1	人均GDP		美元	20000	6823	34.1
	2	人均收入	城镇居民	元	50000	26309	52.6
			农村居民	元	25000	8855	35.4
	3	服务业增加值占GDP比重		%	55	40.9	74.3
	4	R&D支出占GDP比重		%	2.5	0.65	26.0
	5	百亿元GDP发明专利授权量		件	100	9.3	9.3
	6	单位面积土地工业增加值		亿元/平方公里	25	13.5	53.9

① 分别为联合国开发计划署制定的联合国人类发展指数、中国科学院中国现代化研究中心制定的国家和地区现代化水平评价体系、江苏省基本实现现代化指标体系以及无锡市基本实现现代化指标体系。

② 根据浙江全面建成小康社会综合评价指标体系，实现度达90%及以上为全面小康。

续表

领域	序号	指标		单位	目标值	2012年丽水	目标实现度（%）
社会现代化	7	城镇化率		%	70	52.5	75.0
	8	城乡居民收入比*		—	2	3.0	67.3
	9	城乡基本社会保险参保率	医保综合参保率	%	98	98.8	100.0
			养老综合参保率	%	98	77.9	79.4
	10	城镇登记失业率*		%	4	3.3	100.0
	11	人均住房建筑面积	城镇居民	平方米	30	39.8	100.0
			农村居民	平方米	40	52.7	100.0
	12	万人拥有社会组织数		个	12	6.3	52.3
生态现代化	13	单位GDP能耗*		吨标准煤/万元	0.5	0.6	87.7
	14	空气质量良好以上天数比重		%	95	98.1	100.0
	15	建成区绿化覆盖率		%	40	41.3	100.0
	16	村庄整治率		%	95	86	90.5
	17	生活垃圾无害化处理率		%	100	99.4	99.4
	18	环境质量综合评分		%	6	6.0	99.6
人的现代化	19	平均受教育年限		年	12	7.9	66.1
	20	人均预期寿命		年	78	78.3	100.0
	21	千人拥有医生数		人	2.5	2.6	100.0
	22	文教娱乐支出占消费支出比重		%	20	10.5	52.4
	23	千人互联网宽带用户拥有量		户	400	178.4	44.6
	24	恩格尔系数*	城镇居民家庭	%	30	34.0	88.0
			农村居民家庭	%	35	38.2	91.7
		现代化水平		—	—	—	74.1

说明：带*为逆指标。涉及人均的复合指标采用常住人口口径，涉及城乡的复合指标用城镇化率进行复合。

（二）形成生态引领的发展路径

改革开放40年，丽水发生了翻天覆地的变化，走出了一条生态引领的山区发展之路，实现由基本小康向全面小康的跨越。

1. 总体处于基本小康向全面小康跨越阶段

根据现代化水平评价体系，2012年，丽水市现代化水平为74.1%，处于基本小康，接近全面小康①，距基本现代化还有 10.9 个百分点。经济、社会、生态和人的发展 4 个领域的现代化水平呈现典型的两极分化，生态现代化水平遥遥领先，经济现代化水平相对落后。

2. 生态现代化水平遥遥领先

2012 年，丽水生态现代化水平为 96.2%，位居全省第 1，高于全省平均水平 3.3 个百分点。其中，空气质量良好以上天数占比和建成区绿化覆盖率两项指标均位居全省第 1，环境质量综合评分和单位 GDP 能耗分列全省第 2 和第 3，表明生态环境质量优良；生活垃圾无害化处理率和村庄整治率仅位居全省第 9。

图表 13-3　　　　　丽水市生态现代化水平及在全省位次

指标名称	全省（%）	丽水（%）	位次
生态现代化水平	92.9	96.2	1
单位 GDP 能耗	84.7	87.7	3
空气质量良好以上天数比重	97.7	100.0	1
建成区绿化覆盖率	95.8	100.0	1
村庄整治率	93.7	90.5	9
生活垃圾无害化处理率	97.0	99.4	9
环境质量综合评分	88.6	99.6	2

3. 人的现代化水平有待提升

2012 年，丽水人的现代化水平为 75.5%，居全省第 8。其中，人均预期寿命和千人拥有医生数两项指标均居全省第 1，表明人口健康状况较好；恩格尔系数低于全省平均，表明丽水居民收入差距小于全省；平均受教育年限、千人互联网宽带用户拥有量和文教娱乐支出占消费支出比重 3 项指标在全省位次较低，表明人力资本积累相对薄弱。

图表 13-4　　　　　丽水市人的现代化水平及在全省位次

指标名称	全省（%）	丽水（%）	位次
人的现代化水平	77.0	75.5	8

①　参照国内外相关体系评价标准，将现代化水平划分为四个阶段，即基本小康（≥70%，<75%）、全面小康（≥75%，<80%）、初步现代化（≥80%，<85%）和基本现代化（≥85%）。

续表

指标名称	全省（%）	丽水（%）	位次
平均受教育年限	71.4	66.1	9
人均预期寿命	98.6	100.0	1
千人拥有医生数	91.2	100.0	1
文教娱乐支出占消费支出比重	59.8	52.4	10
千人互联网宽带用户拥有量	52.8	44.6	10
恩格尔系数	88.3	89.7	3

4. 社会现代化水平相对较低

2012 年，丽水社会现代化水平为 84.3%，与衢州和台州并列全省第8。其中，人均住房建筑面积和城镇登记失业率均位居全省第1，万人拥有社会组织数和城乡基本社会保险参保率分列全省第2和第4，表明基本公共服务均等化推进较好；而城镇化率和城乡居民收入比两个指标在全省位次较低，表明城乡和区域差距仍然较大。

图表 13-5　　　　　　　丽水市社会现代化水平及在全省位次

指标名称	全省（%）	丽水（%）	位次
社会现代化水平	86.4	84.3	8
城镇化率	90.3	75.0	10
城乡居民收入比	84.2	67.3	11
城乡基本社会保险参保率	86.4	89.7	4
城镇登记失业率	100.0	100.0	1
人均住房建筑面积	100.0	100.0	1
万人拥有社会组织数	44.3	52.3	2

5. 经济现代化水平落后较多

2012 年，丽水经济现代化水平为 40.3%，居全省第10，低于全省平均水平 18.6 个百分点。其中，人均 GDP、R&D 支出占 GDP 比重、百亿元 GDP 发明专利授权量和人均收入 4 项指标，均为全省最末位，表明经济发展质量不高、产业结构不佳、科研力量较弱。

图表 13-6　　　　　丽水市经济现代化水平及在全省位次

指标名称	全省（%）	丽水（%）	位次
经济现代化水平	58.9	40.3	10
人均 GDP	51.6	34.1	11
人均收入	65.1	44.4	11
服务业增加值占 GDP 比重	82.2	74.3	8
R&D 支出占 GDP 比重	75.9	26.0	11
百亿元 GDP 发明专利授权量	33.2	9.3	11
单位面积土地工业增加值	45.7	53.9	3

（三）生态引领的现代化目标

——确立生态引领的现代化战略目标。丽水已初步形成生态引领的发展格局。丽水生态现代化水平，既高于自身经济、社会和人的现代化水平，又高于全省其他地区生态现代化水平。同时，若将丽水市 24 项指标按照其实现度及在全省位次进行排序，位次靠前的指标均集中在生态及相关领域。

——明确生态引领现代化的具体内涵。地区生态发展对于政治经济文化的引领作用进一步强化，生态价值不断提升，人民幸福指数明显提高。地区生态发展特色亮点进一步强化，生态品牌影响力不断扩大，区域软实力加快提升。地区生态功能对于全省的支撑作用进一步强化，生态保护坚实推进，区域地位不断提高。

——构建生态引领的现代化具体目标。基于上述分析预测，至 2020年，丽水现代化水平达 85%。其中，生态现代化水平达到 100%，社会现代化和人的现代化水平均为 85%左右，经济现代化水平为 70%以上。

图表 13-7　　　　　丽水市基本实现现代化的优势指标、
需努力指标和弱势指标

类型	指标	指标领域	2012 年实现度	在全省的位次
优势指标	空气质量良好以上天数占比	生态现代化	100.0	1
	建成区绿化覆盖率	生态现代化	100.0	1
	人均预期寿命	人的现代化	100.0	1
	千人拥有医生数	人的现代化	100.0	1
	人均住房建筑面积	社会现代化	100.0	1
	城镇登记失业率	社会现代化	100.0	1
	环境质量综合评分	生态现代化	99.6	2

类型	指标	指标领域	2012 年实现度	在全省的位次
需努力指标	万人拥有社会组织数	社会现代化	52.3	2
	单位 GDP 能耗	生态现代化	87.7	3
	恩格尔系数	人的现代化	89.7	3
	单位面积土地工业增加值	经济现代化	53.9	3
	城乡基本社会保险参保率	社会现代化	89.7	4
	服务业增加值占 GDP 比重	经济现代化	74.3	8
	生活垃圾无害化处理率	生态现代化	99.4	9
	村庄整治率	生态现代化	90.5	9
	平均受教育年限	人的现代化	66.1	9
弱势指标	文教娱乐支出占消费支出比重	人的现代化	52.4	10
	千人互联网宽带用户拥有量	人的现代化	44.6	10
	城镇化率	社会现代化	75.0	10
	城乡居民收入比	经济现代化	67.3	11
	人均 GDP	经济现代化	34.1	11
	R&D 支出占 GDP 比重	经济现代化	26.0	11
	百亿元 GDP 发明专利授权量	经济现代化	9.3	11
	人均收入	经济现代化	44.4	11

二　深入分析实现现代化的多重制约

（一）同步现代化要求与现实差距较大的矛盾

丽水经济社会发展仍然滞后于全省大部分地区，基本实现现代化任重而道远。一是超过半数的现代化指标落后全省平均水平。24 项现代化评价指标中，丽水市有 14 项指标低于全省平均水平。二是经济现代化水平与全省差距尤为突出。丽水市百亿元 GDP 发明专利授权量不到全省平均水平的三成，R&D 投入占比也仅占全省的 1/3 左右，人均 GDP、居民收入不到全省的 4/5。三是社会现代化和人的现代化一定程度落后全省。城镇化水平落后全省 10.7 个百分点，村庄整治率、人口平均受教育年限、文娱支出占比、千人互联网用户量等指标不同程度低于全省，而城乡居民收入比、城镇登记失业率、农民恩格尔系数则超过全省。

图表 13-8　　　　　2012 年丽水市主要经济社会指标与全省比较

序号	指标	单位	浙江省（1）	丽水（2）	（3）=（2）×100/（1）（%）
1	人均 GDP	元	63266.0	41822.0	66.1
2	R&D 经费支出占 GDP 比重	%	1.9	0.7	36.8
3	百亿元 GDP 发明专利授权量	件	33.2	9.3	28.0
4	服务业增加值占 GDP 比重	%	45.2	40.8	90.3
5	城镇居民人均收入	元	34550.0	26309.2	76.1
6	农村居民人均收入	元	14552.0	8855.0	60.9
7	城镇化水平	%	63.2	52.5	83.1
8	城乡居民收入比*	—	2.4	3.0	0.6*
9	城镇登记失业率*	%	3.0	3.3	0.3*
10	村庄整治率	%	89.0	86.0	96.6
11	平均受教育年限	年	8.6	7.9	92.5
12	文教娱乐支出占消费支出比重	%	12.0	10.5	87.5
13	千人互联网宽带用户拥有量	户	211.1	178.4	84.5
14	农村居民恩格尔系数*	%	37.7	38.2	0.5*

　　说明：带 * 是逆指标，（3）=（2）-（1）。

（二）生态价值巨大与保护代价较高的矛盾

　　生态之于丽水，犹如"双刃剑"，为丽水带来巨大财富的同时，一定程度造成发展困窘。一是生态敏感性提高了工业发展环境准入门槛。丽水面临优质企业招商难和污染企业治理难的"两难"境地，目前，全市两大主导产业的合成革和不锈钢，仍以中低档产品为主，环境污染较大，改造提升任务艰巨。合成革"以水代油"改造，将致综合成本提高约10%—20%，改造难度较大。二是山地为主的地形加大了空间开发制约。由于境内多为山地地形，缺乏平坦开阔适宜开发建设用地，目前丽水全市建设用地面积占行政区划的 0.5%，而全省平均水平为 2.7%，沿海地区达 3.1%。三是生态潜力释放仍需经历较长过程。由于区位交通、配套设施、服务能力、产品档次等的制约，生态休闲养生等服务业仍处于初级发

展阶段，档次不高、带动不强、辐射不广，目前难以成为丽水经济发展的
支柱。

（三）　要素资源丰富与长期输出的矛盾

土地、人才、生态要素外流，要素供给逐渐趋紧。一是人力资本
要素外流比较突出。"五普"到"六普"的 10 年间，丽水全市常住
人口减少 4.5 万，占到丽水常住人口的 2.1%。2012 年丽水市在外人
口达到 50.9 万，占丽水户籍人口的 19.4%。人力资本外流对产业持
续发展构成严峻挑战。二是耕地要素变相输出的深层次矛盾未得到较
好解决。全市新增耕地除满足自身建设用地需要外，约 3/4 为全省其
他地区代保，一定程度造成建设用地供需矛盾。当地一些公共服务平
台、商贸物流、休闲养生项目用地指标难以及时落实，低丘缓坡获批
开发面积与用地需求的缺口约 3000 公顷。三是生态要素输出。丽水
市位于浙江省瓯江、钱塘江等 5 条重要水系上游，拥有全省 1/5 省级
重点生态公益林及相应的固碳能力，承担区域水土气候调节、空气净
化等重要功能，而丽水市正处于生态养生经济加快发展、新型城镇化
加速推进的重要发展阶段，经济社会发展和生态环境保护的矛盾逐渐
凸显。

（四）　空间分散与资源集中配置要求的矛盾

受山区地形影响，丽水人口分布分散，按区域面积计算的人口密度
较低，进而导致基础设施和公共服务效率较低。一是基础设施人均占有
量较大。如 2011 年丽水每万人全路网长度为 56.0 公里，最高的景宁县
达 101.7 公里/万人，而全省平均仅 23.4 公里/万人。二是公共服务人
均占有量较大。如 2011 年丽水每万户籍人口拥有疾病防控机构人员编
制数 0.9 人，比全省平均高 0.1 人。三是城市用地布局不尽合理，运行
效率较低。多数城市难以集中连片发展，难以形成合理形态和最佳规
模。青田县城呈东西向带状发展，瓯江横贯城市中心，国道穿城而过，
江北城市建设用地最宽处不足 1 公里，建筑高度密集，城市道路狭窄，
道路拥堵常有发生。

三　全面实施生态引领的现代化战略

(一) 确立生态引领的现代化思路

关于丽水与全省同步实现基本现代化，既要从速度上加快推进，缩小与发达地区和全省现代化的差距；更要从实现路径和评价方式方面科学设计，充分扬长避短，发挥比较优势，以殊途同归的方式实现基本现代化。具体可以从以下三个方面分析。

——着力生态化引领。丽水现代化必须始终坚持立足生态优势、发挥生态优势和扩大生态优势相结合。着力发展生态经济，大力倡导绿色生活，强化生态对市域经济社会发展的引领作用，增强生态对于全省乃至更大区域的支撑作用。

——超越传统工业化。丽水现代化必须跳出对传统工业经济的路径依赖，积极发挥特色资源优势，强化高端要素集聚，着力创业创新驱动，大力发展高新产业、战略性新兴产业、现代服务业等，加快经济发展方式转变和产业结构转型。

——实现同步现代化。丽水现代化必须摒弃唯 GDP 论，正视并接受丽水与发达地区现代化在表现形式、实现途径等方面的差异，以更优质的环境、更舒适的生活、更长的寿命等，弥补经济社会发展的相对滞后，实现与发达地区同步现代化。

(二) 着力抓好三大关键

丽水基本实现现代化，必须采取具有自身特色的一系列重大举措，其中关键是要强化三个方面的工作。

一是强化要素双向流动，促进资源向资本转化。着力应对长期以来人力资本、生态资本和土地资本单向输出困境，采取多种途径吸引人才、资金等要素，大力吸引战略投资，努力引导在外企业和人才回归，争取财政转移支付、生态补偿、外地汇款、资金回流等，促进区域要素输出与输入相平衡。

二是强化空间优化利用，促进分散向集聚转型。推进基于主体功能区划的区域空间优化布局，科学布局城乡居民点、区域重大基础设施、产业发展平台等，强化生态敏感区域保护。推进基于小片深度开发的大片整体保护，引导城镇建设、产业开发集聚集约，控制用地开发规模，提高开发效率。

三是强化体制机制创新，促进劣势向优势转变。创新加快生态经济发展的体制机制，促进生态优势转化为经济社会发展优势。创新城乡要素自由流动体制机制，促进公共资源在城乡间均衡配置、要素在城乡间自由流动。创新考核评价体制机制，促进丽水与全省同步现代化。

四　扎实推进生态引领的四大举措

推进丽水生态引领现代化发展的总体思路是，着力实施生态资本化、加快城市化、产业绿色化和人力资本高端化的发展模式创新，努力推进要素双向流动、空间优化利用、体制机制创新，力争与全省同步基本实现现代化，加快构建现代化宜居城市和休闲养生福地。

（一）生态资本化

推进丽水多元生态资源科学开发，实现生态资源向货币资本转化，生态优势向发展优势转变，生态保护和经济发展双赢。

——大力发展生态养生经济。充分结合培育"秀山丽水、养生福地"区域品牌，重点发展休闲旅游业、养生房产、养生文化、养生医疗、养生教育、养生农业、养生林业和养生用品制造业，努力打造国内外知名的生态休闲养生（养老）基地和休闲养生旅游目的地。

——科学推进低丘缓坡综合开发。充分利用丽水市低丘缓坡丰富资源①，深入开展全国首批低丘缓坡开发利用试点。做好规划研究工作，加强战略投资引进，推进高水平开发建设，动态监管，创新体制机制，规范有序开发，积极争取扩大试点规模。

——稳步推进土地确权流转。围绕确保所有权、稳定承包权，搞活使用权，推进农村土地使用制度改革。推进宅基地置换城镇住房、城镇居民社会保险等改革，让农民进城后"住得下、留得住、过得好"。推进农村

---

① 丽水市可开发利用的低丘缓坡面积为1280平方公里，而浙江省为2580平方公里，丽水市约占全省的一半。

承包地经营权抵押贷款，让农业经营主体"有资金、有信心、有能力"发展好现代农业。

改革要点。加大生态补偿力度，推动完善生态财力转移支付制度，建立森林生态建设补偿机制。建立健全排污权有偿使用和交易制度，建立区域间调剂、企业间交易的市场化配置机制。深化水资源配置市场化改革，完善水资源产品的价格形成机制。深化林权制度改革，进一步增强生态经济可持续发展能力。

（二）加快城市化

均衡且有侧重推进城市化，促进集聚集约发展。优化城镇布局，构建更加符合山区特点的城镇结构体系，力争至 2020 年全市城市化率达到 65%。

——提升丽水市区城市化品质。优化"一江双城"和"主副结合"布局，完善城市交通体系，加快数字城市建设，改造"城中村"和城乡结合部，推动城市人居品质不断提高。健全"市区共建"的体制机制，加快区域设施共建共享、融合发展，增强对区域的辐射带动能力，努力打造浙西南中心城市。

——推动县城及小城镇多元城市化。深入实施"小县大城"战略，推进条件成熟的云和、青田、缙云等撤县设市，加快人口向县城集聚。推进"小县名城"建设，挖掘各县自然资源、历史人文、特色产业等优势，做大做强特色经济，打造一批生态名城、产业名城、人居名城。

——加快农村传统聚落转型。将中心村作为农村人口集聚重点，优化布局建设，传承特色风貌，发展特色经济，增强中心村内生发展动力，提升人口、产业要素集聚承载力。将生态移民作为农村人口城市化的主要抓手，结合下山脱贫、农村土地整治、危旧房改造，推进整村搬迁。

——加强区域城乡基础设施一体化。对接融入长三角及海西区，加快金丽温铁路、龙庆高速、龙浦高速等对外交通网络建设，形成丽水至上海、省内中心城市，及闽西、赣北主要城市 3 小时交通圈。推进城镇基础设施向农村延伸，实施农村"千百工程"、强塘工程、城乡公交一体化、农村环境综合整治、农村饮水安全等系列工程，改善农村居民的生产生活条件。

改革要点。建立健全区域统筹协调发展机制，推进"多规合一"，加快小城市和中心镇培育发展，深化人口及其他要素集聚发展机制。支持生态人口转移集聚，深化整村搬迁梯度转移机制，加大对特困群体搬迁下山和安置就业的扶持力度。推进农民市民化改革，探索城乡统一的户籍管理制度。加大服务业政策扶持，继续推进企业分离发展服务业改革，完善现代服务业集聚区创建机制。

（三）产业绿色化

立足优势特色产业，加快生态环境友好型产业发展，构建生态农业、生态工业、现代服务业及生态休闲养生产业的生态产业体系，打造丽水经济升级版。

——做精生态农业。大力发展生态精品农业，推动农业主导产业规模化、标准化发展，加快建设长三角和海西区绿色农产品基地。引导支持农业"接二连三进四"，推动农业业态创新，拓展延伸农业价值链。加快引进工商资本，开发建设一批多功能、复合型、创新性农业综合体。

——做优生态制造业。有选择有侧重地承接长三角和海西区产业转移，进一步加强山海协作和浙闽赣皖产业合作，积极与台资合作，努力引进一批高技术、新产业，在更多领域更大范围争取产业合作及项目共建。淘汰落后产能，实行更高的产业准入门槛，制定产业发展导向目录，严把产业准入关。

——做强现代服务业。吸引在外浙商，特别是温商、丽商、侨商到丽水投资创业，壮大总部经济，加快发展物流、金融、信息科技、现代商贸等现代服务业。加快服务业发展方式转变，加大服务业政策扶持，推进企业主辅分离改革，扩大服务业开放领域。

——创新生态休闲养生产业。树立全市大景区理念，营造处处皆风景格局。整合"山水林田湖草"等要素，描绘丽水全域山水画卷。以绿水青山为本底环境，创地域环境之特色。播种大面积的特色作物，形成具有强烈视觉冲击力的大田风光；种植成片果树林，形成"千树万树梨花开"的壮美山色；放养成群家禽，形成鸡犬相闻的农家景致。

改革要点。建立健全传统产业改造升级机制，探索产品创新、装备替代、产业链延伸的传统产业提升发展机制，建立项目准入、亩产评价、节能减排、税收调节、银行信贷等倒逼机制。建立战略性新兴产业培育机制，深入开展不同地区差异化产业政策。建立健全落后产能淘汰机制。

（四）人力资本高端化

以优化提升生活环境和制度环境为着力点，培养引进一批科技人才、产业人才和服务人才，增强人才队伍支撑；以促进人的全面发展为根本出发点和落脚点，优化形成与丽水经济社会发展相适应的人口结构，增强可持续发展的内生动力。

——提升人力资本发展的公共服务环境。进一步加大教育投入，创新医疗卫生服务领域和服务方式，保障公平就业机会和投资机会，深入推进社保体系建设，推动教育、医疗、就业、社保领域均衡优质发展。

——加强重点人才开发。加强重点产业、重点行业和重点领域紧缺人才引进培养，造就一批高层次创业创新人才和技能人才群体。高度重视一线工人的培养和引进，进一步加强特色产业领域及非物质文化传承领域的人才积累。

——优化提升人居环境。发挥丽水远离大都市喧嚣的优势，打造清新亮丽的城市形象，营造"慢生活"文化氛围，优化宜居环境，增强引人留人吸引力。迎合科研、创意群体特殊偏好和个性追求，打造一批能够激发创业热情和创作灵感的创新载体，为高端创业创新团队打造理想去处。

改革要点。建立健全促进全民创业、扶持初始创业和鼓励二次创业的机制，营造全社会鼓励创业氛围。建立重创业创新实绩，重社会和业内认可的多元化人才评价制度，鼓励企业与高校、科研院所联合培养人才，促进青年科技人才向企业流动，建立以深化技术要素参与股权和收益分配为核心的激励机制，提高技术要素在收益分配中的比重。

附表 13-1

2012 年全省和 11 市现代化水平评价

领域	序号	指标		全省	杭州	宁波	温州	嘉兴	湖州	绍兴	金华	衢州	舟山	台州	丽水
经济现代化	1	人均 GDP		51.6	72.6	69.7	37.2	51.9	46.7	59.8	40.8	37.8	61.0	40.5	34.1
	2	人均收入	城镇居民	69.1	71.4	76.1	69.6	71.4	66.0	73.8	66.3	52.5	68.4	68.0	52.6
			农村居民	58.2	68.1	73.9	58.9	74.5	68.8	70.8	53.1	42.9	74.4	58.3	35.4
	3	服务业增加值占 GDP 比重		82.2	92.6	77.3	84.3	71.5	71.6	75.0	82.6	70.3	82.5	80.6	74.3
	4	R&D 支出占 GDP 比重		75.9	100.0	75.6	43.2	88.0	72.8	74.4	58.4	35.6	51.6	56.8	26.0
	5	百亿元 GDP 发明专利授权量		33.2	70.8	31.4	19.8	17.0	30.4	17.7	15.6	13.7	13.5	27.2	9.3
	6	单位面积土地工业增加值		45.7	61.1	51.4	76.4	38.0	26.3	44.5	37.3	30.7	21.9	42.4	53.9
	7	城镇化率		90.3	100.0	99.1	95.3	79.0	78.7	85.9	87.7	66.6	93.3	81.3	75.0
社会现代化	8	城乡居民收入比		84.2	95.3	97.1	84.5	100.0	100.0	95.9	80.1	81.7	100.0	85.7	67.3
	9	城乡基本社会保险参保率	医保综合参保率	99.8	99.7	99.4	100.0	100.0	99.2	100.0	98.6	100.0	99.8	100.0	100.0
			养老综合参保率	72.9	76.5	90.2	49.5	74.8	67.7	79.7	71.3	91.6	75.5	60.8	79.4
	10	城镇登记失业率		100.0	100.0	100.0	100.0	100.0	100.0	100.0	100.0	100.0	100.0	100.0	100.0
	11	人均住房建筑面积	城镇居民	100.0	100.0	100.0	100.0	100.0	100.0	100.0	100.0	100.0	100.0	100.0	100.0
			农村居民	100.0	100.0	100.0	100.0	100.0	100.0	100.0	100.0	100.0	100.0	100.0	100.0
	12	万人拥有社会组织数		44.3	39.8	52.0	38.2	29.1	36.3	35.4	51.6	34.4	54.1	46.7	52.3

续表

领域	序号	指标		全省	杭州	宁波	温州	嘉兴	湖州	绍兴	金华	衢州	舟山	台州	丽水
生态现代化	13	单位GDP能耗		84.7	86.2	82.0	96.2	73.5	64.1	70.4	78.1	37.6	75.8	100.0	87.7
	14	空气质量良好以上天数比重		97.7	96.0	93.2	96.9	95.5	91.2	95.7	99.8	100.0	100.0	100.0	100.0
	15	建成区绿化覆盖率		95.8	99.9	95.1	54.7	100.0	100.0	100.0	99.5	100.0	100.0	100.0	100.0
	16	村庄整治率		93.7	97.3	96.8	72.3	100.0	100.0	100.0	95.6	99.5	100.0	82.7	90.5
	17	生活垃圾无害化处理率		97.0	100.0	100.0	95.0	100.0	100.0	100.0	99.6	100.0	100.0	97.3	99.4
	18	环境质量综合评分		88.6	91.8	79.6	83.1	59.8	89.3	71.3	82.9	100.0	94.5	85.9	99.6
人的现代化	19	平均受教育年限		71.4	81.5	73.5	68.5	69.3	69.1	71.6	70.8	66.0	70.4	65.9	66.1
	20	人均预期寿命		98.6	100.0	100.0	100.0	99.2	100.0	99.0	95.5	98.3	100.0	100.0	100.0
	21	千人拥有医生数		91.2	100.0	96.2	84.6	71.0	82.0	81.8	89.0	100.0	93.5	84.1	100.0
	22	文教娱乐支出占消费支出比重		59.8	56.0	54.1	65.3	58.7	65.6	56.9	57.0	49.0	56.5	58.9	52.4
	23	千人互联网宽带用户拥有量		52.8	78.9	75.8	55.1	62.0	51.8	63.7	61.2	42.2	67.1	52.7	44.6
	24	恩格尔系数	城镇居民家庭	85.6	82.6	80.6	79.3	91.0	81.3	85.2	99.4	83.7	83.5	86.3	88.0
			农村居民家庭	92.9	100.0	84.0	76.6	100.0	100.0	92.9	100.0	88.2	91.8	88.3	91.7
		现代化目标实现度		78.8	86.5	81.8	74.1	76.5	76.2	77.7	76.7	71.7	78.6	76.3	74.1

第十四章　新常态下缙云山区经济强县转型研究

改革开放 40 年以来，超常态发展铸就浙江省山区发展巨大成就。缙云县作为浙江省山区的典型代表，长期以来充分发挥区位条件、特色资源和产业基础组合优势，着力加快工业经济发展，全县经济保持平稳较快增长，形成和增强山区经济强县先发优势。本文基于对缙云县发展基础以及新常态下发展机遇和挑战的分析，提出在当前超常态进入新常态的重大转折阶段，山区应确立"发展模式转型"的思路。

一　超常态发展铸就山区经济强县辉煌

2010—2015 年，缙云经济增长超越全省和全市，主要经济指标在全省的排名有所上升。

1. 缙云创造草根创业到全民创业的经典模式

得益于括苍文化敢闯敢创、敢为人先精神，缙云县民间创业从"烧饼担子""草席摊子"起家，已经取得全国带锯床产业三分天下有其二的市场份额，现在又创造了小山村名电商、小烧饼大产业等典型模式，形成从洗脚上岸到科学经营的华丽转型，积累了独特的资本和人文财富。2010—2015 年，缙云县经济后发优势不断显现，GDP 年均增速分别高于全省和全市平均水平 1.3 个和 0.4 个百分点。

2. 缙云历经贫困山乡到现代化山城的跨越变迁

缙云县地处浙西南山区，因长期交通不便而相对闭塞。伴随金丽温高速公路、台金高速公路、金温铁路等多条交通干线在缙云形成交会，缙云在全市率先进入杭州市区 2.5 小时交通圈和上海市区 4 小时交通圈，在丽水地区的北门户地位日益增强。2010—2015 年，县城和壶镇小城市的人口等要素加快集聚，城市化从 42.9% 提高至 49.5%，提高幅度高于全省和全市平均水平。

3. 缙云正在实现工业主导向生态引领的蝶变

21世纪以来，缙云县先后确立生态立县、生态富民发展战略，持续推进经济社会与生态协调发展。2010—2015年，缙云县21个块状经济向现代产业集群转型升级进入全省试点，数量居全省各县（市、区）首位。乡村旅游、电子商务加快崛起，服务业投资年均增长48.1%，分别高于全省和全市23.8个和22.9个百分点。通过国家级生态县创建技术核查，成功创建省级森林城市，成为全省唯一"五水共治"优秀县。

4. 缙云推进非均衡到统筹均衡的提升发展

长期以来，缙云县坚持深入推进基本公共服务均等化，大力发展教育、卫生、科技、文化等各项社会事业，扩面提升就业、医疗、养老等各项社会保障，全县人均享有基本公共服务水平不断提高。2015年，社会领域多数指标人均水平已接近或超过全省平均。以城乡居民收入差距为例，缙云县从2006年的3.4倍缩小至2015年的2.2倍，同期全省从2.4倍缩小至2.1倍，缙云正在以较快速度追赶全省平均水平。

二　超常态发展面临传统优势式微挑战

"十三五"时期，外部环境和发展阶段发生重大转变，缙云面临新常态下的新挑战。

1. 长期依赖要素驱动，粗放外延模式固化，发展方式亟待转型

改革开放以来，缙云县经济高速增长主要依靠资本、劳动力及土地要素大量投入。以投资贡献率作为衡量标准，2006—2015年，全县经济增长对投资的依赖程度呈震荡提高态势，但是因边际生产率递减，投资边际贡献亦呈递减趋势。2015年，缙云县投资贡献率高达104.4%，但GDP增速仅为8.3%。以全员劳动生产率作为衡量标准，2015年缙云县劳动生产率为66371元，仅为全省平均的2/3，亦低于全市平均水平。2015年，缙云GDP增速滑落至丽水市末位。

2. 中心城区带动较弱，多元主体各自为政，城市化效率和内涵亟待提升

受山区地形等多种因素影响，全县空间、产业、人口等要素分散格局与空间集聚集约利用要求的矛盾凸显。县城功能分散，老城区、新碧工业

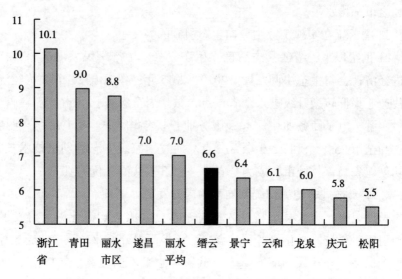

图表 14-1　2015 年丽水市各县（市、区）与全省劳均
生产总值比较（单位：万元/人）

园区和仙都景区 3 个区块相对独立。县城和壶镇扁平化竞争激烈，县城首
位度不高，2015 年县城人口仅占全县的 21.9%。全县城市化率仅 49.5%，
农业劳动力过剩，一产劳均增加值 9371.8 元，列全省 64 个县（市）
末位。

3. 区域竞争日趋加剧，区位弱势有所复归，发展优势亟待重构

区域包围式竞争压力加大，与周边 7 县（市、区）相比，缙云县主
要经济指标相对落后，见图表 14-2。发达地区领先压力加大，沿海经济
强县积极谋求传统制造向智造转型，对缙云县产业转型升级形成挤出效
应。欠发达地区追赶压力加大，海岛和山区各县依托自然人文景观大力实
施"生态+""旅游+""文化+"战略，生态养生休闲市场竞争更趋激烈，
缙云做强做大生态产业面临较大挑战。

4. 财政收入规模较小，民生支出等压力较大，融资方式亟待创新

山区经济客观状况导致缙云地方财政比较弱小，2015 年缙云县人均
地方财政支出仅 4385 元，为丽水市最低，仅为全市的 60.0% 和全省的
44.7%。受经济下行、社会民生要求提高等因素影响，"十三五"时期，
县级财政收入增长趋缓和财政支出需求扩大的矛盾日益凸显。在这一情况
下，由于各项建设要求任务较重，有可能导致政府举债规模进一步扩大，

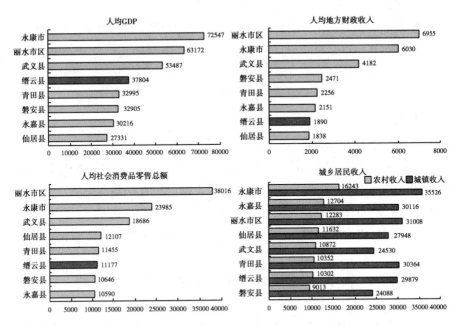

图表 14-2　2015 年缙云县主要人均经济指标与周边 7 县

（市、区）比较（单位：元/人）

亟须创新政府融资机制和融资方式。

三　超常态向新常态转换催生重大机遇

党的十八大以来，中国经济整体进入"速度放缓、结构调整、质量提升"为主要特征的新常态。"十三五"时期缙云县将延续"十二五"时期的中速平稳增长。与此同时，出现收入增长快于 GDP 增长、消费重于出口、社会发展重于经济增长等积极变化，有利于缙云县增长动力、要素结构、产业结构全面调整优化。

1. 收入增长快于 GDP 增长

缙云县收入增长格局与全省基本同步。2012 年以来，缙云县城乡居民收入增长大幅低于 GDP 增长的趋势开始扭转，城乡居民收入占 GDP 比重止跌回升。预计未来一段时期，全社会将迎来分配关系和宏观结构优化的重大转折，居民收入在经济中的分配比重稳步提高，促进经济增长动力开始向消费转变。

2. 消费拉动重于出口拉动

外需增长相对弱化，出口增速比过去大幅回落，消费需求已成为经济增长的新动力。主要有两个证据：一是缙云县消费增长对 GDP 贡献已大于 50%。二是全省消费占 GDP 比重，即消费率已于 2005 年左右止跌回升。而全国消费率持续下滑趋势直到 2011 年才扭转，缙云消费崛起周期亦领先全国 5 年左右。

3. 社会发展重要性凸显

居民收入快于 GDP 增长、消费崛起等重大转折，将推进社会领域发展加快。预计未来一段时期，储蓄率有所下降，生育率略有提高，精神文化产品增长相对加快，多数社会发展指标将快于 GDP 增长，社会发展的地位和重要性将有较大提高，同时社会发展又将引发新的经济增长点。

四　实施"创新创富·美丽缙云"战略

"创新创富·美丽缙云"的本质，创新是手段，创富是要求，美丽是目标。以"创新创富"为战略路径，增强产业内在价值和核心竞争力，推动经济集约内涵发展；以"美丽美好"为战略目标，增强全县上下科学发展的共识，演绎"两美"浙江的缙云样本。"创新创富·美丽缙云"，既是转型发展的动力所在，更是缙云未来发展的总体目标和美好愿景。

■ 创新创富。创新创富既是"十三五"时期省委、省政府的重大战略，也与缙云县发展实际高度契合，具体而言包含创新、创业和创富三重内容。

——以全面创新为核心。全面推进空间、产业、生态、民生和体制的创新发展，形成山区发展新模式，经济增长新动力。

——以大众创业为动力。缙云县 2015 年每万人口的个体工商户和私营企业和个体工商户数量达 411.9 家，大众创业已经具有一定基础。强化政府简政放权、鼓励创新等政策的叠加效应，营造鼓励创新、宽容失败、允许试错氛围，进一步释放大众创业的活力和激情。

——以创富民生为要求。当前缙云城乡居民收入增长开始持续快于 GDP 增长，经济增长进入消费主导的格局。着力提升社会事业、社会保障、社会产业，加强社会主义核心价值观建设，真正实现群众物质富裕和精神富有。

■ 美丽缙云。"十三五"时期继续秉持"绿水青山就是金山银山"理念，张扬生态人文优势，努力建设美丽缙云，赋予三重深刻内涵。

——诗画山水之美。加强生态山水资源开发，彰显高山、奇峰、山溪、田园魅力，打造全县大景区；加强生态保护和修复，推进山林生态系统建设和水域环境治理，打造山青水绿天蓝美好家园。

——千年人文之美。传承和张扬黄帝文化、仙都文化、婺剧文化、耕读文化、养生文化、石头文化和影视文化，促进地域文化与自然山水融合发展，提升文化软实力和内在价值。

——生活幸福之美。推进科教文卫等社会事业优质均衡发展，建立健全高标准全覆盖的社会保障体系，支持多元资本进入养老、住房等领域，不断满足城乡居民对美好生活的向往。

人口产业转型篇

第十五章　提升长三角人口集聚水平

研究长三角人口集聚，可有两个维度：一个是人口集聚的规模，另一个是人口集聚的素质。国内外先发地区经验表明，人口集聚的规模及素质两个维度，存在显著的正相关关系，亦即人口素质提高，相当程度是以人口数量增加为基础的。同时，随着人口集聚规模的增长，人口素质提升呈边际收益递增。

长三角当前已形成了人口素质提升快于人口规模增长的良好态势。然而受国家人口分布战略导向、现行户籍制度，以及长三角产业结构、发展方式等多重因素影响，未来长三角人口集聚规模及素质提升，仍具有较多不确定性。

一　长三角具有人口集聚与素质提升优势

1. 长三角高素质人口增长明显快于人口增长

以人口普查公布的按各职业大类分的专业技术人员指代高素质人口①，按此分析，2000—2010 年，长三角高素质人口年均增速 4.8%，比人口数量年均增速高 3.4 个百分点，长三角高素质人口对于人口数量的增长弹性为 3.36。也就是说，长三角人口每增长 1 个百分点，高素质人口增长 3.36 个百分点。应该说，上海对此起了主要作用，浙江省这方面的作用则在提升。

2. 长三角高素质人口长期以来具有较大增长弹性

以 1982 年长三角就业人口为 1，1990 年专业技术人员相对于就业人

---

① 以往较多研究采用人口受教育年限、人口就业结构指标作为衡量人口素质的标准，但是在对长三角纵向数据进行比较时，难以剔除我国人口整体受教育水平逐步提高、产业结构提升的影响；而按职业大类分的专业技术人员指标，可以避免上述问题。

口的增长弹性为 1.088，2000 年专业技术人员增长弹性为 1.162，2010 年这一数据达到 1.574。举例来说，当一个区域就业人口从 1000 万人增长到 1200 万人，专业技术人员从 60 万人增长到 75 万人；就业人口进一步从 1200 万人增长到 1500 万人，专业技术人员从 75 万人增长到 135 万人，呈典型的几何级数的迅猛增长。因此有理由预计，未来一段时期，伴随人口集聚进一步加强，长三角人口集聚素质将进一步加快提升。

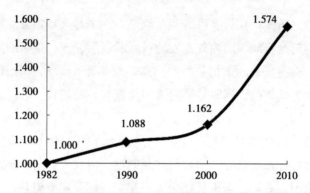

图表 15-1　1982—2010 年长三角地区专业技术人员增长弹性（相对于 1982 年就业人口）

3. 长三角人口集聚特征符合人口集聚促进人口素质提升的客观规律

首先，人口集聚达到一定规模后，通过规模效应，促进市场扩大、产业升级、服务优化，扩大高素质人口需求。正如高水平医生往往需要一个较大规模的求医人群，规模经济加速高端人才需求。而在一个相对较小的人口规模下，难以形成高素质人口大量需求。在此基础上，区域人口素质产生"强者愈强"的马太效应，进一步推进高素质人才引进、培养和积累。

4. 当前长三角各地高素质人口集聚在全国的地位有所不同

参照产业区位熵研究方法，引入长三角高素质人口区位熵概念。高素质人口区位熵大于 1，表示其专业技术人员集聚相对于全国具有优势；反之则具有劣势。2010 年截面数据显示，上海高素质人口，相对于全国及江浙两省均具有较大优势；江浙两省对于全国有一定优势，其中江苏省比浙江省优势相对突出。近 20 年来，江浙两省高素质人口区位熵不断提升，上海则略有削弱。

图表 15-2　　　　1982—2010 年长三角两省一市高素质人口区位熵

地区	1982 年	1990 年	2000 年	2010 年
上海市	2.10	2.51	2.25	2.20
江苏省	1.03	1.00	1.02	1.17
浙江省	0.90	0.98	1.02	1.13

5. 浙江省迎来高素质人口集聚优势不断增强的重大机遇

1982—2010 年，浙江省高素质人口区位熵提升了 0.23。其中，第三次和第四次人口普查时，浙江省高素质人口区位熵分别为 0.90 和 0.98，人口素质对于全国具有劣势；而第五次和第六次人口普查时，浙江省高素质人口区位熵分别为 1.02 和 1.13，人口素质对于全国具有优势，且这种优势正在稳步扩大。但也应该看到，目前浙江省高素质人口集聚在长三角，仍处于末位。

二　长三角人口集聚的挑战

（一）人口集聚仍有较大潜力

全球发达国家地区经验表明，经济及要素增长，是以不同强度首先出现在一些增长极上，最典型的如大都市圈；然后通过不同渠道向外扩散，并对整个国家地区经济产生不同的最终影响，整个过程一般经历三个阶段。

第一阶段，全国经济发展水平整体较低，各地经济发展呈低水平均衡。

第二阶段，都市圈经济率先加快发展，区域经济极化效应不断增强，人口等要素高度集聚，都市圈与其他地区经济呈非均衡。

第三阶段，都市圈扩散效应增强，人口及其他要素外溢，都市圈与其他地区经济社会发展渐趋高水平均衡。

我国区域经济当前呈高度非均衡发展，要素仍处于向三大都市圈极化发展阶段，三大都市圈以全国 3.7% 的面积，占有全国 39.5% 的 GDP。然而，上述地区的人口极化却明显滞后。

首先，世界大都市圈对所在国家地区的人口集聚峰值一般可达近

30%，而我国三大都市圈人口占全国比重目前仅 19.0%。在同等经济发展水平下，美国纽约都市圈① 1960 年人口占全国比重为 26.2%，日本东京都市圈② 1980 年为 24.5%，均大大高于我国当前。特别是我国三大都市圈与纽约都市圈及东京都市圈，在全国所占的面积基本相等，结论具有较大参考价值。

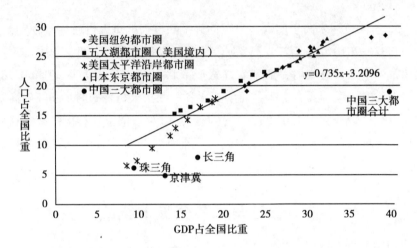

图表 15-3　主要年份世界级都市圈人口及 GDP 占全国比重（单位:%）

其次，世界大都市圈人口及 GDP 占全国的比重，两项数据高度相关，可用线性方程 y = 0.735x + 3.2096 描述，而我国都市圈明显偏离这一线性关系。根据上述方程计算，人口与 GDP 占全国比重应接近。2010 年，纽约都市圈和东京都市圈，GDP 和人口占全国比重两项数据差距，均在 5 个百分点以内，而我国三大都市圈的两项数据相差 20.5 个百分点之多。我国三大都市圈人口的集聚水平，明显低于其经济集聚水平。

需要指出的是，长三角虽被公认为全球六大都市圈之一，而每单位国土面积的人口及 GDP 集聚水平，仍低于珠三角。2010 年，长三角地区每 1% 国土面积，集聚全国 7.3% 的人口及 15.4% 的 GDP，分别比珠三角低 0.7 个百分点和 6.4 个百分点。

---

① 美国纽约都市圈，指美国东北沿岸，包括首都华盛顿及新泽西州、马萨诸塞州、纽约州、宾夕法尼亚州、马里兰州、罗得岛州、德拉华州、康涅狄格州 8 个州。

② 日本东京城市圈，指以东京市区为中心，包含东京都及崎玉县、千叶县和神奈川县 3 个县。

图表 15-4　　　长三角人口及经济集聚水平与全球都市圈比较（%）

都市圈名称	国土占比①	人口占比②	GDP占比③	每1%国土人口集聚水平②/①	每1%国土经济集聚水平③/①	GDP占比-人口占比③-②
中国三大都市圈	3.7	19.0	39.5	5.1	10.7	20.5
其中：长三角	1.1	8.0	16.9	7.3	15.4	8.9
京津冀	2.0	6.3	9.5	3.2	4.8	3.2
珠三角	0.6	4.8	13.1	8.0	21.8	8.3
东京都市圈	3.5	27.8	32.3	7.9	9.2	4.5
纽约都市圈	3.7	19.3	22.7	5.2	6.1	3.4

说明：中国三大都市圈人口数据来源于各地 2010 年第六次人口普查数据，GDP 数据来源于各地 2011 年统计年鉴。东京及纽约都市圈数据来源于该国统计资料，东京都市圈为 2012 年数据，纽约都市圈为 2009 年数据。长三角指 16 市，珠三角指 9 市及港澳地区，京津冀指 10 市。

长三角人口集聚长期较慢。经验表明，人口向沿海经济发达地区高度集聚是一个普遍规律。东京都市圈人口 1955 年占日本的 17.3%，2012 年上升到 28.0%；美国加州人口 1900 年占全美 1.9%，2013 年上升到 12.1%。就在近 10 年，美国加州和东京都市圈人口比重仍在上升。而长三角两省一市，即使在 1990 年至今的经济高速增长期，人口在全国的占比也仅提高了 1 个百分点。另外，按长三角 16 市计算，2000—2010 年人口占全国比重，也仅提高 1 个百分点。在相同人均 GDP 水平下，日本东京都市圈人口集聚水平从 1955 年的 17.3% 上升到 1980 年的 24.5%，提高了 7.2 个百分点。

（二）城镇化有待进一步提升

长三角城市生活成本较高、公共服务和社会保障等福利待遇对非户籍人口的排他性等因素，使这一带难以支撑外来人口大规模、持续性的集聚，进而呈现城市化水平相对滞后问题。

多数地区城市化滞后于其经济发展水平。通过分析长三角 25 市城市化水平及其经济发展水平关系，得到图表 15-6 中的拟合趋势线。位于趋势线上方的地区，城市化水平领先其经济发展水平；反之城市化水平滞后于经济发展水平。从图中可以较直观地看到，除上海、南京、杭州 3 个核心城市外，其他地区的城市化水平，多数未达到其经济发展相应的水平

222　人口产业转型篇

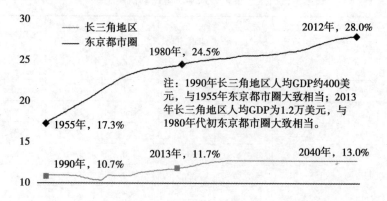

图表 15-5　相同人均 GDP 下长三角和东京都市圈人口集中度

（第二组），或者经济发展水平和城市化水平均较低（第三组）。若把长三角流动人口占城镇常住人口较高的因素考虑在内，则这些地区实际城市化水平可能更低。由此可见，第二和第三组的 19 市是未来长三角提升城市化水平的重点。

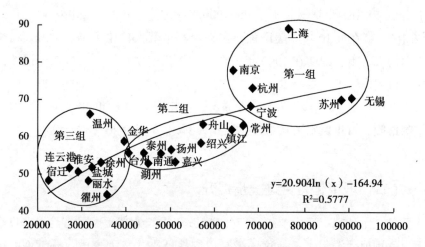

图表 15-6　2010 年长三角 25 市的城镇化率及人均 GDP（单位:%、元/人）
说明：根据城镇化及人均 GDP 水平高低，可将长三角 25 市分为三组。第一组为城镇化及人均 GDP 均较高的 6 市，上海、南京、杭州、苏州、无锡和宁波；第二组为城镇化及人均 GDP 中等的 10 市，常州、镇江、舟山、绍兴、扬州、嘉兴、南通、湖州、泰州和台州；第三组为人均 GDP 较低、城市化水平多数较低的 9 市，温州、金华、徐州、盐城、丽水、衢州、连云港、淮安和宿迁。

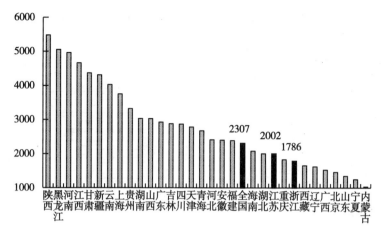

图表 15-7　2012 年全国各地城市人口密度（单位：人/平方公里）

（三）人口整体素质明显偏低

长期以来，长三角特别是江浙两省以劳动密集型为主的产业结构，吸引大批蓝领工人集聚。这一群体普遍受教育程度、专业技能水平较低，导致长三角地区人口整体素质被拉低。有三方面的数据佐证。

首先，劳动力技术水平较低。中国经济普查数据显示，2004—2008年江浙沪无技术职称人员占全体从业人员比重有所提高。2008 年，江浙沪分别高达 87.7%、87.4% 和 86.3%，至少高出全国 3 个百分点。

其次，劳动平均效率较低。特别是外来务工人员相对集中的制造业，劳动力素质偏低问题更加突出。2010 年，浙江省工业劳均增加值为 8.7万元，江苏省 12.4 万元，两省均低于全国 12.8 万元的平均水平；而包括上海在内，长三角 3 地工业劳均增加值均低于全国大部分地区，浙江省更是居全国末位。

最后，人口平均受教育程度较低。2010 年浙江省流动人口平均受教育年限为 8.5 年，低于全国 9.3 年的水平[①]。15 岁及以上文盲率为 5.6%，高于全国平均。长三角城镇常住人口中，初中及以下学历人口占 6 岁以上人口的比重，浙江省为 68.0%，江苏省为 61.6%，均高于全国 61.2% 的平均水平。

---

① 国家人口计生委 2010 年流动人口动态监测数据。

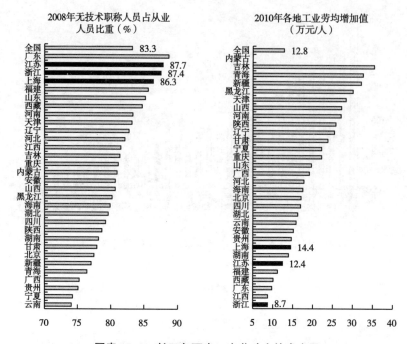

图表 15-8　长三角两省一市劳动力技术水平

说明：数据来源于第一次中国经济普查年鉴和第二次中国经济普查年鉴。

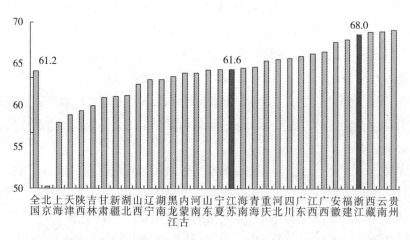

图表 15-9　2010 年各地城镇低学历人口占比（单位:%）

三 影响长三角人口集聚的主要原因

(一) 粗放发展成为高素质人口集聚的瓶颈制约

长三角地区人多地少，人地矛盾突出。2010 年，长三角以全国 5.7%
的耕地承载全国 11.7% 的人口，人均耕地面积 0.67 亩，其中浙江省人均
拥有耕地 0.53 亩，还不到全国平均水平的 40%。特别是浙江省，若把山
区、丘陵和水面比重较大的因素考虑在内，浙江省适宜人口集聚的空间
更小。

浙江省长期处于劳动密集型传统制造业为主导的低水平粗放发展阶
段，对于省外低层次劳动力的需求巨大，进一步加剧了人口与资源、环境
的矛盾，对可持续发展造成较大压力。外来人口大量涌入增加了生活垃
圾、生活污水的排放量。2012 年，浙江省城市用水人口比 2000 年增长
81.8%，生活垃圾清运量增加 140.4%。同时，外来务工人员集中居住的
城郊结合部和城中村，往往是环境脏、乱、差的地方，治理难度较大且成
本较高。

(二) 后发经济导致人口集聚背离经济集聚

长三角经济集聚与人口集聚的关系，与发达经济体早期轨迹不一样。
长三角地区对于全国其他地区而言，具有更高的自动化和信息化水平。因
此，同样的经济集聚水平，只能具有相对较低的人口聚集。同时，长三角
经济发展中具有大量投资机会，资本由于技术进步加速，能够低成本地快
速扩张，出现投资增长创造投资需求，即资本扩张自循环的格局。这种状
况下，长三角经济增长更多的是以投资拉动，而非消费拉动，进而导致经
济集聚大大快于人口集聚。

(三) 邻近上海造成浙江省大城市发育较难

以长三角整体为研究对象，这一地区城市规模结构、城市功能结构存
在着明显的两极分化现象。亦即上海"一枝独秀"，影响江苏省和浙江省

的大城市发育及其人口集聚。2010年，长三角二城市指数①为3.1，四城市指数为1.3，两项数值均高于合理城镇体系结构的理论值。按理论界公认，二城市指数应为2，四城市指数应为1。上海高端服务业对于江浙两省具有较强替代效应，制约江浙地区现代服务业发展提升。同时，由于江浙两省总体仍处于粗放发展阶段，上海在人才高地、技术高地、服务业高地等方面的高端服务功能，对江浙两省的促进作用难以较好发挥，也不利于上海自身进一步发展。

长三角其他地区，由于邻近上海，出现集聚及辐射能力相对较弱的"灯下黑"。典型的如浙江省，城市规模普遍偏小，人口规模最大的杭州市区和宁波市区，人口规模均位列全国15名以外；而人口规模最小的嘉兴市区和舟山市区，位列长三角16市末两位。

（四）体制机制不适加剧人户分离、人地分离矛盾

人口向发达地区集聚是一个难以回避的现实趋势，而我国有关政策制定却长期难以适应这一规律，现行户籍制度引发的人口工作地与户籍登记地分离、人口统计与经济核算分离问题，长三角流动人口占比一直居高不下，严重阻碍长三角人口与经济协调发展。"六普"数据显示，长三角外来人口2549.5万人，相当于每6个常住人口中就有1个来自省外。

我国人口战略相当程度偏离人口分布实际趋势。从1980年《全国城市规划工作会议纪要》至1999年颁布实施的《城市规划法》，从中央到地方一直实行"严格控制大城市规模"的战略方针，而人口集聚的实际情况却事与愿违，北上广等城市屡次突破人口控制上限。2014年出台的《国家新型城镇化规划（2014—2020年）》仍在相当程度上延续了这一战略方针。按照规划要求，未来一段时期人口将重点向中西部主要城市群、东部中小城市及小城镇集聚。这一战略导向或不利于长三角区域人口有序集聚，更不利于全国东中西部社会均衡发展。

---

① 二城市指数，指规模最大城市与第2位城市的比值。四城市指数，指规模最大城市与位居第2、第3、第4位城市规模之和的比值。十一城市指数，指规模最大的城市与位居第2至第11位城市规模之和的比值。

四　系统优化长三角人口集聚环境

（一）引导全国人口合理分布

1. 研究制定全国人口分布规划

根据全国各区域经济集聚水平、城市数量及规模等因素，结合全球人口向沿海发达地区集聚的基本规律，科学确定全国人口地域分布，填补国内人口分布规划研究的空白。就长三角16市当前经济发展水平，人口占全国比重至少可提升2个百分点，达到10%。即通过10—15年时间，16市可以增加户籍人口约3000万人。而伴随长三角经济水平进一步提高，远期在全国的人口集聚水平亦可进一步提高。

2. 尊重市场机制下的人口集聚规律

弱化对长三角特大城市、大城市采取"一刀切"的"严格控制"，弱化行政手段引导人口、产业大规模向中西部转移的做法。遵循人口向沿海地区、向大城市及特大城市集聚的一般规律，加强这些地区及城市的基础设施和公共服务资源供给。强化长三角各城市生活成本、就业压力通过市场传导作用，形成个体理性下的最佳人口集聚格局。

3. 争取中央层面统筹破解长三角外来人口落户难题

破题的关键是，探索建立土地、资金、生态等"权益到人、权随人走"的体制机制，将有条件转移的部分土地指标、专项资金、生态环保指标等，按户籍人口分摊，并跟随人口流动进入其流入地区，推动区域之间要素优化配置。

（二）推进长三角城镇网络化发展

1. 进一步提升环杭州湾城市群和苏南城市群

环杭州湾和苏南地区的中心城市杭州、宁波、南京、苏州和无锡的城市化水平较高，对周边地区辐射带动能力较强，两个地区的城镇密度已高达每100平方公里0.86个和0.79个。这一带正在成为大都市连绵区。

2. 进一步强化浙中浙南及苏中地区中心城市人口集聚

鉴于这些地区的城镇化水平普遍低于经济发展水平，且城市规模整体偏小，人口集聚潜力较大。未来一段时期，要充分发挥这些城市历史悠久、产业坚实、功能完备等优势，增强对于集聚吸纳农村人口及外来人口的积极作用。

3. 进一步引导浙西南人口内聚外迁和苏北加快发展

浙西南生态环境敏感性较高，应确立以小面积深度开发推进大面积科学保护的理念，进一步优化这些地区县（市）域城乡空间结构，深入实施下山移民、撤村并点、异地安置等工程，引导人口有序集聚。苏北是长三角地区的腹地，近几年浙江省资本大量进入。为此，浙西南和苏北应进一步加强与浙东南和苏南等地的统筹与合作。

（三）强化长三角人口无障碍流动

1. 逐步推进户籍一体化改革

先行选择城乡差别较小县（市）开展户改。长三角部分发达县（市），农村公共服务加快与城市接轨，农民享有的集体资产价值不断上升，这些地区的农民已不甚看重城市户口，取消城乡户籍、建立统一居民户口的条件已经成熟。这些地区应抓住浙江省深化农村"三权到人、权随人走、带权进城"改革的契机，推进人的城镇化。逐步放开社保水平基本相等的地区间户籍限制，例如南京、杭州、苏州、无锡、宁波等地，环杭州湾的萧山区、柯桥区、余姚市、慈溪市等地，完全可以建立统一的社会保障身份证号码，为取消户口限制打下基础。

2. 统筹就业和社保体系建设

加强就业政策衔接，制定统一规范的劳动用工、职业资格认证和跨区域培训教育等就业服务制度。逐步统一区域内各个城市社会保障标准，推动社会保障关系在长三角各地互联互认和医疗、养老保险关系的正常转移接续。探索建立社会保险参保信息共享机制，统一经办管理、缴费和补助标准。探索设立区域社保结算中心，建立一人一卡、卡随人走、在区域范围内统一结算的制度。

3. 完善流动人口调控管理制度

完善常住人口管理信息系统，优化户口迁移政策，实行居民在不同城市之间网上户口迁移和异地办理居民身份证。推行居住证"一证通"制度，实现居民跨市、跨省自由流动。逐步统一计划生育管理政策和考评制度，探索计生服务互通互认。加强流动人口管理与服务，联合开展流动人口普查，建立流动人口管理 IC 卡互认互通管理体系。

4. 优化调整长三角地区的省市县治理结构

着力突破现有行政区划束缚，建议设立跨省市政策法规协调机构，建立多层次、多元化行政管理体制。一是将杭州、宁波、南京、苏州等大都市区符合条件的所辖市（县）改设为区。二是赋予南京、杭州、苏州、无锡等城市相当于省一级的行政管理职能。三是升格若干县级市成为地级市，如义乌市，增强其发展活力和辐射带动力。四是将部分县（市）调整为省直接管理，设区市不再管理所辖县（市）。

（四）着力长三角多层次共建共享

1. 发展蓝图共绘

推进"多规合一"规划制定和落地，加快建立长三角区域全覆盖、各部门互认的规划工作底图，明确城镇村增长边界、永久基本农田保护、生态保护红线和独立建设用地控制线。在现有部门规划和区域规划的基础上，形成一个包括经济合作、社会协调、水利开发、生态环境等内容的长三角综合规划。根据资源环境承载能力、现有开发密度和发展潜力，统筹考虑未来长三角的人口分布、经济布局、国土利用和城镇化格局。

2. 人居环境共建

推进交通设施同城化，进一步建立健全综合配套的交通网络，统筹跨区域交通和城市内部交通，科学布局公共交通线路、站场和换乘枢纽，实现互联互通、立体对接。取消区域内除高速公路外的干线公路及桥梁收费，建立免费的农产品和食品生产、运输到销售环节的"绿色通道"。协调相邻地区城市公共事务管理，对重点范围、路段和区域进行重点监管，实现无缝对接。加强跨区域生态共保，启动全流域生态补偿机制，深化排污权交易改革等。

3. 公共资源共享

支持区域内高等院校加强联合共建、协作交流，推动师资力量、课程设置、图书馆、实验室互利共享。支持优质中小学跨市发展，推进合作办学、联合办学和学校的对口帮扶。联合投资开发文化产品，组建跨区域宣传、销售网络，促进区域文化繁荣。建立医疗卫生人才培训交流制度，鼓励组建区域医疗服务集团，逐步实现同级医院医学检验和影像检查结果互认，加强医疗技术合作交流。

4. 人才资源共有

探索建立评委库专家、高层次人才、博士后工作站资源共享和专业技术资格证书互认制度，促进职称业务联动办理。建立统一规范、高效共享的人才交流平台，推进开展相互委托的异地人事代理、人才租赁（派遣）、人才测评等服务。在条件成熟的地区，开展联合组织公务员录用、选调、公选等工作，试行公务员相互兼职和挂职交流制度。

（原文题为"长江三角洲地区人口集聚水平分析"，发表于《中国人口·资源与环境》2015 年第 25 卷第 5 期，以及 2015 年 1 月出版的《长三角蓝皮书：2014 年全面深化改革中的长三角》）

第十六章　人口蓝领化格局转变
分析及对策建议

蓝领，笼统地说，就是城市中以从事体力劳动为主的人群。这一群体的共同特征是知识水平低，主要从事无技术含量的简单劳动；收入水平低，购买能力较弱；社会地位低，相当部分流动性强、生活飘忽不定。在一个快速发展并处于重大转型期的社会，蓝领占总人口的比重应该是一个逐渐减少的趋势。

蓝领化，就是指蓝领占人口的比重提高，甚至占到绝大多数，这一状况出现在后发国家和地区疾风暴雨式的工业化进程中。改革开放以来，特别是 20 世纪 90 年代至 21 世纪初，沿海经济发达地区工业化加快推进，普遍出现了人口蓝领化状况，而浙江省基于草根创业、民营经济、块状经济、劳动密集型产业的发展模式，工业飞速发展，人口蓝领化程度在沿海省市之中相对较高。

然而，在新的发展阶段，人口蓝领化对于提升城市功能、发展服务业、提高人口素质具有较大负面影响。2004 年以来浙江省工业经济在全国持续处于相对低增长，更进一步表明以蓝领密集型为主的产业结构，较难适应当前经济环境变化。加快转变人口蓝领化是浙江省当前和今后的一项重要任务。

未来一段时期，浙江省应抓住全球性生产力布局优化调整，本专科毕业生供给增加的发展契机，积极实施人才战略，科学制定一系列有利于强化素质劳动力和高端人才集聚的有效举措，着力转变浙江省人口蓝领化格局。

一　人口蓝领化是浙江省过去一段时期的现实趋势

整体而言，浙江省从业人员的技能层次、学历状况、收入水平等普遍较低，相关指标均已大大低于全国平均水平和大多数省市，人口蓝领化问题比较突出。

1. 近九成从业人员属无技术蓝领

把无技术职称人员占全体从业人员的比重作为衡量蓝领化程度的标准，浙江省蓝领化程度列全国第3。根据第二次中国经济普查，2008 年，浙江省拥有各类从业人员 2079.0 万人，除去具有高级、中级和初级技术职称从业人员外，无技术职称的蓝领数量高达 1817.7 万人，占全部从业人员的 87.4%之多，比 2004 年提高了 1 个百分点，高出全国同期 4.1 个百分点，仅次于广东（88.6%）和江苏（87.7%）。

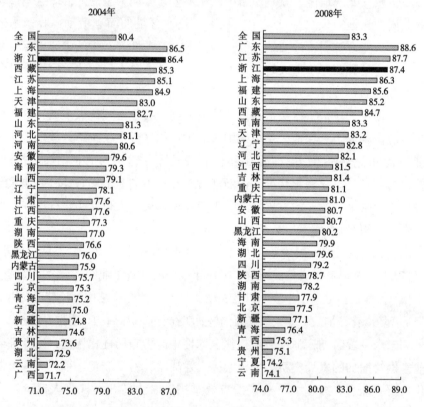

图表 16-1　2004 年与 2008 年全国 31 个省（市）蓝领化程度及排序

说明：数据来源于第一次和第二次中国经济普查年鉴。

2. 从业人员受教育程度普遍较低

2008 年，浙江省全部从业人员中，具有研究生及以上学历人员占 0.6%，具有大学本科学历人员占 7.7%，具有大专学历人员占 12.0%，分别低于全国平均水平 0.7 个、3.7 个和 5.6 个百分点，均为全国末位。2004—2008 年，浙江省具有研究生及以上学历和大学本科学历的从业人员比重，与全国平均水平的差距持续扩大。2008 年，浙江省初中及以下学历从业人员占比高达 52.7%，高出全国平均 14.4 个百分点，亦居全国各省市首位。目前，浙江省从事制造业和建筑业的工人，来自农村且没有受过高中及以上教育的，分别占 70% 以上和 90% 以上。

图表 16-2　2004 年和 2008 年浙江省各学历层次人员占全部从业人员比重与全国平均比较 （单位：%）

年份	地区	具有研究生及以上学历	具有大学本科学历	具有大专学历	具有高中学历	具有初中及以下学历
2004	全国	0.7	8.0	15.7	33.4	42.2
	浙江	0.4	5.0	9.6	27.0	58.0
	浙江-全国	-0.3	-3.0	-6.1	-6.4	15.8
2008	全国	1.3	11.4	17.6	31.4	38.3
	浙江	0.6	7.7	12.0	26.9	52.7
	浙江-全国	-0.7	-3.7	-5.5	-4.5	14.4

说明：数据来源于第一次和第二次中国经济普查年鉴。

3. 绝大多数从业人员收入较低

虽然浙江省城镇就业人员平均工资仅次于北京、上海和天津，但大多数从业人员的收入其实并不高，尤其是就业最集中的制造业从业人员收入较低。浙江省制造业相对用工量位居全国前列，城镇单位的制造业就业人员占到 40.9%，高于全国平均水平 13.2 个百分点。2005—2009 年，浙江省城镇单位制造业从业人员工资收入年均增长 11.4%，比全国平均低 2.8 个百分点，为全国 31 个省（区、市）的倒数第 3。2009 年，浙江省城镇单位制造业在岗职工平均工资 25429 元，低于全国平均水平 1381 元，与同为沿海省份的江苏和广东的差距均在 2000 元以上，为全国第 12 位。乡村制造业从业人员工资只有 16892 元，仅为城镇职工的 2/3。

4. 以蓝领为主的劳动生产率较低

劳动生产率低的状况更多体现在蓝领相对集中的第二产业领域①。

①　鉴于前述浙江蓝领占到全部二、三产业从业人员几近九成的较高比重，可以推断蓝领在第二产业从业人员中比重更高，因此下列数据相当程度上反映出蓝领工人生产效率较低。

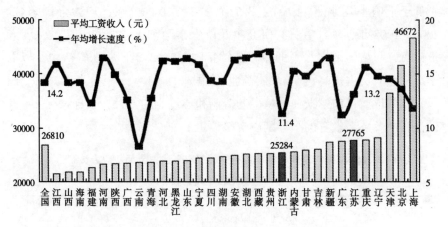

图表16-3   全国各省市城镇单位制造业从业人员工资收入

及其2005—2010年均增速（单位：元、%）

说明：数据来源于《2010年中国统计年鉴》。

2010年，浙江省以占全国8.3%的第二产业从业人员，仅创造占全国7.6%的第二产业增加值。以在岗工人的人均增加值为标准，浙江省工业劳动力生产效率仅列全国第25位。2010年，浙江省第二产业从业人员1810万人，实现第二产业增加值14298亿元，即人均实现第二产业增加值7.9万元，低于全国8.6万元的平均水平，更是低于山东、广东、辽宁等沿海省份10余万元的水平。同样实现1亿元工业增加值，浙江省要比全国平均多用工6%，比上海多160%，比广东多50%以上，比江苏多38%。

但也应该看到，从第一次全国经济普查到第二次全国经济普查的4年间，全国大多数地区均不同程度出现人口蓝领化，特别是沿海经济发达地区，从业人员的蓝领化程度普遍有所提高。这种状况很大程度上与过去一段时期我国经济发展主要依靠全球技术溢出的推动，而较少依靠自主创新有关。可以说，蓝领化问题是当代中国的通病，而浙江省暴露得较早、较充分。

二 人口蓝领化成因分析

改革开放近40年形成的劳动密集型产业、大量利用境外成熟技术、大量出口廉价低端产品的发展模式，强化了浙江省对于蓝领劳动力的

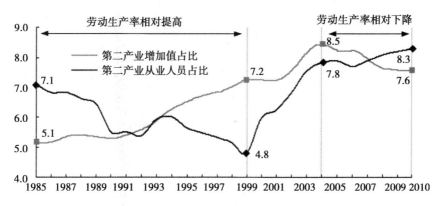

图表 16-4   1985—2010 年浙江省第二产业从业人员及

增加值占全国的比重（单位：%）

说明：数据来源于《2011 年浙江省统计年鉴》和《2011 年中国统计年鉴》。

依赖。

1. 产业因素

浙江省产业结构"三十年如一日"，以劳动密集型为主的产业结构没有明显变动，产业结构提升缓慢导致劳动力结构难以调整优化。根据我所相关研究①，浙江省产业转型提升为沿海 6 个省市中最慢。近 10 年以来，浙江省优势行业仍集中在纺织轻工类等传统劳动密集型产业上，如化纤、皮革、纺织和服装等，纺织业一直是制造业的领头行业，新兴产业发展没有较快跟上。而江苏、上海和广东的领军行业都已经成功转变为电子行业，劳动密集型产业份额快速下降，技术密集型产业份额快速上升。从这一点也可以解释，广东和江苏两省，虽然蓝领化程度并没有显著低于浙江省，但是工人的平均劳动生产率却明显高于浙江省，是因为两省依靠技术进步和产业转型，提高了生产效率。

2. 后发因素

浙江省产业发展长期依赖于发达国家的先进适用技术，引进整套生产设备和工艺流程、模仿设计等做法比较普遍。在这种状况下，技术研发等需求较少，技术型人才占比一直较低。2008 年，浙江省规模以上工业企

---

① 杜平：《沿海 6 省市制造业实证分析及其对浙江的启示和建议》，《改革与发展研究》2007 年。

业科技活动人员 31.2 万人，占从业人员总数的 3.8%，为全国第 12 位。浙江省规模以上工业企业 R&D 支出占销售产值比重为 0.69%，列全国第 9 位。纺织、化工、电机等几个优势行业，规模以上企业的 R&D 支出占销售收入比重几乎不足 1%。其中，纺织业为 0.44%、化学纤维制造业为 0.65%、电气机械及器材制造业为 1.13%。与发达国家相比，差距非常大。2008 年，R&D 支出占 GDP 比重，日本为 3.3%、瑞士为 2.9%、美国为 2.6%、德国为 2.5%。

3. 全球化因素

全球产业分工促成和强化了浙江省以劳动密集型为主的产业结构、以蓝领为主的劳动力结构。发达国家处于全球产业链上游，以发展资本和技术密集型制造业、高端服务业为主；浙江省处于全球产业链低端，以发展劳动密集型制造业、生产中低档次产品为主。2010 年，浙江省服务业增加值占 GDP 比重为 43.1%，在相同人均 GDP 发展水平下，浙江省服务业占比较 1974 年的日本低了 8.8 个百分点，比 1990 年的韩国低 6.4 个百分点，比 1988 年的中国台湾地区低 7.0 个百分点。在长三角范围内，高端服务业和高端制造业向上海集中，低端服务业和低端制造业向周边中小城镇和农村地区转移，使得浙江省不少中小城镇成为承接低端制造业和打工者的主要区域。

三　人口蓝领化危机分析

浙江省人口蓝领化格局，不符合全省转型提升的发展战略要求，很大程度上制约服务业发展、城市功能完善、人口素质提高等。

1. 服务业难以发展

蓝领人口的服务消费较少。以城镇单位制造业职工为例，这一群体的收支状况可比照城镇居民家庭可支配收入中等偏下收入户这一组进行分析①。2010 年，浙江省城镇居民中等偏下收入户的教育、医疗、娱乐、交通和

---

① 制造业平均收入水平与城镇居民家庭中等偏下户基本相当。2010 年，浙江城镇制造业在岗职工平均工资为 29515 元，按照核心家庭（即一家三口，双职工）推算，家庭平均每人收入为 19676 元，介于城镇居民家庭可支配收入中等偏下收入户组（17259 元）与中等收入户组（22955 元）之间。

通信、住房、餐饮等服务性消费支出，占其消费总支出比重为 42.5%，低于全部城镇居民家庭平均服务性消费支出占比 4.3 个百分点，也低于其他较高的收入户组别。蓝领当中收入相对较高的城镇单位制造业职工尚且如此，显见其他低收入蓝领人口服务消费的倾向更低。

图表 16-5　　　　　城镇居民各收入户组别的服务性消费
支出占消费性支出比重

	平均	最低收入	低收入户	中等偏下	中等收入	中等偏上	高收入	最高收入
消费性支出（元）	17858	7866	10913	12805	16116	20346	24897	37182
其中：服务性支出（元）	8355	3006	4816	5438	7117	9460	12064	20013
服务性支出占比（%）	46.8	38.2	44.1	42.5	44.2	46.5	48.5	53.8

说明：数据来源于《2011 浙江省统计年鉴》。

2. 城市功能难以提升

浙江省一半以上的外来蓝领集中在城郊结合部和中小城镇，这些地区城市功能滞后的问题比较突出。笔者在调研中发现，大多数城镇建设面貌比较落后，居民生活环境并没有因经济发展而得到根本改善，"脏乱差"的问题普遍存在。由于传统制造业遍地开花，产生了一大批前店后厂、下厂上住、下店上厂的居住和生产混合建筑，例如服装鞋类生产车间和住户共用一幢居民楼，造成较大安全隐患和环境卫生问题。此外，这些地区的居民用电用水紧张，道路上下班高峰拥堵等问题，也比较普遍。

大量外来蓝领流动人口涌入，加大城市公共服务供给压力，降低居民平均享有水平。外来蓝领人口普遍流动性较高、公共服务需求较低，导致城市政府面临要不要提供公共服务、提供哪些公共服务的"两难"问题。首先，难以科学规划建设公共设施、基础设施的规模和类型。其次，在现有中央和地方税收分成格局下，地方政府不愿拿出太多钱用于提供外来人口服务。多重因素导致城市功能滞后于城市经济社会发展，城市道路、绿地、垃圾污水处理等难以满足常住人口的正常需求。

3. 人口素质难以提高

浙江省整体人口素质仍然不高，难以满足浙江省经济社会发展需求。根据第六次人口普查数据，浙江省常住人口受教育程度以初中和小学学历为主，15 岁以上文盲占常住人口比重、小学学历人员占常住人口比重，均高于全国平均水平。大专及以上学历人员占常住人口比重，虽然高于全国 0.4 个百分点，但是仍远远低于国际社会公认的 15%现代化标准。

图表 16-6   2010 年浙江省与全国人口受教育程度状况

	浙江		全国		浙江-全国
	人数（万人）	占比（%）	人数（万人）	占比（%）	
常住人口	5442.7	/	133972.5	/	/
大专以上学历	507.8	9.3	11963.7	8.9	0.4
高中及中专学历	738.1	13.6	18798.6	14.0	-0.4
初中学历	1996.4	36.7	51965.6	38.8	-2.1
小学学历	1568.5	28.8	35876.4	26.8	2.0
文盲	306.1	5.6	5465.7	4.1	1.5

说明：数据来源于全国和浙江省第六次人口普查主要数据公报。

人力资本积累不足，产业转型的瓶颈制约仍然较大。浙江省中小企业是吸纳就业的主体，2010 年全省从业人员中的 50.2%在私营企业就业，制造业从业人员中的 43.7%在规模以下企业就业。然而，相当部分中小型企业生存周期短，规范化程度低，难以留住人才、培养人才。近年来，浙江省用工荒的焦点主要集中在制造业熟练工人、技术含量较高的机械电子类工人和部分服务业岗位，亦暴露出上述问题。

四 蓝领人口比重缓慢下降其势已成

未来一段时期，受全国范围的人口红利下降，中西部地区制造业崛起，浙江省传统制造业比较优势削弱，以及较高学历人才供给增加等因素激励，浙江省人口蓝领化趋势或将有所转变。

1. 全国范围人口红利下降，蓝领供给趋于减少

鉴于劳动力具有高度流动性，因此浙江省人口蓝领化格局的变动趋势，应从全国数据进行分析。根据"六普"数据，2012—2026 年，在未考虑死亡、升学、延迟退休等前提下，中国劳动年龄人口总计将减少6596 万人，平均每年减少 471 万人。劳动无限供给的局面发生转变，中国进入劳动力全面紧缺时代。

　　浙江省对于劳动年龄人口短缺早有深刻感受。2003 年以来，浙江省的"民工荒"每年都要发生，且企业"招工难"呈逐年加剧态势。2011年以来，农民工数量逐年回落。2011—2017 年，浙江省规模以上工业企业全部职工数量年均减少 1.3%。

　　2. 中西部地区工业化进程加快，蓝领逐步回流

　　中、西部地区吸纳就业能力增强。以东、中、西部地区就业对于投资的增长弹性为评价标准，中部地区增长弹性 2009 年比 2008 年明显提高，而东部地区增长弹性则大幅下降。其中，浙江省就业相对于投资的增长弹性下降较快。2005 年，浙江省工业就业人员相对于投资的增长弹性为0.55，居全国第 2；而 2009 年，浙江省工业就业增长弹性为−0.13，浙江省工业就业人员相对于投资增长反而减少，为全国倒数第 5。中部和西部地区经济社会的加快发展，解决当地人口就业的能力大大增强，中部和西部对东部的劳动力输出相应减少。

图表 16-7　　2004—2009 年全国东、中、西部第二产业就业相对于
第二产业投资增长弹性

年份	2004—2005	2007—2008	2008—2009
全国 31 省市	0.20	0.06	0.24 ↑
东部 6 省 3 市	0.32	0.06	−0.39 ↓
中部 6 省	0.25	0.17	0.22 ↑
西部 12 省	0.19	0.23	0.12 ↓
东北 3 省	0.04	−0.08	0.04 ↑

　　说明：东部包括北京、天津、河北、上海、江苏、浙江、福建、山东和广东，中部包括山西、安徽、江西、河南、湖北和湖南，西部包括内蒙古、广西、重庆、四川、贵州、云南、西藏、陕西、甘肃、青海、宁夏和新疆，东北包括辽宁、吉林和黑龙江。海南省数据未统计在内。

图表 16-8　　全国各地工业从业人员数相对于工业投资的增长弹性

年份	2004—2005		2007—2008		2008—2009	
/	全国	0.20	全国	0.06	全国	0.24
1	上海	0.83	天津	1.06	湖北	1.10
2	浙江	0.55	云南	0.53	山西	0.48
3	青海	0.47	陕西	0.36	湖南	0.32

年份	2004—2005		2007—2008		2008—2009	
4	贵州	0.42	宁夏	0.36	江苏	0.31
5	广东	0.38	河南	0.29	青海	0.27
6	湖南	0.35	湖北	0.23	重庆	0.24
7	海南	0.35	安徽	0.19	云南	0.23
8	江苏	0.34	江苏	0.18	四川	0.22
9	山东	0.33	青海	0.17	宁夏	0.21
10	福建	0.32	重庆	0.15	安徽	0.19
11	江西	0.31	江西	0.15	西藏	0.19
12	安徽	0.29	河北	0.13	河南	0.16
13	湖北	0.29	四川	0.12	陕西	0.13
14	陕西	0.27	·福建	0.08	广西	0.11
15	云南	0.25	湖南	0.07	甘肃	0.08
16	四川	0.22	西藏	0.05	新疆	0.07
17	重庆	0.21	浙江	0.04	河北	0.06
18	河南	0.19	广西	0.03	辽宁	0.06
19	新疆	0.17	广东	0.03	江西	0.05
20	河北	0.16	山西	0.02	吉林	0.03
21	宁夏	0.12	海南	0.02	天津	0.03
22	内蒙古	0.12	上海	0.01	内蒙古	0.03
23	广西	0.12	甘肃	0.00	上海	0.03
24	山西	0.10	北京	0.00	黑龙江	0.01
25	天津	0.10	贵州	-0.01	北京	-0.05
26	辽宁	0.07	山东	-0.05	海南	-0.12
27	黑龙江	0.07	内蒙古	-0.05	浙江	-0.13
28	甘肃	0.06	新疆	-0.12	广东	-0.14
29	吉林	-0.04	黑龙江	-0.18	山东	-0.47
30	西藏	-0.16	辽宁	-0.21	贵州	-0.90
31	北京	-0.21	吉林	-0.23	福建	-1.03

　　东部地区对中西部地区的薪酬吸引力逐渐退去。根据《2009 年农民工监测调查报告》，全国农民工平均工资 1417 元，其中，东部、中部和西部分别为 1422 元、1350 元和 1378 元，东部比中部、西部的薪酬高出还不到百元。

3. 浙江省生产生活成本上升，蓝领增长放缓

生产成本上升促使制造业外迁。受用地趋紧、劳动力价格上升、商务成本提高、电力等能源原材料供不应求等因素影响，浙江省传统产业特别是劳动密集型的环节，正在加快走出去。以上市公司为例，2006—2009年，浙江省对省外制造业投资占对省外投资总额的比重从 35.8% 上升至 43.3%，对制造业的新增投资额占当年新增对省外投资额的比重，从 2007 年的 18.5% 提高至 2009 年的 41.3%。在具有对省外投资行为的企业中，以投向制造业为主的企业占 2/3 以上。制造业企业和制造业环节的外迁，将逐渐缓解用工带来的人口蓝领化问题。

生活成本上升促使外来务工人员回流和外流。据报道，相当部分外来务工人员因在浙江省打工"省不下钱"，而选择回乡或流向省外。根据我们在各地企业调研了解，虽然近年来农民工工资增长幅度普遍在 10% 以上，但是生活成本较快增长，已经让不少农民工心理达到了离城返乡的临界点。

4. 素质劳动力供给增加，非蓝领的第二次人口红利形成

大学生供大于求。从 1998 至 2010 年，浙江省本专科合计招生 228 万人，年均高达 17.5 万人，是 1978—1997 年均招生 1.9 万人的将近 10 倍；而 2011—2018 年浙江省平均每年招生更是逾 30 万人。预计今后 5 年，进入浙江省就业的本专科大学生每年将有近 40 万人。以本专科大学生劳动力市场为主体的经济，是一种高素质、创意型、能促进和引导消费的经济，从而将大大加快产业转型，进一步促进劳动力结构优化提升。

农民工素质技能逐步提升。根据《温州市新生代农民工生态状况调研报告》，2010 年，温州 30 岁以下的新生代农民工占比为 62.3%，成为农民工群体的主力军。新生代农民工技能水平相对较高，大专及以上学历的占比为 10.1%，高于农民工平均 2.7 个百分点，已经与全省平均水平一致。新生代农民工创业意愿较强，具有创业意愿的人员比重高达 90.2%。新生代农民工群体的进入，将为浙江省人口和劳动力注入新鲜血液，加快浙江省劳动力转型升级。

五　着力推进人口转型

政府和企业对人口蓝领化背后折射出的产业层次相对较低、打工者生存环境不佳等问题要高度重视，围绕加快转变经济发展方式推进经济转型

升级，着力实施产业转型、服务优化和素质提升战略，全面推进浙江省人口构成、收入结构和就业结构转变，努力实现人口转型。

（一）进一步提升产业层次和产业结构

加快调整产业结构。低端产业利润薄，劳动生产率低，想给农民工涨工资也力不从心。虽然短期内"用工荒"会直接影响生产，但这种压力在很大程度上会变成转型升级的内生动力。前30年，浙江省靠低成本廉价劳动力要素取胜，今后，要靠创新要素。

一是以低端制造业区域转移带动低端劳动力区域转移。利用市场、资源和环境约束趋紧等倒逼机制，有序推进中低端制造业、劳动密集型企业等向皖赣等中西部劳动力成本相对较低的地区转移，实现蓝领人口的区域转移。不过在这一过程中，浙江省要密切注意企业总部的"行踪"，把企业的"心"和"根"留住，防止企业将生产基地和总部同时外迁造成省内产业"空心化"的危机。

二是以制造业技术进步带动劳动力素质提升。加快发展高新技术产业和战略性新兴产业，加快技术进步，善于用机器替代人工，勇攀价值链高端，提高低端制造业的劳动生产效率，逐步降低低端劳动力需求；扩大技能型劳动力需求，不断提高其在制造业用工的比重。

三是以产业结构提升带动劳动力结构转型。加快发展现代服务业，提高研发、设计、营销、物流、商务等"非蓝领"劳动力的比重。浙江省既可以发展具有较强比较优势的生产性服务业，例如对外贸易行业、金融业等，也可以发展劳动密集型现代服务业，例如电子商务、金融、电信等网络服务和后台服务等，有利于吸引大批服务业劳动力集聚。

（二）进一步提升面向全民的公共服务水平

提高外来务工人员、农民工等的公共服务水平，推进非户籍打工者从短期暂住向长期定居转变、农民向市民转变；提高上述群体的收入水平，推进较低收入为主向中等收入为主的转变，不断增强蓝领群体的幸福感、归属感。

一是促进农民市民化。推进新型城市化和新型工业化，引导农民转移就业和创业，促进农村人口向区域中心城市、小城市、中心镇梯度转移转化。加大户籍制度改革力度，加快城乡多层次社会保障制度并轨，争取实现社保制度全覆盖向全民参保转变，全面推动农民在城镇定居、就业，并逐步向城市居民转变。

二是促进外来打工者本地化。探索建立外来人口享受本地居民同等待遇的户籍登记制度和福利待遇制度。建立健全外来务工人员社会保障体系，建立外来务工人员可接续、可转移的基本养老保险等机制，加快教育医疗卫生等社会服务一体化发展，推进以改善外来务工人员住房条件为主的保障房制度建设，加快缩小外来务工人员与本地居民之间的社会保障和公共服务差距。

三是促进蓝领收入较快增长。加快调整国民收入分配结构，切实保障第一线劳动者的收入。建立务工人员收入稳定增长机制，健全最低工资标准与地区人均 GDP 联动增长机制，促进蓝领工资和福利待遇稳步提高，优化形成外来务工人员与本地劳动者共同分享经济增长成果的新局面。

（三）进一步提升劳动者素质和技能

提高技能人才和创业人才占比，促进以蓝领为主向以素质技能人才为主的转变、从业者向创业者的转变、"富二代"向"创二代"的转变。

一是加大技能培训投入力度。根据产业需求和工人意愿，加强制造业技术人员培养，积极与院校合作，开展委托培养、订单培训，加快培养生产、建设、服务的一线技能人才。加强实训基地建设，提高培训的针对性和有效性。

二是加大技能型、素质型劳动力的招揽力度。完善人才专项房、创业人才公寓、学校、医院、酒店、商业中心等配套服务设施，建立鼓励人才创业创新的激励扶持政策，强化生活环境和制度环境对人才引进和培育的双轮驱动。建立覆盖城乡的人力资源市场和信息网络，使城乡劳动者在家门口就能获取各类就业信息。引导本科大学生的就业观念，实现人尽其才。

三是加大草根创业创新扶持力度。注重发展创业培训，培养现代新型农民和各类乡土人才，引导农民创业创新，鼓励农民自主创业、合伙创业、联合创业。实施"创二代"培育工程，加快建立现代企业制度，促进家族式经营管理向现代公司治理结构转变。开展经营管理能力培训，造就一支有责任、懂经营、善管理的企业家队伍。

（发表于《发展中的中国人口——2010 年全国人口普查研究课题论文集》，本文系节选）

第十七章 服务业集聚区空间特征分析

服务业集聚区（以下简称"集聚区"）建设，是发展服务业、优化城市空间的一个重大课题。上海、江苏在集聚区建设上的实践表明，科学有序推进集聚区建设，对进一步加快区域服务业尤其是新兴服务行业发展，培育形成一批城市空间增长极，具有极大促进作用。

本文就集聚区空间特征，围绕三个问题展开分析。一是某个特定的集聚区占地面积以多大为宜。二是满足现代服务业发展的空间有何具体建设要求。三是如何选址才能发挥集聚区最佳经济效益。

一 集聚区的空间特征

服务业集聚区多数位于城市繁华地段，多系城市布局中的核心单元。交通便捷，空间紧凑，店铺林立。不过随着经济社会发展，物流、创意、旅游等服务业集聚区，通常布局在城市外围区域，形成了一种新的空间特征。

（一）服务业集聚区发展变迁

服务业空间集聚是一个客观发展趋势，古今中外，历来有之。史上最早的服务业集聚区始于商业的兴起和繁荣，中国汉字"井"，形象地反映了作为商业集聚地"市井"的空间形态。两宋时期，围绕市井形成了集演出娱乐和商业等功能的集散场所"瓦肆"，又被称作"瓦子"，《清明上河图》全景式地描绘了北宋汴梁瓦肆的繁荣景象。

到近现代，国际性城市的金融、商贸、信息、中介服务等功能高度集中，形成了中央商务区的集聚模式。如纽约从20世纪90年代开始，分阶段形成了布鲁克林、长岛、法拉盛、哈德逊广场等服务业集聚区，东京形成了品川、汐留、六本木、秋叶原等30多个服务业集聚区。伴随服务业内涵和外延不断拓展，以及城市空间扩张和功能强化，集聚区涉及服务领域更为广泛、类型更趋多元、空间布局多点推进，促成各类集聚区蓬勃发展。

目前，国内服务业集聚区发展较快。上海在全国率先推进集聚区建设，并对集聚区的内涵进行充实和发展，目前全市重点培育的集聚区达到20家。江苏借鉴上海的经验，积极开展集聚区建设，至2009年年底，全省88家省级集聚区已经吸引17663家企业入驻，成效显著。

（二）科学界定集聚区的概念

2004年上海市率先引入集聚区的概念，并基于上海城市经济特色，把集聚区定义为微型CBD，主要指商务楼宇、星级宾馆及相关休闲、生活配套设施较为集中，商务、生态和人文环境协调，具有较强吸引国内外现代服务业知名企业集聚能力的区域。2007年，江苏省将服务业集聚区定义为按照现代经营管理理念，以某一服务产业为核心，以信息化为基础，在一定区域内集聚而成的服务企业集群。集聚区正逐步从单一概念，转变为一个具有丰富内涵和外延的完整体系。结合上述概念，以及浙江省实际，集聚区应具备以下特征。

——入驻企业数量较多。集聚区应吸引多家企业入驻，单一企业经营的空间不能算作集聚区。多家企业之间通过空间集聚，实现规模经济效应，形成较高的生产效率和效益。

——入驻企业类型多样。集聚区入驻企业可以是同类服务业企业，也可以是服务业产业链上的相关企业。集聚区可以重点发展一类服务业，其他相关服务业作为配套；也可以围绕制造业和农业产业集群，集聚多种类型服务业企业，共同为制造业和农业产业集群服务。

——具有较好的区位优势。自发形成的集聚区大多基于服务业区位优势，具有较强的自我发展能力，形成后能不断发展与壮大。因此，规划建设的集聚区也应充分利用当地服务业基础优势，布局在具有良好服务业成长环境的区域。

（三）正确区分集聚区和新城等区域

各地在开展集聚区建设和认定中，常常混淆集聚区和其他相近的经济空间范畴。例如。有的地区把新城、开发区等同于集聚区，有的地区把多个用地不相连的地块"捆绑"成一个集聚区。为了进一步明确集聚区的概念，本文将集聚区与新城、开发区、传统商业地段和服务业产业集群进行对比，探讨它们在功能定位、空间布局、用地类型、辐射带动力、建筑物形态等方面的区别。

1. 集聚区与新城的区别

集聚区和新城的差别在于，用地类型前者多元，后者较单一。新城（卫星城）具有城市综合功能，城内均衡分布了居住、工作、休闲等各种类型建设用地。集聚区功能相对单一，用地类型以公共设施用地为主。因此，不能把整个新城视同一个集聚区。

集聚区可以是新城的有机组成部分。由于大多数新城都以发展服务业为重点，为了引导服务业空间优化布局，大多数新城规划建设公共服务中心、综合服务中心、中央商务区等服务业集中发展区块，这类区块将逐步成为集聚区。在新城建设中，可以选取若干服务业发展较好的区块，培育成为集聚区。

2. 集聚区与开发区的区别

集聚区和开发区的差别在于，功能和用地类型均不同。开发区、园区和工业功能区以发展工业为核心，用地类型以工业用地为主，容积率相对较低，规划范围相对较大。集聚区用地类型以公共设施用地为主，用地规模相对较小。

集聚区可以是开发区、园区的重要组成部分。随着服务业从制造业中不断分离发展，以及生产性服务业具有与制造业就近布局的布局取向，开发区、园区为集聚区发展创造良好条件。开发区、园区制造业高度集中，更易吸引生产性服务业集聚发展，形成集聚区。因此，可以依托开发区、园区规划建设一批集聚区，例如在开发区、园区建设公共服务平台、物流园区等。

3. 集聚区与传统商业地段的区别

集聚区和传统商业地段的现代化程度高低，形成两者在功能和空间形态上的差异。传统商业地段是指在城市发展的过程中自然形成的沿街商贸区域，一般位于老城区，沿城市生活道路布局，包括商店、集贸市场、饭馆等，与居住区关系紧密，空间尺度较小，辐射带动能力和范围较小。集聚区是城市经济、产业发展参与区域竞争和全球化竞争的重要载体，辐射范围远远大于传统商业地段。

集聚区是传统商业地段演进的产物。一部分集聚区依托传统商业地段，通过拓展范围、优化内部功能和空间结构形成，例如由特色街区改造形成的文化商旅综合体。而大多数集聚区则是基于发展现代服务业的主动战略选择产生，其布局和功能均能体现对于现代服务业发展所需的区位条件、产业基础和生产要素的综合选择。

4. 集聚区与服务业产业集群的区别

集聚区不完全等同于服务业产业集群，这两个概念既有重叠部分，也有明显差异部分。集聚区主要是强调空间的集中布局，而服务业产业集群既可以依托一个或多个集聚区，也可以由空间分散的多个企业组成。

图表 17-1　　　　　　　　集聚区与新城等区域比较

类型	功能定位	区位选择	用地类型	辐射范围	建筑物形态
集聚区	发展同类或者相关服务业	主动选择区位，一般布局在适宜服务业发展、具有一定发展基础的区块	以公共设施、仓储、对外交通等用地类型为主	促进区域经济发展，参与区域和国际竞争	高层楼宇、城市综合体、特色建筑群或街区、LOFT、储运空间、自然景观等多种形式，建筑尺度根据形式而定，功能分区较明确
新城（卫星城）	发展城市综合功能	主动选择区位，一般布局在成熟城区的郊区	包括所有类型城市建设用地，以居住、公共设施、道路广场、工业等用地类型为主	承接大城市核心区人口和产业向外疏散	新建和改扩建为主，建筑尺度根据形式而定，功能分区较明确
开发区（园区）	发展工业为主	主动选择区位，一般布局在成熟城区的郊区	以工业、仓储、市政设施等用地类型为主	促进区域经济发展，参与区域和国际竞争	工业生产厂房、仓库、运输等，建筑体量较大，功能分区较明确
传统商业地段	提供生活服务为主	自发形成，位于成熟城区居民密集区	以公共设施用地中的商业、服务业和市场用地为主	辐射周边一定服务半径的居民	商店、市场等，建筑尺度较小、功能混杂
服务业产业集群	发展同类或者相关服务业	自发形成，宏观上布局相对集中，微观上分散布局	包括各种类型城市建设用地	促进区域经济发展，参与区域和国际竞争	建筑尺度不一

说明：表中用地类型表述以城市用地分类规范为准，参见《城市用地分类与规划建设用地标准》（GBJ 137—90）。

（四）科学划分集聚区类型

浙江省基于服务业集聚发展实际态势，以及未来全省培育和扶持的服务业重点领域，提出重点发展 8 种类型的现代服务业集聚区。即物流园区、总部基地、科技创业园、创意产业园、软件与服务外包基地、文化商旅综合体、新型专业市场和综合性生产服务集聚区。

本文参照上述分类略作调整。一是把新型专业市场范围扩大至"专业市场"，指众多批发零售经营户集聚的场所。当前，多数较大规模的专业市场，具有配套发展电子商务、物流配送、国际展会等新业态和新功能的趋势。二是把综合性生产服务集聚区调整为"其他生产服务集聚区"，指除了物流园区、科技创业园、创意产业园、软件与服务外包基地以外，其他专业的和综合的生产服务集聚区。三是把科技创业园、创意产业园和软件与服务外包基地归并为一类，形成 6 种类型。

二　集聚区的合理规模及功能

（一）集聚区的用地规模

鉴于集聚区类型多样且处于不断发展中，因此较难对其用地规模设置统一标准的上限和下限，而应该遵循产业集中、空间集聚的原则，从不同类型服务业的实际需要出发，科学确定。总体而言，集聚区的用地规模具有以下特点。

1. 用地规模适度

根据服务业集聚发展的内在规律，集聚区内集聚企业数量和规模应在一个合理的阈值内，企业数量过多或者过少、规模过大或者过小，都会影响集聚区发挥最佳规模经济效益。集聚区适度的用地规模，即能够容纳适量服务业企业入驻、满足这些企业当前和未来发展需要、发挥最佳规模经济效应所需要的建设用地。

2. 四至边界明确

集聚区内部与外围的用地功能不同，形成了集聚区明确的四至边界。在实际工作中，为了便于管理和统计，以及保持边界的稳定性，集聚区大多以四至道路为界。在特殊情况下，集聚区可以以山川河流等自然地形为界，单个建筑构成的集聚区可以以建筑红线为界。

3. 布局集中连片

当前，浙江省一些地方把多个空间不相连的服务业发展地块"打包"成一个集聚区，搞所谓的"一区多园"，导致居住、工业等较多用地划入集聚区范围之内。这种做法不符合集聚区空间集聚的基本原则。一个特定的集聚区用地应集中连片布局，凡是用地不相邻，或者用地相邻而功能定位不相关的多个区域或者多个地块，应视为多个集聚区。

（二）集聚区的建设要求

集聚区的建筑物功能和用地功能布局、建设强度、建筑物形态，应该为更好发挥集聚区功能提供支撑。因此，不同类型集聚区的建设要求有所不同。

1. 功能设置合理

集聚区内建筑群空间布局服从功能要求，围绕集聚区主体功能有序展开。集聚区的空间设计体现主次分明、结构合理、功能齐备、配比得当、运转高效和实用性较强的特征。首先，集聚区具有主体功能空间。例如，软件服务外包基地、科技园区等具有办公、试验等空间；物流园区具有仓储、分拣、加工、车辆集疏运空间；文化商旅综合体、专业市场等具有商贸空间。其次，集聚区还具有配套服务的辅助空间，能够满足自我服务的要求。例如，各类集聚区都具有辅助用房，能够提供内部工作人员用餐、休息等服务。

2. 建设强度宜分类把握

一般而言，集聚区的土地利用效率、投资强度和单位面积产出均较高，而不同服务业的土地利用效率存在一定差异。因此，按照建设强度高低，可将集聚区分为3类。

（1）占地面积较少、建筑密度较高的集聚区。这类集聚区通常由一栋或者一组中高层、高层建筑组成，建筑功能以提供企业办公和试验场所为主，区内企业大都从事商务、信息、研发、金融、中介等资本密集型和技术密集型行业。

典型案例：杭州黄龙商圈。杭州黄龙商圈占地面积不足8公顷，集聚了世贸中心、黄龙世纪广场和聚龙大厦3座商务楼宇，总建筑面积24.3万平方米，建筑容积率较高，约为3.1。其中，黄龙世纪广场和世贸中心在2008年的年税收均超过亿元，分别达到2.3亿元和1.0亿元。

图表 17-2　杭州黄龙商圈卫星影像

（2）占地面积中等、建筑密度适中的集聚区。这类集聚区的主要建筑物以低层建筑为主。例如，物流园区的仓库、加工车间、车辆集疏运场地等，生产服务业集聚区的产品中试车间、会议厅、展厅等，专业市场的交易铺位、会议厅、展厅、车辆集疏运广场和人流集散广场等，文化商旅综合体的商业和娱乐设施、步行街、广场等。

典型案例：杭州农副产品物流中心。这一区块占地面积 20.0 公顷，包括 9 家农副产品市场、1 家四星级酒店，以及较大规模地上和地下停车空间，总建筑面积约 50 万平方米，容积率适中，约为 2.5。

（3）占地面积较大、建筑密度较低的集聚区。这类集聚区多与自然环境结合在一起。主要有影视创作园区、旅游度假区、农业生产服务集聚区等。影视创作园区具有内、外景拍摄基地，旅游度假区一般包含自然景观和人工景观，而农业生产服务集聚区通常包含农业种植基地。因此，上述几类的集聚区占地面积较大，容纳的建筑物面积相对较少。

典型案例：浙江省横店影视产业试验区（金华）。目前，横店影视产业试验区是亚洲最大的影视拍摄基地，拥有 12 座影视拍摄主题场景，总

图表 17-3 杭州农副产品物流中心卫星影像

占地面积 3.3 平方公里，总建筑面积 49.6 万平方米，因而建筑容积率较低，仅为 0.15。

图表 17-4 　　　　　　　**各类集聚区占地面积和建筑物主要功能**

占地面积	建筑密度	典型类型	建筑物主要功能
较少	较高	总部基地	办公、商务、辅助用房
		软件与服务外包基地	办公、试验、辅助用房
		科技创业园	办公、试验、辅助用房
		创意产业园	办公、试验、辅助用房
中等	中等	物流园区	仓储、加工（工业加工和流通加工）、车辆集疏运等为主，办公和辅助用房为辅
		专业市场	交易场馆、展览展示、人流集散、车辆集疏运、辅助用房
		文化商旅综合体	商业、餐饮、影视、体育健身、阅览、休闲、博物馆、广场和街道、辅助用房
		生产服务集聚区	会议、展示、试验、交易、办公、辅助用房

续表

占地面积	建筑密度	典型类型	建筑物主要功能
较大	较低	与旅游度假区相结合的文化商旅综合体	酒店、运动等度假设施、辅助用房，以及风景区
		农业生产服务集聚区	农业试验基地、农产品交易场所、辅助用房
		影视创作园区类型的创意产业园	外景拍摄基地、内景拍摄基地、展示、会议、休闲、辅助用房

3. 建筑形式多样

集聚区的建筑物既可以新建，也可以改扩建形成。集聚区可以利用旧厂房改建成 LOFT，或者利用农居改建成农居 SOHO，形成创意产业园；也可以改造利用历史建筑和新建仿古建筑，形成文化商旅综合体。同时，集聚区的建筑体量也不拘一格，可以是高层商业办公建筑、低层建筑、单层建筑，以及各种体量建筑组合形成的建筑群。此外，集聚区的建筑形式往往还具有独特性、新颖性和时代感，绝大多数能成为一定区域范围内的地标性建筑。

三　集聚区的选址建议

集聚区区位选择既有共性特征，也有个性需求。总体而言，集聚区选址受五大因素影响。第一，区位条件优良、交通通达状况良好是集聚区布局的首要条件，如物流园区和专业市场适宜建在区域性综合交通枢纽和站点附近。第二，完善的通信系统是集聚区布局的有力支撑，集聚区宜建在移动通信网、计算机互联网设施完备、通信能力较强的地点。第三，服务业企业具有主动向易获得专业人才的地区集中，因此专业化人才队伍有利于形成集聚区。第四，相关业务是集聚区选址的重要考虑因素，服务业企业往往围绕产业集群或产业链上下游企业形成集中布局。第五，集聚区选址既是基于现实建成状况的区位选择，也应顺应未来城乡空间格局、区域交通格局发展变化的要求，布局在具有较大升值潜力的区域。以下就6种集聚区类型的选址要求进行进一步分析。

■　物流园区。主要布局在邻近机场、港口、铁路站点、公路出入口等交通枢纽的地点，或是依托开发区、专业市场、生产性服务集聚区等布局。具体而言，物流园区可以根据市场需求布局，即利用各地深水海港、干线机场口岸、高速公路、货运铁路专线、内河港口等优势，形成适应国际、国内物流发展的空间布局；也可以根据储运物资的类型选址，即储运粮、棉、煤炭等重大物质的物流园区，应结合专用铁路线和航运线布局；配送日用品、药品等的物流园区，应布局在能快速连接高速公路、市场、超市的区域；具有保税物流功能的物流园区，应与深水海港和空港口岸形成集中布局。

■ 总部基地。主要布局在国际化程度较高的城市核心商务区和新区，或是一般大、中城市开发区等区域。鉴于企业规模、产业性质等差别较大，总部基地区位选择也是多层次的。一是全球性和区域性企业总部基地，应选取区位优越、设施完备的中央商务区和新城核心地块布局。二是以本地和区域性企业的管理机构入驻为主的总部基地，主要布局在邻近企业生产基地和城市中心的优势区域。

■ 软件与服务外包基地、科技创业园和创意产业园。布局的关键是"闹中取静"，三者应主要布局在科研力量集中、已具备一定产业规模和人力资源基础优势的地区，可以设在开发区、高新产业园区内，也可以依托高校和科研院所布局，创意产业园还可以依托存量物业布局，如改造和提升旧厂房、农居、历史街区内外环境，建成集聚区。微软所在的西雅图，位于美国西海岸与加拿大的接壤处，既非交通中心，亦非政治中心。这一案例对浙江省二线城市在培育和发展集聚区的取向上，具有很大启示。

■ 专业市场。重点布局在中心城市和中心镇，适宜建设在城郊结合部和邻近区域性交通站点的区域。专业市场结合客源因素进行区位选择，可以与汽车、火车客运站场，地铁和磁悬浮站点布局在一起，充分发挥旅客流量较大对扩大市场、挖掘潜在消费群体的作用。

■ 文化商旅综合体。主要布局在具有较高旅游价值的地区，可以依托中央商务区、历史街区、风景旅游区等进行选址建设。文化商旅综合体选址布局时应特别重视处理好该区域人流集散问题，避免外来游客流量过大降低城市内部交通运行效率。

■ 其他生产服务集聚区。重点结合工农业产业集群布局，并根据物流、金融、科技、信息等配套服务设施建设状况选址。例如农业服务集聚区可布局在农业示范基地附近。

四　科学推进集聚区开发建设

集聚区分为自发型和外生型两类。第一类以市场导向为主，第二类由政府规划建设形成。今后一个时期，集聚区建设将成为浙江扶持服务业发展的一项主动战略选择。应进一步优化完善集聚区发展的软硬件环境，为引导其健康发展创造条件。

（一）强化规划引导和发挥示范效应

引导各地开展服务业集聚发展研究和服务业集聚区规划编制工作。引导各地在深入分析服务业集聚发展现状的基础上，结合实际研究制定服务业集聚区发展规划，明确建设目标和主要任务。

在全省范围选择一批已有一定基础、符合区域定位且发展前景看好的集聚区，作为省服务业集聚示范区加以重点培育和扶持。一是示范区的选取应重点突出发达地区。考虑到浙江发达地区的城市辐射和带动能力较强，集聚区发展水平和国际化程度也相应较高，重点在杭宁温及金—义都市区，以及地级市的城区，设立示范区。二是要加大对示范区的用地、税收、财政和招商等方面的支持力度。

（二）优化基础设施和政策环境

提升基础设施环境既是吸引服务业企业集聚的重要因素，也是集聚区发展的重要支撑。全省各地尤其是大城市应进一步提升交通、通信、人居环境等硬件环境，组织建设好集聚区配套设施，进一步加大土地、资金等要素供给支持，为集聚区发展奠定"物质基础"。

制度建设是推进集聚区又好又快发展的重要保障。一方面，要加快形成制度优势。利用浙江省改革先行先试的优势，加强法制和诚信建设，培育良好的信用环境和市场经济秩序，加强知识产权保护，培养宽松自由、尊重知识、尊重人才、讲究信誉、等价公平的文化氛围；加快集聚区激励机制建设，大力支持创新，强化自我积累和自我发展，进一步加快集聚要素资源。另一方面，要逐步减少对市场的干预，给予集聚区更多的发展空间和创新空间。

(三) 选择好主导产业和龙头企业

主导产业是集聚区产业发展的前提。各集聚区应结合地方资源禀赋和市场环境，确立独具特色的主导服务业。印度班加罗尔软件园的成功，得益于抓住了全球跨国公司软件开发业务外包的趋势和产业突飞猛进的增长势头，从 20 世纪 90 年代初发展至今，一直专注于软件产业。目前班加罗尔的软件出口占印度全国的半壁江山，成为全球第五大信息科技中心和世界十大硅谷之一。台州先进制造业服务集聚区的快速发展，源于服务船舶产业的定位，为台州及浙南地区的船舶企业提供供应链管理、国际采购、保函质押、船舶设计等多种相关服务。

龙头企业是集聚区的核心。龙头企业不但可以吸引相关企业迁址落户到周边地区，也可以在周边新培育形成一批为它服务的中小企业，加速服务业集聚区的形成和发展。例如，宁波保税物流园 UPS、联邦快递等物流巨头入驻，有力地促进了大批贸易、仓储企业的进入，带动了集群的发展。因此，切实提高招商实效，吸引龙头企业尤其是国际和国内 500 强企业入驻，培育具有核心竞争力的企业，是集聚区建设的重中之重。

(四) 引导集聚区多元融合发展

对服务业集聚区而言，多元意味着在同一大小的区域内，被服务对象的选择机会成倍增长，带动被服务对象相应成倍增长。对服务企业来说，多元将促进竞争加剧和整体优化。基于这一因素，注重集聚区多元融合发展。一是引导集聚区服务业企业差异化发展、产业链延伸。加快企业间竞争与合作，形成充分竞争的市场环境。二是鼓励和引导集聚区拓展市场，扩大消费群体规模。集聚区应注重综合发展高、中、低层次服务业，满足各层次消费群体的需求。三是发展多元化经营主体。促进形成市场竞争和合作，实现整体规模最优。四是培育和引进多元投资。拓展融资渠道，实现借力发展。

(发表于《规划创新——2010 中国城市规划年会论文集》)

第十八章　浙江产业转型创新实践

进入新常态以来，浙江产业发展环境发生重大变化，制造业发展再次面临重大转型，制造业与服务业互动融合成为新时期产业发展重要趋势，新产业、新业态、新技术、新模式等新动能的发展空间进一步拓展。正是在这一背景下，浙江围绕打造更加高效的现代产业体系，深入推进产业转型创新，一些领域已取得重大突破。

一　开启新引擎：创新驱动促转型

背景提示：2013 年浙江省出台《中共浙江省委关于全面实施创新驱动发展战略加快建设创新型省份的决定》，全面实施创新驱动发展战略，开启现代化浙江建设强大引擎。

(一) 浙江创新迸发格局已经奠定

从 2013 年建设创新型省份到 2015 年建设"两美"浙江，浙江创新驱动推动转型升级的路线越来越明晰，转型成效正在加速显现。

技术创新提升产业层次，正在推动"浙江制造"向"浙江智造"转型。我们在湖州织里镇一家童装企业欣喜地看到，"一件衣服做到底"的传统工艺，正在被分割成若干道工序，模板和吊挂机械大大提高了缝制效率，一场"机器换人"大戏在浙江深化演绎。现代化的设备、自动化的流水线，加快代替劳动密集型生产方式，"浙江制造"升级换代。2014 年浙江机器人使用量占全国 15%，全省劳动生产率达 17.3 万元/人，同比提高 9.1%，近两年来全省全员劳动生产率提升近 20%。

要素配置创新优化产业结构，正在推动传统制造为主向更加注重先进制造业和战略性新兴产业转型。浙江坚持"腾笼"与"换鸟"并举，通过试点实行空间换地、资源要素差别化价格等创新举措，促进要素资源从低效企业向高效企业的流动，加快低效产业淘汰和高效产业引进培育，推动产业结构稳步优化调整。2017 年，全省装备制造业、高新技术产业、战略性新兴产业增加值同比增速均高于规模以上工业增加值，战略性新兴产业增加值比重达到 35.2%；全省规模以上工业企业利润同比增长 16.6%，两项数据均为过去 10 年表现最好的一年。

商业模式创新促进市场拓展，正在推动传统市场向全球市场转型。2013 年以来浙江省掀起"电商换市"的热潮。杭州、金华、宁波、温州、绍兴、嘉兴等地，发挥制造业坚实基础和传统市场优势，积极创新电商模式，把线上线下"两个市场"结合起来，通过向 OAO 的转型升级，把市场的控制力提升上去，真正实现"买全球、卖全球"。2017 年，上述地区网络零售额占社会消费品零售总额比重大幅上升。

虽然浙江经济发展已经初步纳入转型发展轨道，但成效还不够明显。时至今日，浙江产业结构仍未摆脱传统产业的影响，高新技术产业及战略性新兴产业仍然未能跃居全国领先。浙江强化创新驱动加快转型升级的关键在于，必须紧紧抓住"增活力、强改革、优环境"三个环节，进一步做好一系列工作。

（二）空前力度持续推进创新驱动

增活力的关键是进一步强化民营企业创新驱动的主体地位。民营企业是创新的本源，发达国家和地区的发展经验表明，重大技术创新基本都来自民间。1947 年美国贝尔实验室发明了晶体三极管，但性能很差，有人说这东西只能用来做民用助听器。日本索尼公司当时利用这种三极管制造出了全球第一台半导体收音机，开辟出了民用半导体这一庞大产业。这几年浙江万向集团致力于电动汽车开发，已经取得了一系列较大突破。各级政府要强化体制机制和资源要素保障，充分激发民企创业新激情，鼓励引导民营企业进入新领域、实现新飞跃，让民营企业真正成为新常态下再创浙江经济转型升级新优势的主力军。

强改革的关键是进一步增强创新驱动的内在动力。这些年来，浙江省从政府效能革命到"四张清单一张网"，再到"最多跑一次"，坚持不懈地推动政府自身的改革，一步步巩固改革成果，显著提升市场主体创业创新活力。未来一个时期，围绕让市场在资源配置中起决定性作用，完善市场体系，进一步转变政府职能和创新政府服务的方式方法，将成为经济转型升级的关键。政府应勇于自我革命、自加压力,不断完善和深化"最多跑一次"改革,提高全社会运行效率和服务质量。

优环境的关键是进一步强化创新驱动的要素支撑。事实上,浙江近年来国有建设用地供给并不低。据我们统计分析,2005 年至 2012 年浙江国有建设用地合计供给占全国比重高达 6.1%,大大高于浙江人口占全国 3.8%的比重。强化创新发展的要素支撑的关键在于破解土地瓶颈制约,一是推进低效用地再开发,二是促进土地资源的集约利用,三是确保优势企业优先用地。海宁市从 2013 年起积极推进"以亩产论英雄"为主要内容的要素市场化改革,促进企业间形成你追我赶、优胜劣汰的良好局面。省有关部门也积极出台一系列举措,促进土地效率提高。

打造浙江经济升级版,创新驱动是唯一选择。当前,浙江经济面临新常态下经济增速下行的重大挑战,唯有增强信心,全面深化改革,以空前力度推进创新驱动,才能加快转型升级,实现更好的发展,全面攀上"两美"浙江新境界。

(发表于《浙江日报》2015 年 1 月 23 日第 14 版)

二　积聚新动能:铸就万亿产业①高地

背景提示:2015 年浙江省政府工作报告提出"加快培育能够支撑未来发展的大产业,研究制定信息、环保、健康、旅游、时尚、金融、高端装备等产业发展规划"。浙江省"十三五"规划建议及规划纲要中进一步明确,集中力量做大做强七大万亿产业,做强做精丝绸、黄酒、茶叶等历史经典产业等目标任务。

(一) 万亿级产业前景广阔

浙江省七大万亿级产业增长表现不俗,2016 年一季度实现"开门红"。以"互联网+"为代表的新业态蓬勃发展,网络零售增长 31.9%,跨境电子商务进出口额迅猛增长,网络约车、在线医疗、远程教育等快速

---

① 浙江省"十三五"规划纲要中明确提出,将信息、环保、健康、旅游、时尚、金融和高端装备制造七大产业,培育成为能够支撑浙江经济转型升级的万亿级大产业。

推广。以城市文化商旅综合体及乡村民宿为亮点的旅游经济一派火爆。装备制造、高新技术产业增速大大快于规模以上工业平均增速。

浙江电子商务发达、民间资本充裕、创新创业氛围浓厚、特色小镇等新平台建设走在全国前列，形成浙江发展七大万亿级产业的巨大发展空间。

中国经济新常态下国家产业战略导向重大调整，赋予七大万亿级产业新机遇。我国经济正处于三期叠加新常态，资源环境约束加大，劳动力成本上升，高投入、高消耗、偏重数量扩张的产业发展方式已经难以为继。"十三五"规划纲要提出着力推进供给侧结构性改革，以及去产能、去库存、去杠杆、降成本、补短板等配套改革，形成七大万亿级产业发展的良好政策机遇。我国在"十三五"将重点支持新一代信息技术、新能源汽车、生物技术、绿色低碳、高端装备与材料、数字创意、网络经济等领域的战略性新兴产业发展壮大，加快推动服务业优质高效发展。浙江七大万亿级产业与国家产业战略导向高度契合，有望争取更多发展先机。

互联网成为浙江经济发展新基因，助力七大万亿级产业增强发展新优势。从20世纪90年代，互联网率先在浙江崛起，到目前中国行业网站百强注册地在浙江的占40%，约有85%的网络销售、70%的跨境电商交易和60%的企业间电商交易是依托浙江的电商平台完成，浙江已经牢固占据信息经济发展领先地位，更带动"互联网+"向其他产业领域的全面渗透。利用"互联网+健康"，智慧医疗、智慧养老快速兴起；利用"互联网+旅游"，全省60%的旅游企业与天猫、携程等平台开展合作；利用"互联网+时尚"，浙江文创集团成功创建中国首个设计师自由运作平台D2C；利用"互联网+金融"，涌现出蚂蚁金融服务集团等一批互联网金融领域的领军企业；利用"互联网+装备制造"，"机器换人"深入推进，智能制造加快发展，一批具有明显竞争优势的龙头企业及"专精特"装备小巨人加快崛起。互联网在浙江的率先发展和深度广泛应用，为万亿级产业提升内涵品质、延伸价值链、增强竞争力创造了有利条件。

特色小镇等载体设计推陈出新，拓展七大万亿级产业发展新空间。特色小镇聚焦万亿级产业，着力与高端人才、资本、技术、市场等相结合，形成新经济、新产业、新业态的集聚和虹吸效应。与过去专业市场、工业园区等传统产业集群主要依靠低端要素集聚的模式相比，特色小镇更加有利于产业集聚、产业创新和产业升级。浙江自2015年全面启动特色小镇培育建设以来，已有 108 个列入省级创建名单，其他市、县（市、区）级特色小镇超过 200 个，主导产业全面覆盖七大万亿级产业，形成未来支撑七大万亿级产业集聚创新的广阔空间。同时，众创空间、现代服务业集聚区等一批新平台、新载体加快发展，进一步拓展万亿级产业空间容量。

（二）万亿级产业发展路径创新

聚焦七大万亿级产业，着力提升产业价值、壮大产业主体，优化产业发展环境，不断开创产业转型升级新局面，再创浙江经济新优势。

量质齐升，关键是融合叠"＋"。进一步推动互联网、生态、文化等向万亿级产业渗透，鼓励支持"＋"的模式、推动形成"×"的效应，促进七大万亿级产业规模和效益全面提升，创造更大财富。一是深入推进"互联网＋"，巩固增强互联网基础优势，以信息经济作为七大万亿级产业重中之重，大力支持全部产业纳入互联网新的体系中。例如，积极应对工业化和信息化深度融合趋势和要求，以"机器换人"为着力点，推动装备制造领域绿色化、智能化、服务化发展，促进浙江装备制造大省向装备制造强省转变。二是积极创新"生态＋"和"文化＋"，发挥生态、文化等特色资源优势，提升对促进七大万亿级产业提升内涵、创建品牌、增加附加值等方面的积极作用。同时，更加注重把加强生态、人文保护作为七大产业发展的基本底线。例如，应对加快扩容提升的健康、旅游、时尚市场需求，挖掘生态、文化价值，优化供给模式，助力浙江"绿水青山"崛起转化成为"金山银山"。三是巩固强化"杭州＋"，发挥杭州高新产业、高端服务业和高品质人居环境组合优势，促进总部、人才、资本等高端要素集聚，强化对其他地区七大万亿级产业发展的引领作用。

内外并举，关键是扶内引外。围绕七大万亿级产业，坚持招商引资与扶优做强相结合。一是万亿级产业及相关领域优先向省外浙商开放，推动七大产业领域成为浙商回归战略重点。二是实施更加主动的国际化发展和区域合作战略，积极融入"一带一路"和对接上海自贸区建设，强化高端要素集聚共享，努力引进七大万亿级产业及相关领域的世界 500 强、大型央企到浙江设立地区总部及功能总部。三是鼓励支持省内有条件的企业，通过产业转型升级、剥离和延伸发展、二次创业等方式，进入七大万亿级产业及相关领域。

提升环境，关键是改革创新。以深入推进供给侧结构性改革为主线，创造更加公平、开放、有序的产业发展环境。一是推进创业创新体制改革。推进"三去一降一补"配套改革，健全新业态、新空间的培育发展机制，深化科技体制改革，营造敢为人先、宽容失败的创新氛围。二是推进要素配置机制创新。重点着眼于打通资本对接七大万亿级产业的新通道，创新地方金融管理体制，发展各类创业投资、设立特色化小微金融模式，推动金融资本与产业资本有效对接，提升金融服务七大万亿级产业水平。三是推进服务型政府建设。深化"最多跑一次"改革和政府数字化转型改革，加大对万亿级产业的技术、人才、土地、财税等方面支持力度，为七大万亿级产业增添更大发展动力。

（发表于《浙江日报》2016 年 5 月 10 日第 9 版）

三　做强新制造：打造全球制造业高地

浙江省出口 2016 年已占全球的 1.5%，如果按国家和地区排列，已居全球第 23 位。打造全球制造业高地的重要意义在于，进一步发挥浙江优势，提升浙江制造在全球产业链和价值链中的地位，同时在国内形成与其他地区优势互补的发展格局，实现"走在前列"和两个"高水平"的目标。

（一）培育战略性新兴产业——以新材料产业为例

背景提示：2010 年 7 月，浙江省委、省政府落实国家战略性新兴产业发展总要求，结合浙江发展实际，提出着重培育 9 大战略性新兴产业的发展导向。9 大战略性新兴产业即生物、新能源、高端装备制造、节能环保、海洋新兴、新能源汽车、物联网、新材料，以及核电关联产业。

1. 抢抓新材料发展良机

新材料被世界公认为 21 世纪高技术产业的基石，它的发展可以广泛带动节能环保、新能源、电动汽车、信息通信等诸多领域技术进步和革新。于浙江而言，积极打造国内领先的新材料产业基地，既是加快推进经济社会转型发展的重要内容，又是推进科技创新的核心环节，也是有效撬动其他战略性新兴产业发展、开创划时代"浙江制造"的基础和先导，意义十分重大。

新材料是指新出现或正在开发、具有传统材料所不具备的优异性能和特殊功能的材料总称。新材料涵盖电子信息材料、新能源材料、纳米材料、先进复合材料、生态环境材料、生物医用材料、智能材料、高性能结构材料、新型功能材料、化工新材料、新型建筑材料和先进陶瓷材料 12 个主要类型，广泛应用于航空航天、国防、汽车、通信、家电、IT 行业以及房地产、交通运输、城市建设等领域。

国内国际新材料市场加快扩张。目前，全球新材料市场规模每年已经超过 4000 亿美元，而由新材料带动产生的新产品和新技术市场则更为广阔，年营业额突破 2 万亿美元。国内新材料产业总产值已由 2010 年的 0.65 万亿元增至 2015 年的近 2 万亿元，且空间布局日趋合理，集聚效应不断增强。据《中国新材料产业发展报告》预测，未来一段时期，中国新材料产业市场的年均扩张速度将保持在 20% 以上，将引发多资本进入，从而进一步加快扩张速度。

集群化发展态势不断强化。近年来，国内新材料产业基地如雨后春笋般涌现，全国先后设立了 7 家新材料产业国家高新技术产业基地和 70 余家新材料和相关特色产业基地。新材料产业基地逐步扩散和带动周边地区形成更大的区域新材料产业发展联盟，长三角汽车材料和化工材料产业联盟、环渤海湾半导体材料产业联盟、珠三角多元新材料产业联盟等各具特色。

多重利好政策强势推动。2016 年 12 月我国首次成立国家新材料产业发展领导小组，国家振兴新材料产业的决心得到充分体现。2017 年 1 月工信部等四部委联合发布《新材料产业发展指南》，明确了我国新材料产业发展的主要目标、发展方向和重点任务。浙江也已于"十二五"时期提出重点发展九大战略性新兴产业的战略构想及具体举措，2010 年浙江的"一号工程"拟定了科技投入年均增长超过 15%，主要用于扶持战略性新兴产业。随着各项相关政策的出台实施，新材料产业进入提速发展的快车道。

2. 发挥新材料基础优势

浙江新材料产业发展基础良好，全省新材料研发范围已基本覆盖国家重点支持的新材料高新技术领域，形成了一批在全国具有垄断性的骨干企业和具有独创性的新材料产品，以新材料为核心的产业链加快延伸拓展。围绕转型升级示范区建设，着力发挥民营经济优势、块状经济优势和科技强省战略优势，加快推进新材料产业特色化发展。

依托新材料产业基础。浙江新材料产业特色优势突出，在磁性材料、电子用铜合金材料、单晶材料、有机硅材料、电子陶瓷、新型建筑材料和工程塑料等多个领域，具有较高的产业规模和集中度。新材料产业是浙江省传统产业改造的重要突破口。以纳米材料与技术为代表的新材料，已成为浙江省产业结构调整的重要切入点。同时，在特种金属材料更新、塑料改性产品和精细化工产品结构优化、建材产品升级、轻纺传统工业产品的提升等方面，新材料也发挥了关键作用。

依托民营经济优势。浙江民营经济的创新发展，将成为推动新材料产业发展的主要力量。浙江省民营企业面临高技术和先进适用技术改造传统产业的迫切要求，且具有体制灵活、市场嗅觉敏锐、创新活力强劲的优势，可以促成以市场为导向的新材料技术创新、成果转化和推广应用。新材料产业是资本和技术密集型行业，而浙江民企资金实力雄厚，完全有能力支撑这一行业发展。目前，全省拥有宁波韵升、横店东磁和海宁天通3家磁性材料上市公司，占全国总数的1/4强。横店东磁的软磁产品进入了国外巨头垄断的高端电机市场；桐乡华友钴镍材料采用先进生产工艺，产品质量达到国际标准。宁波广博集团自主研发的纳米金属材料生产线已达16条，打破了国外厂商垄断的局面，等等。

依托先进制造业基地。浙江经济在空间上高度集聚，非常有利于新材料产业与市场需求紧密结合，促进新材料和相关行业共同实现技术进步。浙江各类开发园区建设起步早、数量多、分布广。20世纪80年代以来，浙江开发园区建设成功"孕育"了一批新材料产业基地，在全国占有重要地位。目前，国家火炬计划在浙江设立的新材料特色产业基地已达9家，数量占全国同类基地的1/5强。随着特色小镇、万亩千亿平台、科创大走廊等新平台、新载体不断涌观，新材料发展空间更加广阔。

依托较强的科研创新实力。新材料产业蓬勃发展，根本动力来自科技力量支撑。在新材料领域，浙江通过产学研结合，科研院所与新材料企业结成了紧密的合作伙伴关系，为企业生产排忧解难，为产业发展出谋献策，成为浙江新材料产业健康发展的坚强后盾。

结合浙江省实际，加快发展新材料产业，必须因势利导、顺势而为，依托环杭州湾产业带、金衢丽产业带和温台产业带现有产业基础，发挥科技创新引领作用，整合资源，打造一批特色化新材料基地。具体来说，确立环杭州湾产业带是浙江发展新材料产业主战场，发展目标是打造长三角新材料科技创新引领区和先进制造业基地。明确金衢丽产业带重点发展非金属新型材料及特种纸，发展目标是打造国际磁性材料和氟硅新材料专业生产基地。促进温台产业带着重发展新型塑料原料及其产品，发展目标是成为全省新材料产业拓展区。

3. 主攻新材料三个方向

围绕重点领域、强化自主创新、着力市场开拓，推动浙江省新材料产业健康快速发展，提高国内国际竞争力。

围绕低碳经济，主攻热点领域。低碳、环保已成为全球关注的热点，与之相关的新材料随之升温。浙江要顺应这一趋势，应注重发展三个领域的新材料：一是发展新能源材料，包括新型太阳能与光伏材料、核能材料、风能材料、高效电池材料、贮能材料、热核聚变和生物质能材料等。二是发展绿色材料，包括环境工程和生态工程材料、绿色建筑材料、节能减排降耗材料和资源回收再生材料等。三是发展绿色制造技术，包括发展高效、低耗、无污染、资源可回收再利用制造技术，超大尺寸整体构件、超低维材料制造技术，复杂工艺装备和制造技术以及自动化制造技术等。

围绕提升竞争力，主攻核心技术。加大新材料技术研发力度，力争在一些关键的新材料制备、工艺技术、新品种开发和资源综合利用技术上取得突破性进展，加大应用新材料等高技术改造传统产业力度。逐步建立具有自主知识产权和消化吸收及创新能力的新材料产业体系，抢占未来新材料科技制高点。

围绕抢占价值链高端，主攻国际市场。尽管浙江磁性材料、有机硅等特色新材料已在全球市场上占有举足轻重的地位，但由于缺失核心技术，频遭国外技术壁垒、绿色壁垒和原材料价格上涨的冲击。浙江省新材料企业应瞄准国际市场，加快从买技术，向拥有自主核心技术、资源替代技术和国际认可的标准转变，逐步建立话语权，提升国际竞争力。

（发表于《浙江树人大学学报》2010年第6期，出版时略有改动）

（二）加快传统制造业转型——以织里童装产业为例

背景提示：浙江经济长期以传统产业为支撑。至21世纪初，全省轻工纺织、普通机械加工等劳动密集型传统产业占工业增加值比重达60%。

全球金融危机爆发以来，浙江传统产业发展面对资源环境约束加剧、各种要素成本上升、外需市场紧缩等严峻挑战。在这一背景下，浙江省提出发展现代产业集群、推进"四换三名""两化融合"等一系列举措，对传统产业转型升级起到积极推动作用。

1. 童装企业"三小"格局

走进织里一家童装企业的生产车间，首先映入眼帘的是吊挂机串联起来的生产流水线。流水线上的每个员工，只需完成一件衣服的一道工序。这里的一个工序甚至可以简单到仅是缝制衣服口袋的一条边线。

这的确很令人遗憾。早在1798年，有一个叫惠特尼的美国人已经把这种方式用于步枪生产。而我们在号称"中国童装之都"的织里，却把这种生产方式当作新鲜事物看待。织里绝大多数童装企业，仍沿用每个员工从头到尾"一件衣服做到底"的传统模式，生产效率低，劳动力需求量大，服装品质难以保障，而且对员工技能要求较高。

织里童装从20世纪70年代起步，至今已经经历了40余年的发展历程，孕育了成千上万的中小企业，富裕了一方百姓和创业者，现在的产业规模和十年前相比已实现翻番。不过需要指出的是，由于长期无法摆脱"三小"格局，这一产业的赢利水平几乎一直在原地踏步。

小作坊是织里童装的基本组织形态。据统计，2013年全镇童装生产企业已达到近万家，产值规模350多亿元，从业人员10余万人，而其中规模企业才21家，大部分是家庭小作坊。行走于织里镇的大街小巷就会发现，几乎所有建筑物的街面房都是童装小作坊，难怪当地人戏称"整个织里镇区就是个童装加工车间"。每个街面房大致只有四五十平方米，小的甚至不到20平方米，几台缝纫机，几张裁衣桌，三五个员工就是这些小作坊的全部家当。

小而全是织里童装的主要经营模式。这些小作坊"麻雀虽小，五脏俱全"。多数小作坊的员工数量在10名以下，但是基本上都能做到产供销一体、自成体系。就拿生产环节来说，从制版，到裁剪缝纫，再到铰边、钉扣、熨烫，全部制衣工序一应俱全。同时，由于员工较少，通常一个员工就能将"一件衣服做到底"。

小视野成为织里童装转型提升的隐形屏障。在稳健保守的社会基调中，企业拓展精神、创新动力不足，小富即安，企业难以做大做强。当地一家规模较大的童装企业主坦言，并不想把企业做大。在这种状况下，织里童装长期锁定低端市场需求、低端产品和低成本劳动相结合的数量型增长模式。在资源环境日益严峻的形势下，大量企业只能被动选择降低利润率。据了解，童装企业毛利从 2000 年最高达到 30%，降至近两年 10% 左右，部分小微企业毛利甚至还不到 10%。

不可否认，"一件衣服做到底"的合理性。一是织里童装具有低端市场需求支撑，市场上订单数量大但每一份订单的件数少、对产品品质要求低。二是织里具有适合的要素生产条件，可以以较低成本获得土地、劳动力、能源原材料等生产要素。因此，"一件衣服做到底"的劳动力工资、专业化设备购置等成本，可大大低于流水线生产；且通过薄利多销获得的收益，并不比流水线生产差到哪里去。加之普通小企业主缺乏组织规模化生产的资本金和经营能力，"一件衣服做到底"也就长期生存下来。

2. 童装产业传统路径依赖

然而，浙江要素生产条件正在发生重大改变，织里童装原有的生产经营模式日益显现出巨大发展局限。织里童装 40 余年的发展实质，就一定意义而言，是保持"单曲循环"不能自拔。即始终以户为单位的生产经营状态，始终以个体私营为主体的所有制结构，始终以轻纺为主导的产业格局。这种停滞不前不可避免地造成区域经济社会较大内在不足，就当下而言，主要呈现"一大两小"的困境。

产业内扁平化竞争压力较大。织里各类童装企业普遍反映生意难做，由于企业没有品牌、产品又缺少差异度，生意好坏完全凭借市场行情。在经济下行的宏观形势下，外需不振、内需放缓，2013 年，全国童装销售额同比下降 30%，织里的市场份额无疑遭受无情的压缩。同时，在电商日渐盛行的时代，营销成本几乎可以忽略不计，抄袭模仿加快服装款式更迭变化，对于本就缺乏核心竞争力的小型传统童装企业而言，竞争的空间几乎都集中到原材料、劳动力、房租成本等非自身可控因素上，竞争必将更趋白热化。

产业间带动作用较小。以童装为主的低层次产业结构和以劳动密集型为主的低端要素结构相互影响，两者扭成一个不解的结，绑架织里产业结构"三十余年如一日"。1982 年，童装总产值占工业总产值比重大约为 60%—70%，至 2013 年，童装产业总产值占工业总产值比重仍然超过 50%。受制于传统产业劳动力结构、经营模式、企业家理念等一系列因素，当地政府大力扶持的新材料、先进装备、光伏电子等新兴产业一直以来都比较弱小。

产业外对经济社会转型贡献较小。政府出于"放水养鱼"的考虑，将一部分规模可上可下的童装企业划为规模以下，以减轻其税收负担。但这一做法带来的直接后果是，地方政府税收收入相对偏低，推进产业转型升级、提供公共服务和社会保障财力不足、力不从心，进而阻碍经济转型和社会进步。织里镇基础设施、公共服务、现代服务，均明显滞后于城市发展、人的发展需求。

对于任何阶段性现象，一方面是不能苛责，应放在历史大背景下考察；另一方面是不能无视其存在的问题，应该在发展中逐渐克服转变。织里童装产业已从童年走向青壮年，继续穿着原来的旧童装，既不合身也不合时宜。织里童装未来的发展迫切需要改进工艺、科学管理、转型突破。

3. 提升童装产业价值链

第一，加快产业内改造。推动童装行业向"趣味型、运动型、礼品型、定制性"方向改造提升，培育发展高档童装，设计开发新颖、环保和功能性童装，大力发展以童装面料为主，绣花等相关产业和卡通饰片、服装辅料、缝纫线等配套产业。

推广生态技术。加快无版数字转移印花、超声波印染、VR 等技术推广应用，提高生态面料及服装的设计开发能力。

推进"机器换人"。紧扣关键工序智能化、关键岗位机器人替代、生产过程智能优化控制、供应链优化，建设智能工厂/数字化车间。

推动"电商换市"。加强信息化在生产、经营、管理、营销中的应用，积极借助电子商务，改变传统的营销模式。依托国内外电子商务平台，积极拓展离线商务等新兴电子商务模式，加快传统商街和专业市场改造升级。

第二，加强产业间合作。促进童装、家纺行业内品牌企业通过并购、重组、战略合作等方式提高集中度，支持有实力企业推进品牌国际化，收购或入股海外品牌，形成国际化品牌，提升织里童装的区域品牌影响力。

第三，着力产业外创新。依托长期童装经营积累的文化和市场基础优势，进一步深挖婴童市场、亲子市场等领域需求，创新产品和服务供给。积极发展以童装产业为支撑，儿童家居、童玩城等相关设计、展示、体验新产业、新业态。

（发表于《浙江经济》2014 年第 24 期）

四　促进新消费：实施节假日梯级旅游战略

背景提示：2017年浙江省第十四次党代会报告提出，顺应消费升级大趋势，以消费升级引领产业升级，积极培育消费热点，不断增强消费对经济增长的贡献。

（一）梯级划分旅游资源

每逢佳节必爆棚——长三角景区节假日全面饱和，越来越难以满足市场需求。当前长三角旅游市场，亟须通过供给侧结构性改革，引导市场增加有效供给，促进市场满足有效需求。正是在长三角旅游资源供不应求的情境下，推进节假日旅游资源"梯级"开发、引导游客"梯级"出游，呼之欲出。

"梯级"开发的本意指，对于落差较大的河流采取修建拦河坝和水库，使水流趋于平缓。在这里可以引申为，通过深度挖掘及开发旅游资源，增加旅游资源供给"梯级"，推动不同梯级的游客向对应梯级旅游目的地流动，从而缓解旅游市场供需矛盾。旅游资源可大致按照"点击量"，即知名度、接待游客量等衡量指标，划分为三个梯级。

第一梯级，指历史悠久、享誉国内外的著名景点，如杭州西湖、绍兴鲁迅故里等，多位于城市建成区范围内。

第二梯级，大多是伴随20世纪90年代末21世纪初新一轮城市空间拓展开发建设的，如杭州湘湖、湖州太湖旅游度假区等，位于城市建成区边缘或城市近郊。

第三梯级，指尚未开发、具有较高开发价值的潜在旅游资源，多位于乡村、山区、海岛等远离城市地区，以及包括省外冷僻线路。与第一梯级及第二梯级不同，第三梯级是增量旅游资源，是未来旅游业发展的潜力和希望所在。特别是高速铁路和轨道交通建设加速推进，家庭小汽车保有量加速增长，为增量旅游资源的开发利用提供了良机。

（二）引导市场梯级旅游

深入分析旅游市场目标人群不同情况，科学引导目标人群向不同梯级旅游资源合理流动，实现旅游资源配置最佳化，应是梯级旅游的重要举措。

一是引导省内游客，在节假日避开第一、第二梯级旅游资源，错位出游，这就需要扩张省内外第三梯级旅游资源。

二是引导长三角游客，避开区域内第一梯级热点热线，吸引其前往第二、第三梯级旅游资源，扩张如岱山、临安、南麂对长三角游客的供给。

三是努力设法满足节假日初次来浙的游客的观光为主需求，即满足外国游客、国内东北及中西部地区游客等对省内第一梯级旅游资源的需求。

（三）扩张和提升旅游供给的"加、减、乘、除"法

应对旅游供不应求新常态，浙江亟须构建梯级旅游新格局，更需要旅游供给侧改革的新智慧。善用创新思维，科学做好扩张和提升旅游供给的"加、减、乘、除"法，着力优化旅游供给质量和效率，成为题中之义。

善用加法思维，以增加供给拓展潜在旅游市场。深入研究挖掘浙江山区、海岛、乡村等地的自然、生态、历史人文特色资源优势，千方百计引进战略投资者，开辟新景区、新线路。突破部分地区长期以来"有资源而无市场"旅游开发掣肘的关键在于，善用"逆向思维"，将现有制约旅游发展的区位劣势、硬件劣势、空间劣势，转化为吸引游客的比较优势、后发优势和特色优势。例如，庆元县虽地处浙江最偏远，但通过"反其道而为之"的巧妙营销，将"远"即清净神秘、"高"即生态优质作为卖点，大大提升"寻梦菇乡·养生庆元"的区域品牌及市场知名度。

善用减法思维，以减少热点热线的本地游客数量，增加其对外来游客供给能力，最大限度满足传统旅游市场需求。例如，绍兴市积极应对古城人口急剧增长带来的景区运营压力，计划逐步引导古城范围内一二十万城市人口向周边转移。又如，杭州市 G20 峰会期间实行市区居民放假方案，有效减少峰会期间市区运营压力。而减法思维的目标，正是让放假才能实现的临时性减员效果成为一种常态。

善用乘法思维，以发挥"旅游+"的乘数效应，提升旅游业附加值。杭州市富阳区洞桥镇是"旅游+三农"跨界融合的典型案例。当地党委、政府树立"经营"乡村理念，通过统筹规划实施，联动发展"大地艺术"色块农业带、云台山映山红登山游、富春桃源景区、阿卡·文村"互联网+"示范农场等"旅游+"产业，有效激发农村活力，增加农民收入。2015 年全镇新引进品牌民宿 3 家，新增农家乐 20 余家，乡村旅游接待游

客突破 20 万人次，经营收入 1100 万元。促进当地旅游业从门票经济到产业经济、从景区到全域的变迁，实现从市民享受到农民增收的双赢，推动洞桥镇从没落山乡向富裕强镇的转型。

善用除法思维，以差异化供给满足多层次目标群体需求，同时积极破除旅游业发展中的陈规陋习。当前"收入区间"下的旅游需求侧进入多元化、升级型阶段，对旅游供给侧提出差异化供给的要求。一方面，旅游市场供给要积极适应中低档消费群量大面广、消费水平较低的实际，提高旅游开发及产品供给的社会化、产业化水平，以达到控制成本和价格、规范市场秩序、保持供给稳定增长的要求。另一方面，旅游市场供给也要积极应对中高档消费群高档设施、高档服务、高品质体验的需求，引导和支持高端战略投资加大开发投入，既提高旅游供给设施和服务水平，又促成较快发展态势。与此同时，旅游及相关主管部门应打破部门樊篱，改变优质旅游资源碎片化管理现状，进一步加大基础设施、人才队伍、投资机制方面的支持力度，为扩大旅游产品有效供给提供坚实支撑。

（发表于《浙江日报》2016 年 3 月 20 日第 4 版）

第十九章　浙江省游艇产业发展
思路与对策研究
——以绍兴市为例

游艇产业链长、附加值高、带动力强，被誉为"漂浮在黄金水道上的商机"。当前国际国内游艇产业正迈入制造低成本化、功能多元化、消费普及化的新时代。

我们通过对绍兴市游艇产业发展的深入调研深刻认识到，加快发展游艇产业，是浙江省拓展区域经济增长点的优势所在，是提升产业结构的重要举措，更是加快海洋经济发展及结合"两美浙江"建设彰显江南水乡风貌的战略选择。

一　游艇产业发展的国际国内背景

游艇产业以其较长的产业链及较高的附加值，已成为发达国家的支柱产业和拉动消费的增长点，正在加快成为我国极具活力和发展潜力的新兴产业。

一是游艇产业是长链高附加产业。游艇既是高级耐用消费品，也是执行水上商务公务的重要装备。游艇种类有巡航艇、无后舱式游艇、甲板艇、滑行艇、海钓艇、帆船，以及各类游览客船等。游艇产业链大体涵盖创意设计研发及制造的上游产业、经营销售为主的中游产业、支持和辅助性产业为主的下游产业，能有效带动先进制造业、现代服务业等的发展。

图表 19-1　　　　　　　　　　　　　　游艇全产业链

产业链		相关产业
上游	设计	游艇设计、游艇技术研究
	制造	原材料工业、游艇部件制造工业、游艇整船装配工业
中游	销售	总代理、游艇销售公司、游艇展商、游艇杂志、游艇网站、二手游艇经营、游艇俱乐部、游艇代管等
	消费服务	游艇驾驶、水上运动、保养维护、水上运动培训、游艇租赁、游艇器材专卖等
下游	支持	游艇码头、仓储保管、游艇转运、安全服务、报关检验服务、资产评估、特种保险、航道服务、信息服务、水域资源、文化传播（赛事、论坛、会展）、产业政策
	辅助	水上运动装备、体育用品器材、钓饵钓具供应

　　二是发达国家引领游艇产业发展。发达国家游艇供给量占据全球九成以上。美国拥有游艇制造企业 1100 家以上，占全球 1/3 强[①]；年产休闲游艇 2 万艘左右，居全球第 1 位。法国和英国休闲游艇年产量分列全球第 2 和第 3 位，达到 7900 艘和 3300 艘。发达国家游艇普及率较高，平均每 171 人拥有 1 艘游艇。其中，加拿大、瑞典和芬兰 3 个国家，平均每 10 人就拥有 1 艘以上游艇，见图表 19-2。

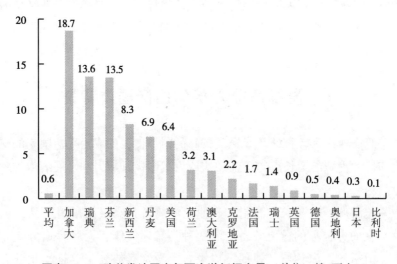

图表 19-2　欧美发达国家每百人游艇拥有量（单位：艘/百人）

---

① 全球游艇制造商 3000 多家。

三是国内迎来游艇产业发展机遇。2010 年以来，珠三角、长三角、环渤海湾城市群纷纷将游艇产业作为重点培育产业。深圳、天津、上海等17 个省市将游艇产业列入"十二五"和"十三五"规划纲要，正在进行游艇经济相关产业链的建设。目前，中国已成为全球第六大游艇生产国。截至 2017 年年底，我国已拥有各类游艇制造企业 600 余家、游艇俱乐部149 家、游艇泊位超万个、登记私人游艇 5000 余艘。从 2015 年开始，中国游艇产业保持每年不低于 30% 的市场增长率，保守估计至 2020 年其市场将达到 1350 亿元。

图表 19-3　　　　　　　　　国内千万产值以上游艇企业

地区	数量（家）	典型企业
江苏省	73	无锡东方高速艇发展有限公司
广东省	59	广州中船黄埔造船有限公司
山东省	54	威海弘阳游艇有限公司
浙江省	49	杭州良金船艇有限公司
上海市	36	上海宝岛游艇有限公司
辽宁省	28	大连松辽船厂
福建省	22	厦门瀚盛游艇有限公司

二　浙江省发展游艇产业的潜在优势和迫切诉求

浙江省正处于转型提升的重大战略机遇期，无论从内源基础还是外部需求角度看，发展游艇产业比较优势凸显、发展诉求较强。

（一）游艇产业发展符合江南水乡实际

一是具有江南水乡的内河发展空间。以杭嘉湖绍为代表的江南水乡，舟船文化源远流长，长期以来以船代步的生产生活习惯，为发展游艇产业奠定深厚的人文积淀。浙江八大水系、河网密布的地貌特征，非常适宜游艇休闲游览和交通出行。

二是具有海洋资源丰富的良好发展条件。浙江海域广阔，具有得天独厚的众多岛屿、天然港湾、深水岸线，以及相对平静安全的海面，足以构成浙江游艇产业发展的独特资源优势。海洋经济上升为国家战略以来，海洋旅游业年均增长 20%以上。当然，浙江游艇休闲开发，要力避海水浑浊、景观欠佳等不利条件。

三是具有长三角的广阔腹地资源。长三角地区承接国际游艇产业转移、开发国内游艇消费市场的条件基本成熟，目前已集聚全国 35%以上的游艇及相关产业。更重要的是长三角富商云集、中等收入阶层成长全国最快，目前游艇年消费额已达 15 亿元，市场开发潜力较大。

四是具有产业集群的坚实要素支撑。全省已有与游艇相关的船舶类院校及设计机构近 10 家，舟山已建成全国最大的船舶交易市场和船博会，千岛湖作为典型的湖泊游艇休闲基地初具规模。

（二）游艇产业是转型提升的必然选择

一是提升产业结构的战略选择。游艇设计复杂创意要求较高，制造涉及多个加工生产领域，服务要求也较高，有专家估算游艇产业投入产出比高达 1：10，就业带动比约为 1：12，应该是浙江产业发展的蓝海。

二是提升城市功能的战略选择。发展游艇产业，符合"美丽浙江"统领下，杭嘉湖绍建设江南水乡典范、甬舟打造海上花园城市的目标愿景。游艇产业将促进城市基础设施建设及城市景观塑造等在较高水平上的提升发展。

三是提升生活品质的战略选择。游艇将是浙江城乡的一道高品质的美丽风景线，应该摒弃游艇专属富人的思维，通过多种亲民的营销和参与手段，游艇也可以成为全体居民的大玩具。

（三）游艇产业迎来三大发展机遇

一是全球游艇产业重心向亚太转移的竞合发展机遇。美、意、法、英等发达国家游艇生产制造和消费进入平稳增长阶段，游艇研发制造的重心转向高速、大型豪华游艇为主。而中小型、中低档游艇生产制造正在加快向中国等新兴市场转移。2008 年全球金融危机以来，日本、韩国、新加坡及我国香港、台湾等地区，逐渐成为全球游艇经济新增长点。而国内现有游艇制造企业以生产工作游艇为主，仅有 1/4 的企业主要生产休闲游艇，这一状况为浙江省休闲游艇发展提供较大空间。

二是居民消费升级和生活方式改变的市场拓展机遇。2013 年，中国人均 GDP 接近 7000 美元（6920 美元），沿海地区 20 多个城市人均

GDP 达万元以上，长三角更是达到世界银行划定的高收入地区水平，人均 GDP 接近 12 万美元，但游艇人均拥有量仍大大低于发达国家。有专家预测，随着居民收入增长，富裕阶层增加，生活及消费方式变革，游艇消费将加快升温，中国特别是沿海发达地区，游艇将快速成为继汽车之后的家庭耐用消费品。预计至 2020 年，长三角游艇拥有量近 36 万艘。

三是列入国家和省级产业导向目录的政策支持机遇。党的十八大、十九大提出建设海洋强国的目标，为发展游艇业开辟空间。国务院《关于加快发展旅游业的意见》、国家《产业结构调整指导目录（2011 年本）（2013 年修正）》、国家《"十二五"旅游业发展规划》等重大政策性文件中，都把游艇作为产业转型、生活品质提升的重要载体。此外，海关总署已制定出台《海南省进出境游艇及其所载物品监管暂行办法》，为浙江省游艇出入境便利化体制创新提供借鉴。

（四）科学分析游艇产业发展面临的挑战

一是产业竞争进入升温阶段。浙江游艇产业发展面临与长三角、珠三角游艇产业先发地区的较大竞争。早在"十二五"时期，深圳、珠海、上海、苏锡常、青岛、厦门等地已经建立游艇制造业基地，天津等 17 个省（市）已将发展游艇产业列入规划，并制定实施配套扶持政策。如何发挥比较优势，合理确定市场定位，与周边及国内其他地区实现差异化和特色化发展，是浙江省游艇产业发展面临的挑战之一。

二是消费市场处于开辟阶段。目前，由于国内游艇消费条件、自然条件和有关法律法规滞后，游艇购买、使用、维护成本较高，游艇对于中产阶级而言还是奢侈品和新鲜事物，未被广泛接受。如何通过降低游艇购买及使用成本，率先拓展以本地市场为主的游艇消费市场，是浙江游艇产业发展面临的挑战之二。

三是高端要素积累处于起步阶段。长期以来浙江产业发展受低成本投入、低端市场需求支撑的制约，现有要素积累仍难以适应游艇产业发展的较高要求。例如技术研发、生产管理、服务业人才缺乏，游艇及配件制造的技术准备还不够充分等。如何加快引进和培育高端要素，是浙江游艇产业面临的挑战之三。

三 浙江省发展游艇产业的总体思路和主要目标

结合绍兴市的研究，确立全省游艇产业发展的战略思路，制定积极的发展目标，明确基础性的工作任务，切实加快游艇产业发展。

（一）指导思想

以市场为导向，以制造业为基础，以本地发展为推动，以杭嘉湖绍、甬舟和温台地区为重点，着力实施游艇产业发展专业化、精准化、多元化战略，大力发展游艇设计与制造、游艇服务和游艇休闲旅游三大领域 15 个行业[①]，加快布局建设航道码头等基础设施，着力打造全国游艇休闲引领区、全球游艇制造业新兴区和国际游艇及配件展示交易集聚区，努力打响"中国南方游艇中心"区域品牌。

——专业化游艇生产。加大游艇设计研发与制造业政策扶持，形成集聚人才、技术、企业等高端要素的良好环境。着力外引内孵，高质量提升游艇设计研发，集群化发展游艇生产制造，提升游艇制造附加值。

——精准化游艇服务。针对游艇消费者在购买、持有、使用过程中的服务需求，加快发展游艇销售服务，创新发展面向游艇的金融产品，规范发展游艇驾驶培训，拓展游艇运营等增值服务，提高游艇服务水平。

——多元化游艇体验。应对不同消费层次、不同年龄段及不同目的的休闲消费主体，开发交通、度假等大众化游艇休闲产品，研发商务、运动等个性化产品。建设完善游艇基础设施，着力提升游艇体验品质。

（二）战略定位

参考绍兴市提出的游艇战略定位，浙江省或可打造游艇发展"三个区"。

——全国游艇休闲引领区。加快游艇运营相关基础设施规划建设，开辟水上游艇航线，构建水上公共交通服务体系，发展水上休闲旅游，增强

---

① 即游艇核心技术研发、游艇部件及相关产品制造、游艇设计及装配、游艇销售服务、游艇保税展销服务、游艇运营服务、游艇培训服务、游艇金融服务、水上公共交通、游艇观光、游艇运动、水乡文化、码头服务、游艇地产和水上作业 15 类行业。

亲水型城市功能。挖掘水乡历史文化，塑造游艇、水网、城市"三位一体"景观，提升城市形象品位，努力展现江南水乡生活原真性。

——全球游艇制造业新兴区。依托船舶等块状经济和产业集群，强化人才、技术、产业集聚，加强自主创新和品牌培育，加快游艇制造业企业招商引资，推进游艇装备制造、新材料等领域产业链延伸拓展，完善设计、安装、检测平台等生产服务，努力打造全球游艇及相关配件生产新平台。

——国际游艇及配件展示交易集聚区。嫁接和提升传统专业市场经营模式，整合人力资本、销售网络等要素资源，培育游艇及配件实体市场。着力线上与线下市场融合发展，完善游艇及相关设备信息发布、网上支付等电子商务功能，争取设立游艇进出口保税物流园区，努力打造国内游艇及配件交易集聚区和进出口基地。

(三) 发展目标

——打造全产业链。游艇上游、中游及下游产业整体推进。从以游艇销售运营为主，加快向后端的休闲旅游、码头及配套服务，以及向前端的研发设计、生产制造延伸拓展，游艇全产业链基本形成，游艇经济在推动浙江经济转型和产业升级的作用不断增强。游艇产业集群化发展态势强化，形成以绍兴滨海产业集聚区、舟山海洋产业集聚区等10个省级产业集聚区为主的集中布局，与区内先进制造业和生产服务业联动效应增强。

——促进全民体验。游艇成为江南水乡城市和滨海城市一道亮丽风景线，成为老百姓日常生活及休闲娱乐不可或缺的组成部分。在杭嘉湖、余慈、绍虞、温瑞和台州五大平原河网，甬舟和温台岸线和海域，以及曹娥江、钱塘江、京杭大运河等主要航道，形成游艇航线、码头、泊位及配套服务设施的统一规划、科学布局。游艇休闲旅游线路、水上公共交通线路广泛启动，游艇节庆活动和相关赛事定期举办，私人游艇拥有量稳步攀升。至2020年全省万人拥有私人游艇数1艘左右，沿海地区约20%市民经常使用水上公交出行。

——开拓全球市场。游艇产业"走出去"迈出坚实步伐，海外并购、海外投资等加快发展，全球游艇营销网络进一步拓展。至2020年，浙江游艇制造业占全球份额进一步提高5%—10%。游艇市场"引进来"取得较好成效，构建形成游艇全球交易市场、游艇国际博览会等载体平台，吸引集聚国内外游艇客商参会参展；开发舟山群岛、千岛湖等游艇特色旅游产品，吸引国内外休闲度假群体前来消费。

浙江省发展游艇产业，要注重长远谋划和近期实施相结合，突出重点和全面推进相结合，"无中生有"和"有中生优"相结合，统筹布局和集聚发展相结合，创业创新和政策扶持相结合。鼓励和推动本地资本进入这一领域，注重引进战略投资，切实做好政府引导工作。

四　着力打造游艇产业链

应对国内游艇产业发展趋势和长三角生态休闲市场需求，着力游艇研发与制造、游艇服务、游艇休闲旅游全产业链发展，合理选址构建游艇制造业园区、专业市场和休闲旅游综合体三大支撑平台。

（一）专业化发展游艇研发及制造业

行业1：游艇核心技术研发

积极与上海船舶研究院、浙江大学、浙江海洋学院等高校及科研院所合作，成立游艇设计研究公共服务平台，开展重点领域关键环节研发。鼓励游艇企业引进先进适用技术，采取并购、收购或直接投资等多种形式，融入全球游艇技术研发体系。鼓励游艇企业开展产学研合作，与院校及科研机构共建研发中心、培训基地及成果转化平台，提升自主设计研发能力。

行业2：游艇部件及相关产品制造

鼓励引导本地企业与国内外游艇制造商开展多元合作，大力发展游艇原材料、核心部件及相关配件制造工业，努力实现游艇及部件制造"零"的突破。以游艇动力设备和信息设备为重点，着力提高游艇高端装备制造领域研发生产能力。以纺织、机械等传统优势制造业转型升级为依托，加快发展游艇卫生洁具、内饰配件、水上运动器材等制造业。

行业3：游艇设计及装配

根据游艇"私人定制"要求较高特点，围绕本地市场需求，引进培育设计机构。根据浙江水文地理以及经济社会发展状况，先期重点发展内河客运艇、中小型艇、休闲商务两用艇、消防艇，逐步向海上艇、大型豪华艇、运动艇、钓鱼艇、帆船等类型拓展。

(二) 精准化发展游艇服务业

行业4：游艇销售服务

积极培育游艇销售主体，着力引进国际知名游艇品牌代理商，鼓励本地游艇制造企业成立专业游艇销售公司，打造一批"游艇4S店"，树立游艇销售品牌。创新销售模式，鼓励游艇公司将游艇产权进行分割销售，推动合作购艇。探索游艇租赁等销售模式，降低游艇购买门槛，增加业主租金收益。构建游艇在线服务、网上预订等公共信息服务平台，全面提升游艇产业的信息化水平。

行业5：游艇保税展销服务

依托舟山综合保税港区和宁波保税区，设立游艇保税展销中心。争取博纳多、蓝高、公主、亚诺、巴伐利亚等国际知名游艇品牌和国内游艇品牌签约入驻，开展游艇展示、销售、办证等一条龙服务，以"平民化"的价格吸引消费者购买国内外品牌游艇，推动游艇走向大众消费市场。

行业6：游艇运营服务

发展壮大本地游艇运营机构，鼓励本地企业通过兼并重组等方式设立游艇运营企业。加强政府与本地游艇企业的合作开发，政府提供土地作价入股、企业为主经营，降低游艇产业的开发成本与风险。着力引进国内外游艇制造商投资创办游艇运营机构，大力吸引具有较高知名度的国际顶级游艇商务、会展、俱乐部运营商和商务旅游经营商。

行业7：游艇培训服务

鼓励引导企业、高校、科研机构、社会组织合作开展游艇业各类急需人才培养。依托浙江交通职业技术学校、浙江工业职业技术学院等院校，开办游艇培训机构，开设游艇理论性和实践性课程，加强与海事部门合作，开办游艇驾驶培训学校，不断充实游艇制造与服务的人力资源。制定出台游艇驾驶员考试、评估和发证实施办法，规范游艇驾驶培训机构和驾驶员管理，维护水上交通秩序。

行业8：游艇金融服务

积极发展产业链金融，创新适合游艇产业的多种贷款模式和风险分担机制。鼓励银行发展银团贷款、集合贷款、联保联贷，探索开展游艇订单融资加按揭回购模式。鼓励银行对游艇企业进出口产品的国际结算、贸易融资、远期结售汇等方面提供全面的金融服务。多元化开发游艇业保险产品，鼓励保险机构加大对游艇产业财产性保险和权益性保险投入，研究出台游艇保险承保区域、定价规则以及理赔细则。

（三）多元化发展游艇休闲旅游业

行业9：水上公共交通

大力发展游艇巴士、游艇的士等多种形式的水上公共交通。按照道路公交站点与游艇巴士码头"零换乘"的要求，合理布局游艇公交水上运行线路，优化码头布局。按照"保障行船安全、控制运行成本；融合城市色调、便于船只区分"的要求，做好游艇巴士和游艇的士的选型、选色等工作，合理确定航行速度、核定载客人数等标准。

行业10：游艇观光

积极应对团队旅游和自由行的多种游览要求，加强海上游、跨市游、市内游的有机结合，整合水陆旅游资源，开发一批内容丰富、特色鲜明的旅游组合线路。加快丰富水上游览内容，提升水上游览品质，着重在八大水系、千岛湖等重要水上旅游节点，水上旅游景观区和游艇主题公园，加快发展夜间观赏性强的声光电表演项目。

行业11：游艇运动

深度开发水上运动项目，发展垂钓、浮潜、滑水等休闲娱乐活动，积极承接帆船赛、手划艇赛、摩托艇表演赛等水上赛事。推广千岛湖环湖绿道做法，结合水面布局城市绿道，开展环水面自行车骑行等参与性较强、带动效果较好的大众体育运动，形成水上运动和陆上运动相得益彰的格局。

行业12：水乡文化

围绕打造"中国南方游艇中心"的主题形象，策划水乡风情旅游节、国际游艇文化节、海洋游艇赛等一批大型水上节庆活动，不断提升游艇市场的影响力。传承和创新游艇节庆活动，复原水上婚礼、水上集市、水上曲艺表演等传统民俗活动，开发趣味性较强的新项目，延续和发展"水上文脉"。

行业13：码头服务

完善码头游艇租售、游艇补给、游艇维修保养等基础性服务，丰富码头餐饮、购物、休闲等配套增值服务。在码头和航道沿线布局建设酒吧、餐馆、购物街、亲水平台等各类文化休闲设施，提高码头及航道沿线可观赏性，增加人们驻足停留时间，提升游艇及相关消费市场的人气。

行业 14：游艇地产

探索推进"码头泊位+地产"的整体开发模式，在码头周边滨水区域选址开发高档酒店、度假村、高端住宅、私人会所等地产项目，推动水陆资源开发良性互动。按照产权式酒店模式进行经营管理，积极拓展"房产+泊位"的异地置业市场。

行业 15：水上作业

针对各类水上作业，以及海事、科研等政府职能机构需求，稳步发展消防、公安巡逻、打捞、科考等作业用艇。发展水上安全用艇，加强河流保护工作、做好宽度较窄的邻水传统建筑消防、垃圾收集工作，开展过往船艇安检、巡查工作。发展专门作业用艇，为研究、探险、生产及其特殊领域提供帮助。发展工业应用艇，为码头提供物资运送、供应和补给服务。

（四）积极构建三大支撑平台

1. 游艇制造业园区

游艇制造业园区以集聚游艇整船及零配件制造为主，配套游艇设计、研发、销售等相关企业。园区选址应充分结合相关制造业集群，如结合舟山、台州等船舶制造业基地形成集中布局，或在具有一定游艇产业基础的开发区（园区）选址新建。园区应着力加强游艇产业内、产业链、产业间合作，培育游艇制造业集群。

2. 游艇专业市场

游艇专业市场是游艇整船和零配件集中展示销售平台，应依托现有船舶专业市场布局，或整合相关市场资源选址新建。同时，积极运用电子商务、物流配送等新型流通模式，拓展发布、会展、购物旅游等新功能，引进国内外畅销游艇供应商，打造游艇及配件交易中心、价格中心、物流中心和信息中心。

3. 游艇商旅综合体

游艇商旅综合体是以游艇为主题的综合性休闲旅游服务区块，建议依托良好的江海湖泊环境，如朱家尖的乌石塘、绍兴曹娥江入海口等地，选址建设游艇俱乐部及综合体。重点发展游艇俱乐部、水上运动项目，完善游艇租赁、整备、补给、维修保养、码头停靠、驾驶培训等配套功能，优化游艇水陆交通，丰富酒店、餐饮、购物、文化等增值服务功能，形成水陆联动的游艇休闲服务集聚区。

五　建设游艇基础设施

需要指出的是，游艇发展具有较强的不可预见性，本研究对浙江未来游艇供需预测相对保守。但是，游艇产业发展一旦启动，将如同汽车进入家庭一样，很快进入"井喷式"发展。基于这一状况，有条件的地区，当前要积极做好游艇本地市场开发各项配套基础设施建设，为游艇产业的迅猛发展和游艇服务消费的广泛普及，奠定坚实支撑。

（一）预测浙江游艇供需

1. 预计至 2030 年浙江新增游艇 8000 艘左右

根据浙江经济社会发展水平预测，至 2030 年全省每万人新增私人游艇 1 艘，则全省新增 6000 艘左右；富豪阶层每万人新增游艇拥有量比例适当提高，预计资产超千万的富豪新增 1500 艘左右；此外，新增公交用艇、旅游用艇、作业用艇等约 500 艘，合计新增 8000 艘左右，相当于浙江内河水面每平方公里 1.3 艘。

2. 预计至 2030 年浙江游艇及相关配件累计销售额超 1500 亿元

一方面，预计至 2030 年全国新增游艇需求近百万艘，若浙江能够满足全国 1/5 的需求，每艘游艇及相关产品销售额 60 万元，则至 2030 年浙江国内游艇销售额累计近 100 亿元。另一方面，2010 年全球游艇及相关配件贸易额为 500 亿元，按照 2010—2030 年年均增长 2% 计算，2014—2030 年全球累计实现贸易额逾万亿美元。若中国占据全球的 10%，浙江占据全国的 1/5，则超 200 亿美元，约合 1400 亿元。

图表 19-4　　　　　　至 2030 年全国及浙江新增游艇数量预测

地区	人口数（万人）	每万人新增游艇量（艘）	新增游艇总数（艘）
全国	150000	0.5	75000
其中：千万富豪*	200	50	10000
亿万富豪*	15	500	7500
其中：浙江	6000	1.0	6000

说明：带 * 数据根据 2011 年胡润百富集团公布的财富报告相关数据预测；每万人新增游艇量与人均 GDP 呈正相关关系。

（二）布局建设内河航道及附属设施，重点是"抬抬高、拓拓宽、挖挖深"

1. 优化内河航道及附属设施布局

根据城市现状水系码头分布，结合"五水共治"，结合交通治堵，结合城市景观建设，结合母港周边地块开发，推进游艇航道选线、码头选址和泊位分布优化布局和科学开发。

2. 实施桥梁标准化改造

严格按照航道定级、桥梁建设规范标准，抬升桥梁高度、增加跨度、提高强度。例如，绍兴规划游艇航道沿线净空低于准七级航道标准的有27座，近期通过抬升4座桥梁，可满足一期航道通航要求。

3. 加快航线河道整治

按照航道水深要求，实施沿线水体清淤、疏浚等工作，建设深水航道，满足通航要求。航道设计时速控制在20公里/小时以内。

4. 推进航道景观塑造

推进内河航道沿途岛屿、水面、水岸、滨水区开发，推进与自然植被、城市街景、名胜古迹等整体设计，构建富有层次感的景观廊道。

（三）布局建设外海航行区及附属设施，重点是"划红线，建港池，清障碍"

1. 划定运行区域

根据海洋游艇的近海游艇、沿岸游艇、狭水道游艇等不同船型可承受的与避风港最大距离、最高风速及最高海浪标准，充分结合浙江沿海海域常年观测的气象水文条件，同时注意避让海上航运线路，科学划定各种游艇的行驶红线范围，保障游艇出海航行安全。

图表 19-5　　　　　各类海洋游艇船型航线设计需满足的规范

	与避风港最大安全距离（海里）	与海岸线的最大安全距离（海里）	可承受最大风速（蒲福风级）	可承受最高海浪（米）
近海游艇	200	—	8	4
沿岸游艇	60	25	6	2
狭水道游艇	20	6	5	1

2. 建设港池泊位

布局建设避风港，满足海上游艇停靠、补给等需要。配套水闸、防浪堤等设施，通过水闸开闭、水位调节，实现游艇内河—外海进出靠岸，利用防浪堤增强港池防御台风能力。

3. 清除自由航行障碍

破除游艇操作人员适任证书仅限省内水域驾驶的限制，加强与上海、福建等周边地区合作，共同研究制定游艇及驾驶人员跨区域自由流动的制度，扩大自由航行区。

第二十章　以技术进步为主线的
微观均衡重建
——基于浙江规模以上工业的实证分析

本文运用道格拉斯生产函数，分析了 1998—2016 年浙江工业增长内在动力及其变动情况。结论表明，浙江工业企业在经济下行期相对加快技术进步，其贡献份额大于资本和劳动，较好促进了微观均衡重构，加快形成了有利于浙江工业回升的基本面。这既表明浙江微观主体具有较强韧性，也表明"机器换人"在浙江取得了实质性成效，更表明浙江以草根韧性为支撑的企业技术进步，是工业增长加快回升的主要因素。

一　浙江工业增速的下滑与回升均先于全国

1. 2004 年开始浙江工业出现相对性下滑

2004 年，浙江规模以上工业增长速度，在领跑全国的位次上开始下滑，2004 年年底跌至全国第 21 位。2008 年爆发全球金融危机，全国出口增速断崖式下跌，浙江工业增长在全国位次进一步下滑。2008—2015 年，浙江工业陷入寒潮，其间除 2010 年个别月份外，规模以上工业增速持续低于全国平均。不过需要指出的是，2004—2008 年全国经济偏热时，浙江工业并未像改革开放前期和当时的多数省那样大上快上，而是上得不快，甚至减速；2008 年经济下行时，则下得过快过深。①

2. 2016 年浙江工业先于全国筑底回升

2016 年浙江工业增加值增速达 6.2%，超过全国平均水平 0.2 个百分点，增速在全国的位次比上年提升 3 位至第 22 位，初步遏制了工业增长

---

① 周必健：《从浙江工业增长潜力下降看转型升级之紧要》，《统计科学与实践》2012 年第 9 期。

相对于全国的持续下滑。2017 年以来，浙江工业经济回升趋势进一步增强，1—8 月，浙江工业增速达 7.8%，领先全国 1.1 个百分点，在全国的位次上升至第 13 位。若与 2012 年浙江工业增加值增速一度跌至全国 30 位相比，回升幅度达 17 位。

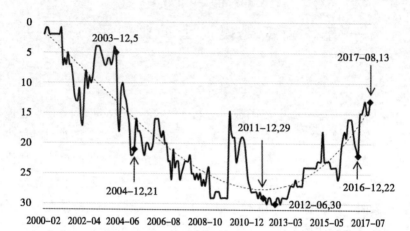

图表 20-1　2000—2017 年 1—8 月浙江规模以上工业增加值增速在全国位次

3. 已有大量文献对浙江工业先于全国下行进行研究，而对于浙江为何出现先于全国回升的研究尚是空白

学界普遍认为，浙江工业长期存在的结构性、素质性矛盾，是导致浙江工业在 2008 年全球金融危机爆发后全面失速的根本原因，主要观点大致可归纳为四个方面。

一是出口主导型。1997 年亚洲金融危机爆发后，浙江工业企业积极拓展欧美等市场，推动了浙江商品出口的新一轮增长，但也进一步固化了出口路径依赖。浙江出口产品以劳动密集型产品和初级资本密集产品为主，附加值较低。由于人民币升值，工业企业不得不持续压低生产成本来维持出口比较优势[1]。

二是产业层次低。浙江工业的比较优势集中在纺织、皮革、文体用品制

① 包浩斌、盛世豪：《培育浙江工业新优势——基于新经济地理学的视角》，《浙江树人大学学报》2009 年第 1 期。

造等一些传统产业。[1] 产业结构具有比较典型的小、散、弱特点。[2] "十一五"时期浙江工业经济质量效益在全国的相对水平明显下降，工业增加值率（反映工业创新价值能力，体现附加值高低）、全员劳动生产率（反映企业生产效率），以及成本费用利润率（反映投入产出效益）接近全国末位。

三是分配向资本倾斜。出口导向的增长格局中，农民工工资长期较低，境外技术性价比较高，工业企业资本利润相对较高。反映在国民经济分配中，即资本所得占比较高，劳动所得占比较低。[3] 这一状况抑制消费需求，制约社会领域发展，从长远角度影响人力资本提升，反过来进一步制约工业科技研发能力提升和转型升级。

四是以政府为主导推动工业经济转型。姚耀军[4]基于林毅夫新结构经济学[5]主要观点，提出"政府增长甄别和因势利导框架"。主要内容是政府确立重点发展的目标产业，支持企业进入目标产业，建设园区为目标产业提供最优发展环境，对目标产业实行减税等优惠政策等。而本文并不持这一观点，并在后文提出政府应弱化产业政策，全面做好各项工作的相关建议。

总体而言，现有研究对于浙江工业经济存在的结构性、素质性问题有深刻分析，形成了系统性观点，即浙江工业经济运行具有典型外延扩张特征。企业经营取向"重扩张、轻转型"，企业分配"重资本、轻劳动"，埋下了影响持续增长的重大隐患。这就为浙江工业经济先于全国遭遇经济下行给出了合理的解释。

本文研究也表明，2011 年以前，浙江经济也和全国一样，存在着一种扩张性结构失衡愈演愈烈的问题。[6] 即经济增长较快，但外需与内需、资本所得与劳动所得、积累与消费之间的不合理关系日趋严重。对于浙江工业先于全国回升，笔者意识到很可能主要是技术进步的作用。然而，这一预判缺乏统计分析支持，也较难在现有文献中找到解释。本文就这一命

---

[1]　徐剑锋：《浙江台湾制造业结构变动比较与浙江产业结构调整》，《浙江学刊》2001 年第 6 期。

[2]　郭占恒：《浙江经济发展特点、问题和战略举措》，《浙江学刊》2012 年第 9 期。

[3]　卓勇良：《关于劳动所得比重下降和资本所得比重上升的研究》，《浙江社会科学》2007 年第 3 期。

[4]　姚耀军：《从"斯密型"增长到"熊彼特型"增长的过渡》，《浙江学刊》2014 年第 5 期。

[5]　林毅夫：《新结构经济学——反思经济发展与政策的理论框架》，北京大学出版社 2012 年版。

[6]　卓勇良：《积极应对经济宽运行到紧运行的重大转变》，第一财经日报，2016-06-08。

题进行分析，对当下浙江工业回升提供实证解读，更是希望全社会进一步高度重视技术进步的重大战略意义。

二　技术进步成为浙江工业增长的主要动力

1. 技术进步模型及数据计算

运用广义 C—D 生产函数（1）式对浙江工业经济生产函数进行模拟。

$$Y = A_0 e^{rt} K^{\alpha} L^{\beta} \tag{1}$$

其中，Y 为工业产出，$A_0 e^{rt}$ 为工业技术进步水平，A_0 为初始技术水平，t 为时间变量，K 为工业资本存量，L 为工业劳动投入，α 为工业资本弹性，β 为工业劳动力弹性。α，β 为待估系数。假定规模报酬不变，$\alpha + \beta = 1$。

明确（1）式各数据来源。

由于需要对工业产出和资本存量数据按照可比价进行调整，而目前可获得的浙江省固定资产投资价格指数最早年份为 1993 年，因此本研究基期年为 1992 年，工业增加值和固定资产净值平均余额均按照价格指数 1992 年＝100 进行平减。

Y 为工业产出，采用规模以上工业企业工业增加值，以亿元为单位。由当年规模以上工业企业工业增加值，平减 1992 年工业增加值不变价格指数得到。

K 为工业资本存量，采用规模以上工业企业固定资产净值年平均余额[1]，以亿元为单位。由当年规模以上工业企业固定资产净值年平均余额，平减 1992 年固定资产投资价格指数得到。这一算法与刘丹鹤等[2]采用永续盘存法测算资本存量的思路一致，纠正了现有研究成果普遍采用当年固定资产投资额代替资本存量造成的基础数据误差。

L 为工业劳动，采用当年规模以上全部职工年平均人数，以万人为单位。

---

① 吴敬琏：《经济增长模式与技术进步》，《中国科技产业》2006 年第 1 期。
② 刘丹鹤、唐诗磊、李杜：《技术进步与中国经济增长质量分析（1978—2007）》，《经济问题》2009 年第 3 期。

图表 20-2　　　　　1992—2016 年浙江规模以上工业企业主要数据

年份	工业增加值	浙江工业增加值价格指数	工业增加值（按1992年不变价）	固定资产净值	浙江固定资产投资价格指数	固定资产净值（按1992年不变价）	全部职工平均人数
单位	亿元	%	亿元	亿元	%	%	万人
1992	401.8	106.1	401.8	444.5	/	444.5	430.2
1993	653.3	115.3	566.5	639.7	138.8	460.9	426.1
1994	704.1	113.9	536.0	885.7	112.4	567.7	445.4
1995	778.4	114.5	517.4	1207.2	107.2	721.8	401.5
1996	937.4	104.8	594.7	1573.4	101.3	928.7	396.4
1997	952.1	101.9	592.8	1869.9	99.5	1109.2	352.7
1998	1098.4	97.6	700.4	2142.9	97.6	1302.5	314.2
1999	1267.8	96.0	841.8	2351.0	98.2	1455.3	306.3
2000	1560.1	97.9	1057.9	2624.6	100.3	1619.7	323.2
2001	1874.4	97.0	1310.0	2952.4	100.4	1814.7	366.6
2002	2403.9	100.8	1666.1	3346.8	100.5	2046.8	412.7
2003	3097.6	106.0	2009.1	4024.0	103.5	2378.1	482.6
2004	4114.7	106.0	2516.6	5541.7	105.9	3092.1	621.0
2005	4831.0	102.4	2884.4	6518.3	100.3	3626.2	659.1
2006	5993.0	105.0	3409.2	7845.9	101.5	4300.3	726.9
2007	7571.3	103.4	4163.6	8972.4	104.4	4710.4	790.9
2008	8083.0	103.6	4289.8	10438.6	109.3	5013.9	814.6
2009	8232.0	96.0	4551.7	11687.6	96.7	5807.2	787.6
2010	10397.0	107.6	5342.5	12905.0	104.7	6124.2	857.6
2011	10878.0	105.9	5279.5	13207.3	107.5	5830.9	734.4
2012	10875.0	97.1	5435.7	13957.3	99.2	6209.9	719.0
2013	11701.0	98.1	5963.4	14647.8	100.0	6519.0	719.4
2014	12543.0	98.7	6476.6	16254.3	100.6	7192.3	722.8
2015	13193.0	97.8	6968.5	17041.8	97.4	7739.7	705.2
2016	14008.8	98.2	7535.5	18057.0	99.5	8242.0	697.3

　　说明：1992—2015 年规模以上工业企业当年工业增加值、固定资产投资净值、全部职工平均人数，来源于 1993—2016 年《浙江统计年鉴》。2016 年规模以上工业企业工业增加值和全部职工平均人数，来源于 2017 年 1 月浙江统计数据工业经济月报，2016 年固定资产投资净值根据同期资产总计、流动资产合计估算。1993—2016 年固定资产投资价格指数来源于 Choice 金融终端，工业增加值价格指数系按全部工业增加值名义增速减去实际增速计算所得。

　　利用 SPSS 24 软件，对浙江规模以上工业企业的产出及资本、劳动力数据进行线性回归，得到方程（2）。

$$Ln\frac{Y}{L} = -0.089 + 0.061t + 0.401Ln\frac{K}{L} \tag{2}$$

$\alpha = 0.401$；$\beta = 1 - \alpha = 0.599$，即浙江规模以上工业增加值增长的资本弹性是 0.401，劳动弹性是 0.599，资本和劳动要素投入分别每增长 1 个百分点，工业增加值可相应提高 0.401 个和 0.599 个百分点。资本投入的弹性低于劳动投入的弹性。调整后的样本决定系数 $A_0 = 0.915$。

据此回归得到浙江省 1992—2016 年工业生产的 C—D 生产函数最终表达式为（3）。

$$Y = 0.915e^{0.061\tau}K^{0.401}L^{0.599} \tag{3}$$

进一步计算浙江规模以上工业企业要素投入对工业增加值增长的贡献度。对（3）式两边求对数，再全微分得（4）式。

$$\frac{dY}{Y} = r \times dt + 0.401\frac{dK}{K} + 0.599\frac{dL}{L} \tag{4}$$

对（4）式离散化，令 $dt = 1$，得（5）式。

$$r = \frac{\Delta Y}{Y} - 0.401\frac{\Delta K}{K} - 0.599\frac{\Delta L}{L} \tag{5}$$

其中，$\frac{\Delta Y}{Y}$ 表示总产出增长率；$\frac{\Delta K}{K}$ 表示资产增长率；$\frac{\Delta L}{L}$ 表示劳动增长率，在本研究中分别表示工业增加值增长率、固定资产净值增长率、全部职工年平均人数增长率。

根据（5）式计算可得资本投入贡献度（M_K）、劳动投入贡献度（M_L）和技术进步贡献度（M_A）（6）。

$$M_K = 0.401 \times \frac{\Delta K/K}{\Delta Y/Y}$$

$$M_L = 0.599 \times \frac{\Delta L/L}{\Delta Y/Y}$$

$$M_A = 1 - M_K - M_L \tag{6}$$

图表 20-3　　1993—2016 年浙江规模以上工业企业各要素增长率
及对工业增加值增长的贡献度

（单位：%）

年份	工业增加值增速	固定资产净值增速	从业人员增速	全要素生产率增长
1993	41.0	3.7	-1.0	40.1

续表

年份		工业增加值增速	固定资产净值增速	从业人员增速	全要素生产率增长
1994		-5.4	23.2	4.5	-17.4
1995		-3.5	27.1	-9.9	-8.5
1996		14.9	28.7	-1.3	4.2
1997		-0.3	19.4	-11.0	-1.5
1998		18.2	17.4	-10.9	17.7
1999		20.2	11.7	-2.5	17.0
2000		25.7	11.3	5.5	17.8
2001		23.8	12.0	13.4	11.0
2002		27.2	12.8	12.6	14.5
2003		20.6	16.2	16.9	3.9
2004		25.3	30.0	28.7	-4.0
2005		14.6	17.3	6.1	4.0
2006		18.2	18.6	10.3	4.6
2007		22.1	9.5	8.8	13.0
2008		3.0	6.4	3.0	-1.3
2009		6.1	15.8	-3.3	1.7
2010		17.4	5.5	8.9	9.9
2011		-1.2	-4.8	-14.4	9.3
2012		3.0	6.5	-2.1	1.6
2013		9.7	5.0	0.1	7.7
2014		8.6	10.3	0.5	4.2
2015		7.6	7.6	-2.4	6.0
2016		8.1	6.5	-1.1	6.2
年均增速	1998—2016	14.1	10.8	4.5	7.1
	1998—2004	23.8	15.5	12.0	10.3
	2004—2011	11.2	9.5	2.4	5.9
	2011—2016	7.4	7.2	-1.0	5.1
平均贡献	1998—2016	—	30.7	19.2	50.1
	1998—2004	—	26.2	30.3	43.5
	2004—2011	—	34.1	13.0	52.9
	2011—2016	—	39.0	-8.4	69.4

2. 技术进步对浙江工业增长贡献从低到高的三个阶段

鉴于已有大量研究对改革开放至 20 世纪 90 年代末浙江工业经济进行分析研究并形成系统性观点，所以本文将研究重点放在亚洲金融危机后的 1998 年至今。索洛余值（SFA）[1]将不能被资本和劳动投入解释的部分定义为全要素生产率（Total Factor Productivity，TFP），并归结为广义技术进步（以下简称"技术进步"）的作用。根据这一理论，1998—2016 年浙江规模以上工业企业全要素生产率年均增速为 7.1%。虽然这一数值呈逐步下降，但相对于工业增速更大幅度的回落，全要素生产率对于工业增长的作用明显提高，与之相应的是技术进步贡献逐步加大。可将 1998 年至今浙江工业增长分为不同要素驱动的三个阶段。

第一阶段：1998—2004 年，劳动和资本贡献为主，技术进步贡献较低。1998 年亚洲金融危机结束至 2004 年，浙江工业增长领跑全国。在此期间，浙江规模以上工业增加值增速高达 23.8%，资本投入增速 15.5%，劳动力投入增速 12.0%，技术进步增速 10.3%。这一时期工业增长贡献主要来自劳动和资本，其中劳动贡献 30.3%，资本贡献 26.2%，两者合计 56.5%。而技术进步贡献仅 43.5%，比劳动资本贡献合计低 13.0 个百分点。这一结果与浙江以劳动密集传统工业为主的经验感受基本一致。

结合前文对现有文献资料的观点梳理，可以认为，2004 年以前浙江工业经济实现较快增长，主要得益于多数工业企业主要靠"跑量"积累利润，长期依赖低成本劳动为主的低价格要素，以及低层次商品为主的市场需求。这一阶段劳动和资本贡献相对较高，劳动者得到的实惠较少，技术进步贡献率相对较低，保持长期持续增长能力较弱。正如刘遵义[2]指出，浙江工业经济存在典型的"东亚式资源消耗型"增长，其实质是高投入、高消耗、低技术的增长方式，制约工业经济综合竞争力的提升，难以保持较快增长。同时，这一增长模式的潜在风险，被经济快速增长时期的企业规模扩张所掩盖。

第二阶段：2004—2011 年，资本贡献上升，劳动贡献下降，技术进步贡献有所上升。2004 开始浙江工业增速在全国位次一路下滑，从 2003

① Solow R. Technical Change and the Aggregate Production Function [J]. Review of Economics and Statistics, 1957 (39): 312-320.

② 刘遵义：《十年回眸：东亚金融危机》，《国际金融研究》2007 年第 8 期。

年全国第 5 位下滑至 2011 年历史最低点全国第 29 位。这一时期，浙江规模以上工业增加值增速回落至 11.2%，资本和劳动投入增速分别降至 9.5% 和 2.4%，技术进步增速降至 5.9%。各要素对工业经济增长的贡献，资本占 34.1%，劳动占 13.0%，技术进步占 52.9%。与第一阶段相比，资本贡献提高 7.9 个百分点，劳动贡献下降高达 17.3 个百分点，技术进步贡献提高 9.4 个百分点。这一结果与 2004 年以来劳动力供给短缺逐步显现、资本投入对工业增长贡献加大的实际情况相符。

　　这一时期，浙江工业长期积累的素质性、结构性问题逐步显现。特别是 2008 年全球金融危机爆发，加剧浙江工业企业生产经营困难。在金融危机影响下，依赖"两低"为主的工业企业难逃寒冬袭击。劳动力价格提高，出口增长断崖式下滑，企业用工增长大幅放慢，导致劳动贡献在这一时期大幅下降；企业开始注重增强"内功"，省政府提出"机器换人"，技术进步贡献有所提升。需要指出的是，受 2008—2010 年 4 万亿元财政刺激，在短期内扩大民间投资，导致资本在工业经济增长中贡献明显较高。但这一做法并未从根本上解决工业经济扩张结构性失衡问题，反而加大债务杠杆，增加后期政策消化难度，导致 2011 年投资刺激计划结束后的企业收缩和工业增长进一步下行。

　　第三阶段：2011—2016 年，技术进步贡献为主，资本贡献上升，劳动贡献为负。浙江工业增长 2011 年达到历史最低点的 -1.2% 之后，开始小幅回升。规模以上工业增加值年均增速 7.4%，资本和劳动增速分别为 7.2% 和 -1.0%，分别比上一阶段低 3.8 个、2.3 个和 3.5 个百分点。不过技术进步增速 5.1%，虽比上一阶段低 0.8 个百分点，但大大低于其他要素增速的下降幅度；技术进步对工业增长的贡献达 69.4%，比上一阶段提高 16.5 个百分点，超过同期资本贡献（39.0%）和劳动贡献（-8.4%）30.0 个和 77.8 个百分点，成为推动工业增长的主动力。

　　资本、劳动和技术进步三者对于浙江工业增长的贡献变化趋势表明，21 世纪初期以来浙江工业增长动力发生了结构性变化，从劳动和资本推动为主，转变为技术进步驱动为主，体现出浙江工业经济内在素质提升和要素结构优化。

　　事实上，这一技术进步贡献的计算结果或仍有所低估。由于无法获得可靠且历年连续的平均劳动时间的数据支持，本文采用的劳动投入数据未经平均劳动小时数调整。而根据笔者长期在浙江各地调研了解的实际情

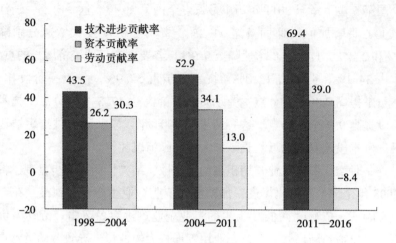

图表 20-4　1998—2016 年浙江规模以上工业企业技术进步、
资本及劳动贡献率变动（单位:%）

况，工业企业职工平均劳动时长呈减少趋势。可以推断，若按照职工人均劳动时间不变对劳动投入数据进行调整，则劳动投入下降更多，进而技术进步贡献提高亦更多。

三　技术进步为主线的微观均衡重建

2016 年开始，浙江工业增长有所回升，企业财务状况明显改善，2017 年一季度这一态势进一步扩大。在技术进步为主线的诸因素积极作用下，浙江工业企业的经营规模与技术进步、内需与外需、劳动工资与企业利润等微观结构有所优化，初步形成了生产经营增长速度回落下的微观均衡重建。

1. "提质换量"，构建企业规模和企业素质新均衡

2011 年以来，企业一方面主动收缩生产经营规模，另一方面持续保持科研活动投入，提升了企业内在素质，增强了对于经济增长回落的抵御能力，推动由传统外延扩张向内涵增长转变。

企业通过去产能、去库存、去杠杆、降成本等方式，合理收缩生产经营规模。2011—2016 年，规模以上工业企业产成品存货同比年均增长仅4.1%，即使考虑到生产者价格下降因素，仍比 2017 年前大幅降低。2017年一季度末，企业资产负债率 55.2%，比全国低 1.0 个百分点，比 2011

年同期降低6.3个百分点；企业财务费用占主营业务收入比重为5.0%，比2011年同期提高0.9个百分点，但考虑到工业生产者价格大幅走低，以及构成管理费主要部分的工资上涨更快因素，企业管理费实际有较大降低。

与此同时，企业科研活动支出及其比重持续提高，高技术新产业加快增长，经济增长质量有所提升。2011—2016年，科研活动经费支出年均增长12.2%，高出企业主营业务收入8.0个百分点，同期科研经费支出相当于企业利润总额的比重为1/5强，为2004—2011年的近2倍。这就有效促进了企业自主研发能力的提升，企业新产品产值率从2011年的22.0%提高至2016年的34.3%，提高了12.3个百分点。2011年以来信息经济核心产业、装备制造、高新技术、高端装备制造等战略性新兴产业增加值增速持续快于工业增加值平均增速。

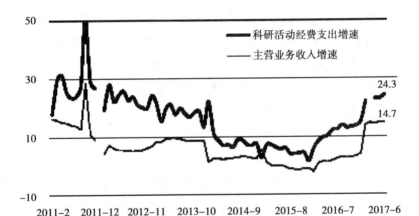

图表20-5　2011—2017年1—6月浙江规模以上工业企业科研活动经费支出、主营业务收入按月累计增速（单位：%）

2. "机器换人"，构建资本与劳动新均衡

2011—2016年，浙江规模以上工业企业全部职工数量年均减少1.0%。与此同时，机器设备规模档次加快提升，企业固定资产净值年均增长6.6%，人均固定资产净值年均增长7.0%。考虑到同期固定资产折旧率提高了7.3个百分点，生产者价格降低，则人均新增机器设备的实际增速更高。劳动生产率仍相对较高，同期浙江全社会劳动生产率年均增长7.4%，比城乡居民年均收入实际增速高0.3个百分点。

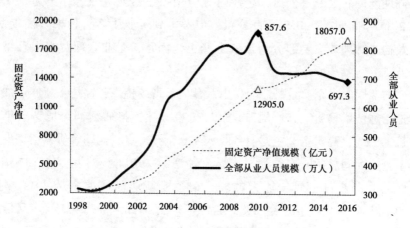

**图表 20-6 1998—2016 年浙江规模以上工业企业
全部从业人员和固定资产净值**

资本内生技术进步加快。相当部分的资本技术进步融于物化型机器设备之中，通过"机器设备投资—技术引进吸收再创新—生产运用—效益提升"的路径实现技术升级创新[①]。以设备投资价格指数衡量资本内生技术进步。1998—2016 年建筑安装投资价格指数（PPIS）和消费价格指数（CPI）持续大幅增长，2016 年两者分别相当于 1998 年的 1.4 倍和 1.5倍；而设备工器具投资价格指数（PPICE）持续下降，2016 年相当于1998 年的 85.9%，相当于同期建筑安装投资指数的 58.0%和消费价格指数的 62.0%。这一差距的形成，主要是技术进步促进机器设备升级并加速其贬值，同时机器设备本身的技术含量也大幅提高。特别是 2011—2016 年设备投资价格指数持续走低，至 2016 年达到 20 世纪 90 年代以来历史最低点，正是这一利好因素推动企业技术改造投资较快增长。

劳动内生技术进步亦大幅加快。伴随用工荒和工资上涨为标志的第一次人口红利终结，劳动力成本从过去较低水平开始上升。2011—2015 年浙江制造业城镇职工平均工资扣除物价后年均实际增长 13.0%，高于同期人均 GDP 年均实际增速 3.8 个百分点。虽然工资上涨从一个方面增加了企业成本，但极大改善了过去劳动所得较低的结构性失衡，对于社会发

---

① 黄先海、刘毅群：《物化性技术进步与我国工业生产率增长》，《数量经济技术经济研究》2006 年第 4 期。

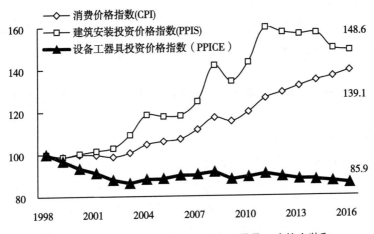

图表 20-7　1998—2016 年浙江设备工器具、建筑安装和
消费价格 3 个指数变动情况

展和人力资本积累具有积极作用。与此同时，进入生产一线的本专科大学生持续增加，虽难免有人力资本配置不合理状况，但确实也大大增强了生产一线的知识和技术素质，促进先进工艺技术装备使用，降低先进工艺技术使用成本，促进生产一线的微创新。

3. "以内补外"，构建国内和国际市场新均衡

工业企业积极应对外需不断下降，以国内市场弥补国际市场；在国际市场份额有所提升状况下，推动出口主导向内需主导的转变。

工业企业出口占比持续下降。2011—2016 年按美元计算，浙江出口总值年均仅增长 2.7%，工业企业出口交货值占全部销售产值比重从 2007 年的 26.1% 减少至 2016 年的 17.6%，减少多达 8.5 个百分点。同期社会商品零售总额实际增速，2011—2015 年持续保持在 10% 以上，仅 2016 以来回落至 9% 多，一定程度弥补了出口增长下滑的不利影响。虽然全国 2017 年 1—4 月出口增长加快，但仍低于 2013 年同期。

浙江在轻工业生产领域的比较优势，恰好适应了国内消费升级的需求。国内消费品市场从过去模仿排浪式向个性化品质化转型，倒逼企业实施产品策略，改进产品，降低成本，扩大有效供给。同时，浙江作为互联网经济的策源地，互联网面向千家万户、降低信息不对称性的特点，较好迎合了浙江工业企业降低交易成本的需求，推动企业实施渠道策略，实现从单纯生产制造向供应链协同转型。网络协同制造、个性化定制、服务型

制造、智能化制造等全新的生产—销售模式加快涌现。企业在销售结构向内转型过程中，通过多元化的市场营销策略组合，加快推进技术进步，有效扩大内需市场，形成新的内外均衡。

四　努力增强有利于加快技术进步的多重支撑

浙江民间企业内在地具有坚实的战略定力，能在经济下行期间得到充分激发。然而浙江民间企业也有诸多素质性、制度性缺失，需要加快推进多重转型。当下，亟须政府和企业共同努力，积极推进"四个重建"，积极增强有利于技术进步的价值观和体制机制，加快浙江经济转型升级。

1. 企业家精神重塑，从草根企业家及经理人，走向知识型企业家及经理人

现代企业制度决定了企业家是企业生产经营的核心，也是企业文化和企业核心价值观的创造者和践行者。浙江缘起于农业文明的企业家精神，在激烈的市场竞争下，受制于知识背景和价值理念的约束，不可避免地具有较大的内在不足和时代局限，进而制约企业技术进步、创业创新和未来长远发展。

构建和增强知识生产力，重塑浙江企业家精神，强化技术进步理念引领，积极促进从生存型创业向发展型创业转变。一是注重提升企业家和经理人的创新精神，实现"小富即安"向"进无止境"的转型。二是培育融合开放、与时俱进的企业文化，实现"家族式封闭文化约束"向"多元文化包容共享"的转型。三是提升企业知识生产力，实现由"拿来主义"为主，向"自我探索、自我学习、自我成长"的转型。

2. 企业核心价值重整，从制造产品，走向创造价值。全球成功企业经验表明，为客户创造价值是企业成功实现自身价值的基本遵循。现代企业应注重以新产品、新业态、新模式，引领大众消费，激发全新市场。在这一过程中，企业长期坚持技术进步所形成的创造精神、企业文化等"无形资产"也会成为产品，为消费者提供超物质的精神享受。

始终坚持把创造市场需求、创造价值，作为企业技术进步的战略目标导向。一是抢占市场需求先机，强化产品深度开发，实现产品结构由"功能价值"向"理念价值"转型。二是促进企业多元发展，拓展产业链价值，实现利润结构由"工业利润"向"综合利润"转型。三是确立清

晰的战略目标，培植和强化企业核心竞争力，实现"经济型企业"向"价值型企业"转型。

3. 企业生产要素重组，从"低知识+低效率"要素组合，走向"高知识+高效率"要素组合。改革开放以来，浙江工业企业长期陷于薄利多销的低层次高增长模式。劳工成本被压至最低，累及消费增长；科研、技改滞后，累及质量和素质提升；资源环境大量消耗，累及经济可持续发展。浙江经济出现下行趋势，相当部分原因是传统低知识低效率发展模式终结所致。

推进生产要素转型和优化配置，强化技术进步物质保障。一是以知识含量高的先进工艺替代传统工艺，以信息技术替代传统技术，实现要素结构由"低知识劳动和资本"向"高知识劳动和资本"转型。二是提高资源要素利用效率，强化生态环境保护，实现"外延式增长"向"内涵式增长"转型。三是更好地利用外部资源，寻求更广阔的市场，实现"区域局限"向"全球视野"转型。

4. 企业制度环境重构，从有为政府，走向有效市场。公平有序的市场环境是企业创业创新的土壤，也是推动企业技术进步的重要保障。企业家在回答李克强总理时的"不要产业政策，只要公平竞争"充分说明了这一点。政府在发挥市场决定性作用语境下，应积极处理好有所为和有所不为的辩证关系。即政府不应针对特定产业和企业"有差别的作为"，而应着眼于经济、社会、生态和人的全面协调可持续发展，全面做好各项工作。

全面深化改革，增强微观活力及技术进步动力。一是以解放思想为先导，努力破除与生产力发展不相适应的生产关系和上层建筑。二是以制度建设为主线，全面协调推进经济、政治、文化和社会领域改革创新。三是以结构性改革为抓手，加快推进经济社会结构转型，营造大胆创新、敢于试错、宽容失败的社会氛围，充分激发微观主体创业创新和技术进步活力。

（发表于 2018 年 1 月出版的《浙江蓝皮书——2018 年浙江发展报告（经济卷）》）

后　记

　　城乡空间转型是浙江经济社会发展映射在地理空间的一道瑰丽风景。浙江积极应对自身区位条件较好和土地资源较少省情两重性，在优化人地关系、城市与乡村关系、山区和沿海关系、经济社会生态关系等多个领域展开了一系列有益探索和实践，抒写了一系列生动鲜活的故事。

　　我于 2006 年进入浙江省发展和改革研究所以来，长期开展关于浙江城乡空间、人口、产业等问题研究。大量研究成果显示，在 2008—2017 年，即改革开放第四个 10 年期间，浙江经济社会发展的宏观环境正在发生巨大变化，一个与过去 30 年大不相同的发展模式开始浮出水面。在这一过程中，浙江城乡空间转型与之相伴而生。

　　浙江作为经济先发地区，进入新常态"先人一步"。中国经济于 2011 年与过去 30 多年 10%左右的高速度基本告别，进入中高速增长区间。而浙江 GDP 在 2009 年就已结束连续 19 年的两位数增长，此后增速一直低于 10%，完成由高速增长向中高速增长的换挡，全面转入"增速放缓、结构优化、动力转变"的新常态。主要体现在以下三个方面。

　　一是区域结构全面优化的新常态。首先，城乡差距逐步缩小。伴随城镇村建设空间拓展及城乡边界的消失，城乡基础设施互联互通，公共服务均衡共享，大量乡村居民生活工作方式与城市居民已无二致，全域城市化态势越来越明晰。全省城乡统筹水平从 2005 年的 61.9 分提高到 2014 年的 90.2 分，实现从基本统筹向全面融合的重大跨越。2017 年全省城乡居民收入比值为 2.05:1，为全国最小。其次，山区和沿海地区社会发展均衡水平不断提高。在山区人口向沿海地区集聚、沿海地区资本向山区转移的态势下，山区与沿海地区的人均收入、教育、医疗、文化等主要指标差距，已大幅小于人均 GDP 差距。26 个欠发达县摘掉贫困帽子。

　　二是需求结构全面优化的新常态。从投资和出口为主，转向更多依靠消费和服务业为主。一方面，外需市场持续疲弱，出口增长大幅下降，投资增速亦有所放缓。另一方面，居民收入快速增长推动消费需求快速增长。2008—2017 年，浙江社会消费品零售总额同比增长 14.1%，快于同期 GDP 年均增速 4.2 个百分点。而在 1998—2008 年浙江社会消费品零售总额同比增长低于同期 GDP 年均增速 2.0 个百分点。以绿色健康消费为例，浙江生态环境和山水资源，恰好迎合老百姓养生养老服务需求，农家乐、民宿、文化旅游出现井喷式增长。

三是动力结构全面优化的新常态。从要素驱动转向创新驱动。过去低成本劳动是浙江经济增长的最大优势，通过引进技术和管理就能迅速变成生产力。然而伴随人口红利消退，要素成本上升，经济增长动力转向更多依靠人力资本质量和技术进步，创新已成为驱动发展的新引擎。一场"机器换人"大戏在浙江深化演绎。现代化的设备、自动化的流水线，加快代替劳动密集型生产方式，"浙江制造"升级换代。2017 年浙江省规模以上工业企业劳动生产率达 22.3 万元/人，比 2008 年提高了一倍多。支撑浙江经济稳定增长的积极因素不断积累，市场新主体正在形成，新业态正在涌现，新动力正在孕育，经济发展动力转换势头明显。

本书主要收录我 2008 年以来发表的论文，以及少量发表于《浙江日报》和《浙江经济》的评论性短文。为保持发表原貌，各文除少量技术调整外，均未作修改。个别文章因写作年份较早，文中反映的问题未必与浙江当前实际相符，有些已经伴随浙江建设发展得到逐步破解。而这些保留下来的原文，恰可使全书形成一个时间序列的有机整体，内容更充实。反之，假如我放弃当时的数据及其分析，把整书按照现在的时间节点进行改写，这本书就不会呈现更多关于浙江城乡转型的细节。这种处理方法也恰当地反映了浙江城乡空间格局的历史发展变迁。

例如，"优化浙江省农居分布的分析及建议"中提及的乡村建设空间分散、用地浪费等问题，政府层面也已经形成共识，并通过创造性地推进美丽乡村建设、农村"三权"改革等一系列行之有效的举措，使情况大为改观。又如"人口蓝领化格局转变分析及对策建议"中提到的浙江蓝领人口占比高、人口素质较低等问题，伴随人口红利消退及浙江产业结构变动，已有所改善。外来人口受教育程度由 2010 年的 8.6 年上升到 2017 年的 9.2 年，提高幅度领先全国平均水平。总之，浙江企业、公众、政府，大胆创新，勇于开拓，有力助推浙江经济社会全面转型，促进城乡空间结构、人口结构、产业结构已经或正在发生巨大变化。许多变化趋势，仍有待我在将来的研究中加以分析和论证。

　　深深感谢我所前任所长卓勇良研究员，长期以来在学术领域给予我的指导和激励，本书多篇论文从选题、搭框架，到撰写，得到卓所长的巨大帮助。非常感谢所内诸位同事提供的帮助和支持，钱陈、王闻丹为本书出版做出了大量努力；《浙江省避暑度假产业发展研究》，孙娜参与部分撰写；《浙江省区域发展的新均衡战略研究》，费潇前期参与撰写；杨博野、明文彪等同事也为本书提供了有益思路。感谢关心、支持和帮助我的诸位领导和朋友。感谢中国社会科学出版社的责任编辑宫京蕾为本书出版所做的富有成效的工作。最后，感谢支持和照顾我的家人。

　　谨以此书献给改革开放 40 周年。

吴可人

2017 年 12 月 20 日于杭州宝石山下